JN270915

保母武彦・陳 育寧【編】

中国農村の
貧困克服と環境再生

寧夏回族自治区からの報告

花伝社

海原県における羊の放牧（1998年）

固原県炭山郷付近の耕作の状況（2001年）

海原県関門山付近の草原での放牧調査（1998年）

同心県小山村におけるポプラの造林地
（1998年）

固原県七営鎮付近の灌漑水路（2004年）

彭陽県の荒山造林地における樹木と野菜の混植
（2003年）

左：銀川市近郊におけるポプラ造林地の
　　天牛病被害（1990年）
右：北京市内の露店（1987年）

左：同心県五道嶺子村（集落移転（吊庄）の元の村）の風景（1998年）
右：同心県五道嶺子村のヤオトン（横穴式住居）（1998年）

右上：固原県紅庄村の回族農民の母子（2003年）
右下：固原県の回族農民（2003年）
左下：同心県五道嶺子村の子ども達（1998年）

固原県三営鎮における退耕還林実施現場（2003年）

寧夏大学における退耕還林、農村開発に関する検討会（2003

環日本海シンポジウム「シルクロードと山陰」（於、松江市）での両国研究者、少数民族文化交流小組のメンバー（199

海原県高台寺郷白河村における農家調査（1998年）

固原県三営鎮上堡村における農家調査（2003年）

中国農村の貧困克服と環境再生——寧夏回族自治区からの報告

◆

目　次

序　　　7

　　　　　　　　　　　　　　　　　保母　武彦・陳　育寧

第1章

寧夏地域経済の二元性と発達の後れた地域の発展　　　13

　　　　　　　　　　　　　　　　　　　　　　陳　育寧

第2章

西部大開発における退耕還林・還草　　　27

　　　　　　　　　　　　　　　　　　　　　　高　桂英

第3章

寧夏の退耕還林・還草から見る西部の生態再生　　　45

　　　　　　　　　　　　　　　　　　　　　　宋　乃平

第4章

農家所得の構造と新しい就労機会の創造　　　57

　　　　　　　　　　　　　　　　　　　　　　北川　泉

第5章

中国西部における特色ある優位産業の発展　　　81
　　　──寧夏の事例から

　　　　　　　　　　　　　　　　　張　前進・劉　暁鵬

目 次

第6章

退耕還林（還草）政策による農村経済への影響　　101
　　　——寧夏南部山区における農家調査をもとにした所得・就業構造の変化

　　　　　　　　　　　　　　　　　　　　　　栞畑　恭介・伊藤　勝久

第7章

寧夏南部山区における定点観測農村調査結果　　125

　　　　　　　　　　　　　　　　　　　　　　　　　　　　中林　吉幸

第8章

寧夏の「生態建設」と畜産　　139
　　　——退耕還林・還草施行後のヒツジの栄養状態

　　　　　　　　　　　　　　　　藤原　勉・伴　智美・謝　応忠・林田まき

第9章

園芸植物資源の探索とその利用方法　　157
　　　—— 特にワインの品質について

　　　　　　　　　　　　　　　　　　　　　　　　　小林伸雄・伴　琢也

第10章

中国および寧夏における廃棄物政策の展望　　169
　　　——「処理」と「管理」をめぐる日本の政策的教訓

　　　　　　　　　　　　　　　　　　　　　　　　　　　　関　耕平

3

第11章
シルクロードの文化交流が中国寧夏地域に及ぼした影響　　187
　　　　　　　　　　　　　　　　　　　　　　　　陳　育寧

第12章
日本の中山間地域における農業経済発展の中国へのヒント　　207
　　　──日本島根県の農村問題への一考察
　　　　　　　　　　　　　　　　　　　　　　　　陳　育寧

第13章
日本の環境保全に関する経験　　221
　　　　　　　　　　　　　　　　　　　　　　　　張　小盟

第14章
地域間格差是正政策に関する日本の教訓　　235
　　　　　　　　　　　　　　　　　　　　　　　　保母　武彦

第15章
戦後日本の高度経済成長と農山村の変容　　253
　　　──中国西部農山村地域の発展に示唆するもの
　　　　　　　　　　　　　　　　　　　　　　　　井口　隆史

第16章
農山村集落の活性化とその展開の背景　　269
　　　──「元気むら」からの政策的示唆
　　　　　　　　　　　　　　　　　　　　　　　　伊藤　勝久

第 17 章

寧夏における開発と環境のために　　289
　　──アジア型発展モデル形成に向けての一考察

保母　武彦

編集後記　　299

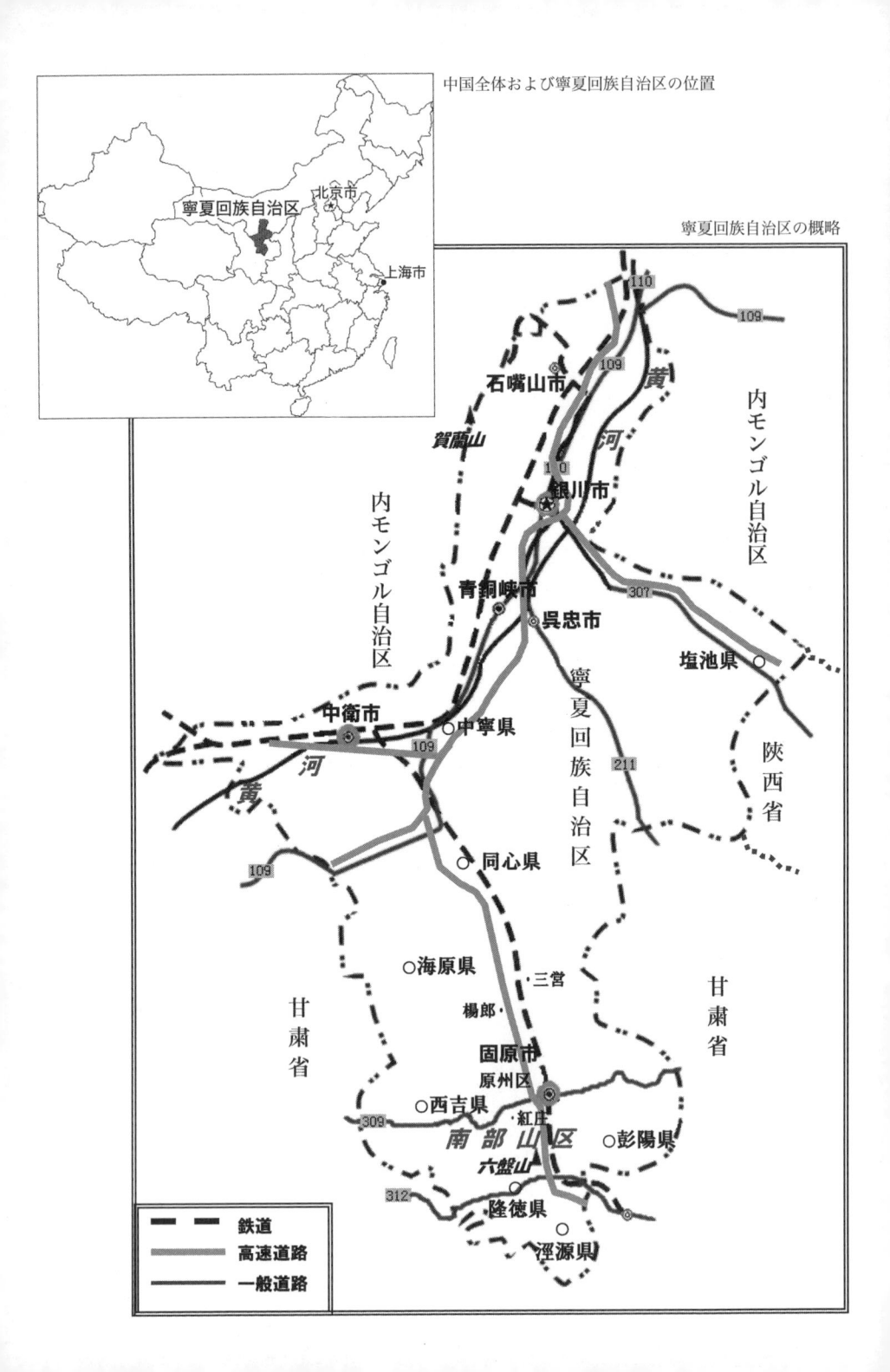

中国全体および寧夏回族自治区の位置

寧夏回族自治区の概略

凡例:
- ---- 鉄道
- ━━ 高速道路
- ── 一般道路

序

保母　武彦
陳　　育寧

日本国島根大学の研究者と中国寧夏回族自治区(ねいか)の研究者との共同学術研究活動は1987年に始まった。爾来、双方の研究者達は、両国の経済的未発達地域である寧夏南部山区と島根の中山間地域における第一次産業の発展をメインテーマとして共同研究を深め、現在も学術協力を続けている。この20年間を振り返ってみると、私たちの学術協力は多くの豊かな成果を挙げるとともに、両地域の広範な友好交流を推進する力となってきた。

　過去20年間にわたり、私たちは中国西部早魃(かんばつ)地帯の農業地域、特に寧夏南部山区の生態環境の再生、産業構造の改革および農家経営の改善等の諸問題について、深くて細緻な調査研究をおこなってきた。また、日本の中山間地域における労働力の減少、農業生産の衰退と少子・高齢化、経済構造の変貌等の諸問題についても詳細な研究をおこなうとともに、両地域の比較研究をおこなってきた。さらに、現地調査を踏まえて、両地域の経済社会を発展させるための政策提言もおこなってきた。

　1980年代の後半、私たちは「寧夏南部山区における第一次産業の発展と現状に関する研究」を共同研究のテーマとし、その後『中国黄土高原地区開発研究論文集』等を出版する成果をおさめた。また、2000年に中国政府が西部大開発戦略を始めて以降、島根大学と寧夏大学の研究者達は協力して「中国寧夏南部山区における生態再生の実証研究」という共同研究課題を設定した。この研究課題の遂行中に、日中双方の研究者達は寧夏南部山区へ幾度も現地調査に赴き、充分な議論と意見交換をおこなった。2002年の秋、中国の研究グループの主なメンバーが島根を訪問して、日本の中山間地域における新たな展開を調査研究し、中国西部の農村との比較検討をおこない、お互いに大きな示唆を得た。

　学術の協力と交流活動の中で、双方は科学研究の洗練した力を育て、お互いに科学研究の方法を学び合い、相互間の学術友誼を深めることができた。島根大学の研究者は、寧夏大学の研究者達が経済社会発展と緊密に結びついた研究を展開し、研究成果の社会への応用を重視していることを高く評価した。寧夏大学の研究者は、島根大学の研究者がおこなう実証研究の方法、資料に対する細緻で厳密な分析と独自な見解の学風

を高く評価した。

　この20年間に、私たちは何回もの国際シンポジュームを開催した。1997年、島根大学と寧夏大学は両校の交流協定書に正式に調印し、2002年と2007年にはこの協定を継続することとした。双方の交流分野は絶えず広がり、交流チームは発展し、拡大してきた。正確な統計ではないが、寧夏大学から既に30人余りの研究者が島根大学を訪問している。島根大学の研究者と学生は100人余りが学術交流のため寧夏大学を訪問している。

　長きにわたる交流と協力の実績をふまえ、日中両国の研究者に長期的かつ安定的な交流の場を築くために、2003年、双方の研究者が協議をおこない、寧夏大学に日中国際共同研究所を建設する提案に同意した。この提案は島根大学と寧夏大学の双方から積極的な支持を得て、2004年3月に日本島根大学・中国寧夏大学国際共同研究所が寧夏大学に正式に設立された。日中国際共同研究所は、両大学の長期にわたる友好協力の結晶であり、今後とも共同研究を更に深めていくための基地でもある。この研究所を建設するために、日本国際協力銀行（JBIC）には、既に決まっていた寧夏大学への円借款プロジェクトの上に更に円借款を増額して日中国際共同研究所棟の建設を支持していただいた。2005年9月29日、日中国際共同研究所棟が正式に落成できたことは両大学間の交流に活動拠点をつくりあげただけでなく、大学間の国際交流に対しても新たなモデルケースを提供することとなった。現在、この活動拠点を通して若い年代の研究者達に日中両国間の研究者交流の伝統が引き継がれていることを見て、喜ぶとともに安心させられる。

　両国の研究者間および大学間の長期にわたる学術交流が両国・両地域の友好交流を推し進めている。1993年、中国寧夏回族自治区と日本国島根県は友好協定を締結した。そこから両区・県の経済、文化、科学技術などの分野に及ぶ全面的な協力と交流が始まった。区・県の友好関係を結んで以降、島根県からは既に連続11回目となる100人を超える県民交流団が寧夏を訪れた。"環境を保護し、人類を豊かに"という目標を目指して、寧夏で植林活動が展開されている。また、日本の各界友人

の支持のもとで、併せて日中共同での砂漠治理による造林、森林病虫害防止技術、寧夏―島根友好林（霊武白蛤灘林場）、黄河中上流保護林、"母なる黄河を保護する行動―中日青年石嘴山市生態緑化モデル林"等のプロジェクトが実施されてきた。これらのプロジェクトの遂行によって、寧夏の砂漠治理と砂漠化防止活動が推し進められるだけでなく、国際協力による砂漠化治理の成功モデルが築き上げられた。1994年、寧夏電視台と山陰放送テレビは友好関係を結び、積極的に人材交流、番組交換、番組中継などを内容とする活動を展開し、民間の友好往来を促進してきた。1994年、寧夏石嘴山市と島根県浜田市は友好都市提携をおこなった。2004年、寧夏首府銀川市と島根県の県庁所在地である松江市は友好都市提携協定を結び、都市間の文化、科学技術など各分野にわたる交流が大いに推進されてきた。

　2007年は、島根大学の研究者と寧夏の研究者の友好交流の20周年であり、島根大学と寧夏大学の友好関係締結の10周年である。両校は協議をおこない、この晴れの日に、記念事業を行う必要があるとの共通認識に至った。この事業の一環として『20年間の学術往来――中国寧夏大学と日本島根大学による合作交流』という記念出版物を編集・出版することに合意した。日中国際共同研究が積極的に編集・出版に取り組み、ついにこの本の中国語版が完成した。この本は二部構成になっている。第一部は回顧篇であり、第二部は論文と講演篇である。ここに収録した回顧録と学術論文には、両大学がおこなった学術交流、科学研究協力、人材育成など各方面の友好協力の成果が収められている。20年にわたる両地域の研究者往来の歴史を回顧して、私たちは確かに非常に有意義なことをしたと思っている。若い世代がぜひこの友好交流のリレーを引き継いで、事業を更に推し進め、引き続き両大学の交流と日中両国間の文化と学術の交流を更に促進されるよう期待している。

追記
　　本書を日本と中国の読者の皆様にお届けするために、日本語と中国語によって各々の国で出版することとした。中国語版『20年間学術往来―中国寧夏大学和日

序

本島根大学合作交流』(寧夏人民出版社)は、2007年10月に中国で出版されている。

　本書『中国農村の貧困克服と環境再生――寧夏回族自治区からの報告』(日本語版)は、両大学がおこなった学術交流、科学研究協力の成果を収録したものであり、中国語版の第二部「論文と講演篇」に当たる。

　なお、中国語版の第一部回顧篇については、本書の姉妹篇として、『島根・寧夏学術交流の20年』を島根大学・寧夏大学国際共同研究所から出版したので、併せてご活用いただければ幸いである。

編　者

第 1 章

寧夏地域経済の二元性と発達の後れた地域の発展

陳　育寧

等高線状に広がる耕作地（固原県 2001 年）

はじめに

　自然地理的な条件の違い、経済資源の存在状態の違い、発展条件の違い、さらには住民の考え方や国家政策の違いなど、さまざまな要因によって生れる地域経済の不均等発展は、普遍的な現象である。このような不均等発展の現象は、国家間に広く存在するだけでなく、各国の内部における地域間においても存在している。中国は土地が広くて人口が多く、各地域の歴史、自然及び地理が多様であり、社会発展の条件が異なることもあって、客観的に見ると、東部、中部、西部の間に経済発展水準の格差が形成されている。

　こういう格差は、短期間には改善できない。1978年、中国が改革開放政策を実施して以降、東部、中部、西部の経済発展は、それまでのいかなる時期よりも速いスピードで進んできた。しかし、東部＞中部＞西部というふうに、発展速度が不均等であることの基本型は変わっていない。1990年代に入ると、この発展速度の差はさらに拡大した。一般的に言えば、一つの国または地域が工業化の前期段階に到達するまでは、地域発展における格差の拡大や縮小のほとんど全ての過程を経なければならないものである。世界中の国々はみな、地域間不均等発展問題の解決を非常に重視し、特に発達の後れた地域への補助と支援に意を配り、これら地域の発展速度を速めることによって、地域間格差を合理的な限度内にとどめ置こうとしている。

　寧夏回族自治区は、中国北西部の中の東部に位置し、黄河の上流地域に属し、内蒙古自治区、甘粛省および陝西省に隣接している。中国の自然的条件に基づく自然地帯区分で言えば、寧夏は、東部季節風地帯と北西乾燥地帯にまたがり、さらに南西部がチベットの高寒地帯に接していて、中国の三大自然区域が重なり合った地域でもある。

　寧夏の領域は、南北が長く（456キロメートル）、東西が短く（250キロメートル）、総面積は5.18万平方キロメートル、総人口530万人である。一般的には自然条件と伝統的な習慣によって、寧夏は「川区」

第1章　寧夏地域経済の二元性と発達の後れた地域の発展

と「山区」に分けられる。中西部の黄河が流れる寧夏平野が「川区」と呼ばれ、ここに銀川市、石嘴山市、および呉忠市管内の大部分の地域（9つの県と県レベルの市）が含まれる。また、自治区南部の黄土高原とその中にある山地が「山区」と呼ばれ、ここに固原地区の6つの県と呉忠市の2つの県が含まれる。寧夏川区と寧夏山区は自然、経済、社会、人文などの諸条件が異なるため、これら2つの地区の経済構造は、それぞれが特徴を持ち、対照的であり、両地区の間には顕著な差異が認められる。

　寧夏の山区と川区との著しい経済発展格差は、次の原因によっている。

　第一に、両地区間の地理的、自然的条件の違いである。

　寧夏山区は黄土高原にあり、海抜は平均1,500〜2,000メートルである。寧夏山区の総面積のうち、山と丘陵地が56％、台地が30％を占め、その多くが黄砂の土地になっていて、平地はわずか14％にすぎない。この地域は旱魃が多く、雨が少なく、年間降水量は400ミリである。そのため、生態条件が脆弱で、表土流失が激しく、自然災害が頻繁に起こっている。また、人口圧力が大きく1平方キロメートル当たり110人以上の人口密度であり、乾燥地域における人口密度の一般的な限界水準である1平方キロメートル当たり7人を大きく超えている。今でも昔ながらの畑作（乾燥地農業）を主としており、生産水準が低く、基本的には、「靠天吃飯」（天の加護に頼って暮らす）の自然状態にあり、中国の有名な貧困地域の一つである。

　一方、寧夏川区の土地は、平坦で地味が良く気候も温和である。2000年前の秦・漢王朝の時代から、黄河を利用して自流灌漑の農地を開発してきた。中世以後、集約的農業の発展に伴って、「塞上江南」（辺境の江南のような豊穣な地域）の美称を得ていた。また、民間の諺で「天下黄河富寧夏」（天下の黄河が寧夏を富ませる）と言われてきた。現在では、寧夏川区に用水路が巡らされ、設備も完備され、農業生産に対する科学技術の寄与率が40％以上を占めている。この地域内の或る地区は、国家の食料生産基地になり、農民一人当たり平均収入が、中国で「小

康」（比較的裕福）水準とされる 2,500 元／年以上に達する農家が、その地区の農家総数の 50% 以上になっている。農業が、豊富な石炭と並ぶ、寧夏の二大資源になった。寧夏川区は、寧夏の中で経済発展条件が最も良く、発展速度が最も早い地域である。

　第二に、経済の基礎の違いである。寧夏山区は、工業の基礎が脆弱で、鉱物資源が相対的に乏しい。現代工業の多くは 1978 年以降に発展してきたが、その大部分を占める小企業は、設備が古く、技術が立ち遅れ、生産物の等級が低く品質管理が悪いなどの原因で、経済効果も利益も非常に劣っていて重荷になっている。また、この地域は、交通不便でもある。近代的な道路は著しく不足し、空港は一つもない。鉄道輸送は開設してからまだ僅か 3 年しか経過していない。

　一方、1958 年に寧夏回族自治区が成立して以来、国家は内陸の工業と交通の発展を非常に重視し、過去 40 年間にわたり、資源条件が比較的良好な寧夏川区で、水力発電所、炭鉱、鉄道など一連の重点建設プロジェクトをつくり、他の内陸地域から一群の工業企業を移転建設し、寧夏川区における現代工業発展のための良好な基盤を形成してきた。都市部と農村部間の道路網が整備され、電化鉄道が寧夏川区を通り、航空や通信も近年すさまじい勢いで発展し、区都・銀川市を中心に、現代的交通・通信システムの初歩的な基盤が整備された。

　第三に、農民の文化的資質の違いである。寧夏南部山区の農民は、経済的に困難で、教育投資が不足し、生活負担が重く、制限数以上の子どもを産み、非識字率がまだ高い。1990 年代初頭、寧夏山区の 12 歳以上の非識字率と半識字率は、12 歳以上の人口総数の 5 割近くを占めた。彼らを指導する村の幹部達もほとんどが低学歴であった。1987 年の調査によれば、固原地域の大人の非識字率は 19.16%、うち西吉県回族では 51% を超え、海原県回族では 44.75% であった。このような農民の文化的資質の低さは、彼らの生産活動の中での科学技術の著しい不足に直接関係している。また、市場経済の意識が低い結果、効果と利益に差が生れ、そのことが、経済発展を制約する要因になってきた。

　一方、寧夏川区の経済は相対的に発展し、教育条件も比較的良くて

第 1 章　寧夏地域経済の二元性と発達の後れた地域の発展

人々が文化や教育を重視することが多いため、農民達が教育を受けた年数は長い。例えば、「小康」の状態に到達した銀川市の永寧、賀蘭、郊区などの三つの県・区では、就業者の 80％以上は教育期間が 8 年であり、基本的に文盲を一掃し、基本的に 9 年の義務教育を普及させるという、国家の二つの「要求」水準に到達している。これらの地域の農民は、応用科学技術や市場経済の知識を学び、生産経営を行う能力と意識が比較的高い。

　第四に、考え方が開放的であるか否かの違いである。寧夏南部山区は地理的環境が閉塞状態にあり、交通が不便で情報から途絶され、外来の文化や考え方から受ける影響が少なく、伝統的な考え方から開放されていない。つまり、凝り固まった農業観と、「多子多孫」を善とする人口観と、教育軽視の文化観が、長い間人々の思想を束縛してきた。大部分の農民は偏僻な貧しい農村で暮らし、人によっては、一生汽車を見たことがないし、テレビや電話がどんなものであるか知らないことさえある。特に、一部の中高齢者は、教育を受けることが少なく、考え方も古く、商品知識が乏しく、何世代もそこが「桃源郷」だと思い込んだ生活を続けてきた。このような閉塞と旧習に固執する状況は、改革開放以来大きく変わってきたものの、寧夏川区と比べれば、この変化の格差もやはり顕著であった。国家は、1950～1960 年代に、上海市や浙江省などの発展した地域から寧夏川区への移住政策を何回も行ってきた。移住してきた人たちは視野が広く、新しい事物を受け入れる能力が高く、考え方の転換が速かった。また、移住政策は、発展した東部地域との関係を緊密にし、この地域の経済発展の推進に役立った。このときの国家政策の方向は、大勢の優秀な大学卒業生や科学技術要員を全国各地から寧夏支援に送り込むことであり、その人たちの大部分は、寧夏川区にある条件の良い学校や企業、研究機関に残った。この文化知識水準の高い人たちは、新しい考え方と新しい知識の導入を図り、対外開放を推進し、人々の閉塞的で後れた考え方を変えるのに重要な役割を果たした。

　認識すべきなのは、現在の中国の東西格差と寧夏の南北格差は、変化、発展の中での差異であり、過去の、同レベルの貧困の中での差異や貧富

層への階層分解の中での差異とは根本的に異なることである。

　しかし、格差拡大の傾向には高度の注意を払うべきである。格差の問題は、経済的問題であると同時に社会的、政治的問題でもある。格差の拡大が長期間にわたって有効に解決されなければ、地域間の協調的発展や総合的な国力強化にとっても良くないし、社会コストの引き下げと経済的利益にとっても良くないことである。その結果としては、必ず、社会の安定と民族間の関係に影響を及ぼし、重大な社会的政治的問題を引き起こすことになろう。一般的にいえば、地域格差が2対1以上になれば、さまざまな問題が出てくる。さらに、地域格差が3対1を超えれば重大な不安定を招き、経済問題はいつ何時重大な社会的政治的問題に発展するかも知れない危険性を孕むことになる。一人当たり国内総生産、都市住民一人当たり平均収入、および農村住民一人当たり平均収入の三つの指標から考察すれば、1996年、中国で最も発展した5地域と最も後れた5地域との格差の比率は、それぞれ、3.6：1、2：1、2.7：1であった。寧夏の内部では、最も発展した3地域と最も後れた3地域について上述の3指標をみると、それぞれ12：1、1.5：1、3.5：1になる。このようにみると、中国の東西間格差および寧夏の南北間格差の問題は、明らかに真剣に研究し解決すべき時期に来ている。

　1993年、中国は「八七貧困扶助重点計画」を制定し、8年間で7,000万人の貧困人口の「脱貧問題」の解決、つまり貧困からの開放を達成し、貧困問題を21世紀に持ち越さないという決意をした。この偉大なプロジェクトは、既に大きな成果を上げ、この目標はまもなく現実のものとなる。寧夏は国家の全体計画に従い、計画の実施に力を入れ、2007年までに、最後まで残された貧困人口28万人の「脱貧問題」を解決する。

　格差を認めるのは、格差を縮小させるためである。中国は、改革開放以来、東部に傾斜した階段式推進の発展戦略を採って、積極的に東部を支援し、発展させるとともに、西部支援の条件を準備してきた。この政策の方向性は中国の全体利益の必要性からであり、長い目で見ると格差を縮小して協調発展をするための必然的な選択であった。寧夏では、北部の川区が先に早く裕福になり、山区も後に裕福になるように導き、「共

同裕福」つまり同レベルの豊かさに向かうという発展戦略である。

　特に最も良い条件を有する区都・銀川市を中心とした川区が、近年の開発の強化によって経済発展のホットスポットになることは、外来資本を吸収してプロジェクトや技術を導入し、先進地域をつくるために有利である。一地域が経済的に強くなることは、南部および周辺地域を経済発展させる型を形成するのに有利に働く。迅速に貧困扶助の能力を向上させ、南部山区の過重負担となっている人口の吸収能力を向上させることは、山区における人口と資源の良い循環を次第につくりだし、協調発展の軌道に乗せることに有利に働くのである。

　地域格差を縮小する方法を探求するとき、我々が、先ず明確にしなければならないのは、発展した地域の進度を緩慢にして地域格差を縮めるという方法を採用してはいけない、ということである。また、一定の地域が先に進む条件が揃っているのに、先に裕福になり得る地域と条件が悪い地域の歩調を合わせることも良くない。もし、無理にそうすれば、結局は資源を浪費し、共に立ち後れてしまうことになる。

　したがって、我々は、比較的経済法則（比較優位説）に順応する方法をとらなければならない。すなわち、「効率優先、公平注意」の原則で行うのである。「効率優先」とは、将来の利益を第一位に置き、条件の良い地域の発展を推進することによって、根本から矛盾を解決していくことである。「公平注意」とは、発展の遅れた地域を扶助支援することによって経済能力を強め、積極的に不均等発展に耐える能力を高めて、異なる条件下にある地域間の最大限の統一を実現することである。発展過程で形成された地域間の格差は、共同発展を進める中で、次第に縮めていかなければならない。

　寧夏における多年にわたる南部山区に対する扶助・資金援助と開発の経験を振り返ると、総括的に以下の三つの道筋として、一般的な法則性を導き出すことができる。

1 国家による資金援助の主導的役割の発揮と政策や投資による積極的関与があること

　世界銀行は、1990年の「発展報告」の中で、次のように述べている。中国の扶貧政策は、発展の後れた農村を助けて貧困から脱却させるために、非常によく努力してきた。「この努力は、他の多くの発展途上国と比べて、より多くの成功をもたらした」。新中国が成立して以降、貧困で発展の後れた地域に対して、多方面の援助と資金援助が与えられてきた。80年代以後、扶貧事業をさらに重視し、制度と措置を改善し、規範とした。

　長年の実践は、次のことを証明した。すなわち、発展の後れた地域の発展を援助して地域格差を縮小するためには、国家の積極的関与がその基礎であり、主導的役割の要素である。80年代半ばから、国家及び国家の各部門は一連の扶貧優遇政策を制定・実施した。例えば資金援助では、寧夏南部山区は1983年以降、国家から3,400万元／年の「三西」(甘粛省の定西、河西および寧夏西海固を"三西"地域という) 特別資金の援助を受けたが、この資金援助は2002年まで続いた。今まで国家が寧夏山区を対象に行ってきた資金援助としては、「以工代賑」(救済の代わりに仕事を与える) 資金を継続的に増額し、新しい財政援助資金を増やし、発展していない地域に対して発展資金を支援し、扶貧特別貸し付けや生産低下県に対する投資などを行なってきた。現在、年に総額4億元余りの援助資金が、山区の8貧困県に継続して流入している。これらの資金は主に生産条件を変革する生産基盤整備事業に使われてきた。

　寧夏扶貧部門の統計によれば、1993〜1997年、上述の援助資金で山区農民を援助した主な内容は、315万ムー (21万ヘクタール) の農地の造成、6万個の井戸・貯水用穴蔵の掘削、1.5万キロメートルの農業用電線の架設、50万人の飲用水不足の解決、23万頭分の大家畜の飲み水問題の解決、5,525平方キロメートルの表土流失の防止、600万ムー (40万ヘクタール) 余の造林、4,277キロメートルの道路の整備、65万ムー (約4.3万ヘクタール) の灌漑地の整備などである。このほかに、

山区貧困の根源である旱魃、水不足の実状に対して、国家は、1億7,300万元の資金を集めて固海揚水場を建設し、黄河の水を黄土高原に引き揚げ、同心、海原、固原の3県の農民10万人、家畜30万頭の飲用水不足を解決し、灌漑地26.7万ムー（約1.8万ヘクタール）を開発することによって、毎年、食料が4,539万キログラム増産され、6万人近くの人々の食料問題を解決した。現在、一つの大規模水利建設プロジェクト「扶貧揚黄灌漑工程」が、国家の許可を得て、1998年に正式に起工している。この事業は、6～10年間に30億元を投入し、200万ムー（約13.3万ヘクタール）の灌漑農地を建設し、100万人の衣食問題を解決するものである。この大規模プロジェクトは、電力で黄河の水を黄土高原に引き揚げ、灌漑農業を発展させるもので、完成後には、山区の農民の運命を変え、貧困を抜本的に解決する上で巨大な役割を果たすであろう。

　国家による優遇政策と資金援助のほかに、寧夏回族自治区政府も一連の施策を行って山区を援助しており、それによって農民の収入が増加している。例えば、貧困地域で企業を経営し商業を営む場合には、所得税が数年間免除される。貧困な農家は、農業税、農林特産税などが若干年免除される。また、各地の投資家と企業家を誘致するための優遇政策を行い、「隆湖扶貧開発実験区」と「固原扶貧開発実験区」をつくり、これらの地域が経済発展するように誘導する積極的な役割を果たしている。

2　発展の後れた地域では自身の努力が基本であること

　発展の後れた地域が発展速度を上げて格差を縮めるためには、自身の努力が基本となる。国家の援助と政策的優遇措置は、発展の後れた地域の内在的要求と積極的に結びつくことによってはじめて実を結び、総体的効果を生むものである。寧夏山区の農民達は、長い間の貧困との戦いの経験を総括し、悲観失望と「等靠要」（待機・依存・要求）の思想を克服して、自強自立の意識を打ち立て、地域の実状を踏まえて適地適作

を行い、辛抱強くがんばり、生産状況を変え、発展の道を探求し、沢山の実効ある方法を創造してきた。

　まず、段々畑の建設である。山区貧困県の一つである彭陽県では、行政村を単位として労働力を集中して、短期に集中的に水平な段々畑を大規模に造成したが、建設の速度も速く、効果も顕著である。同県全体の水平な段々畑は80年代初期の5万ムー（約3,300ヘクタール）から1998年の55万ムー（約3.7万ヘクタール）に増加し、県の一人当たりの耕地面積は2.6ムー（約0.17ヘクタール）になった。耕地整備した畑は、過去の水漏れ、土漏れ、肥料漏れの「三漏れ」の傾斜地から、貯水、保水ができ、増産できる高水準の田畑になった。また、西吉県の場合には、段々畑をつくり、販売用の経済果樹を栽培し、優良品種を普及し、小流域の総合的保全を展開した。その保全された黄家二岔小流域は、1997年の大旱魃のときにも、1ムー（15分の1ヘクタール）当たりの収穫量は155.6キログラム、一人当たりの食糧は923キログラム、一人当たりの純収入は1,000元に達した。一人当たりの食糧と収入は、当地域が保全される前の4.6倍と5.6倍になった。そうした結果、段々畑の造成が山区で普遍的に展開されるようになった。

　次に、井戸、貯水穴蔵をつくり、灌漑水を節約できる畑づくりの推進である。1996年から、国と地域政府が協力して1,400万元を投入し、山区農民が深い井戸を100個掘り、3.4万ムー（3,600ヘクタール）の土地を灌漑した。1993年、海原県と固原県の農民は、農業技術員の指導の下で、集水に適した地形を利用して穴蔵を造り、ここに雨水や融雪水を貯め、「注灌」、「滴灌」（いずれも水を節約する灌漑の方法）等で、節水灌漑の小水量農作を発展させた。寧夏自治区政府は、この典型を発見してから、一つの穴蔵を造るごとに400元を補助して、貯水穴蔵を利用した小水量農作を推進している。1997年までに、山区の8県で合わせて14万個の貯水穴蔵を掘り、灌漑が28万ムー（約1.9万ヘクタール）で可能となった。実践で証明されたことだが、水量が少なく水不足の条件下でも、多種類の形式を採用して地下水や雨水を集めて貯め、灌漑を節水した小水量農作を発展させることは、旱魃に立ち向かう有効な

手段となる。この地域では、マルチ農法が、トウモロコシ、果物や野菜の栽培で良い効果を生んでいる。

　また、地元を出て仕事をする労働力の流出を促進したことである。人口の過剰、労働力の過剰に対しては、労働力の流出が貧困を克服して豊かになる一方法となった。山区の農民は、閉鎖的、消極的な小農意識を次第に変え、若者はどんどん山を出て、都市に向かい、飲食サービス業、建築業、運送業等の肉体労働に従事した。労働力が流出する中で、人々が認識をするようになったことは、労働技能を学べば能力を向上させることができ、高い収入を得て家族を扶養できる、ということである。1985年、労働力の流出が始まった頃であるが、山区の8県で4万人余りが流出し、収入は2,200万元だった。1997年には、労働力の流出は58.7万人になり、その収入総額は3.6億元になっていた。

3　発展した地域が資金援助と協力を行うこと

　全ての社会の力を動員し、後れた地域に関心を持ち援助すること、特に、東部の発展した地域が、西部地域を支援して出来る限り早く貧困と後進性から脱出させることを、中国は基本的な国策とした。同時に、東部と西部が自然資源、市場、技術、人材、資金などの面でそれぞれの特色を持って、経済発展を相互補完することによって、東西協力に内在的推進力を持たせることを決定した。東部と西部は、各々の特長を活用して、「自発的な平等、特長の相互補助、共同開発、互恵互利、共同発展」の原則に沿って協力を展開する。これは、市場経済の発展のための当然の選択である。それは、西部の発展を速めることに有利なだけでなく、東西の格差を縮小し、協力を通して東部がコストを下げる効果もあり、国際競争の中でも、比較優位を拡大して継続的発展が実現できるのである。国家の指導の下で1996年から、東部沿岸部の経済発展した福建省と寧夏南部山区の間で成功裏に協力が展開されてきた。福建省は、経済的実力が強い8市・県及び寧夏山区の貧困な8県と関係を築いた。福建省政府は、毎年1,500万元を出して、寧夏山区の井戸、貯水穴蔵の

掘削工事、段々畑の改良工事、希望小学校の建設を資金援助してきた。1998年6月までに、1万5,000個の貯水穴蔵を造り、5万ムー（約3,300ヘクタール）の段々畑を整備し、16カ所に希望小学校を新しく建てた。両省区は既に経済協力プロジェクト77を実行した。福建省の資金が3億元余り投入され、上記のプロジェクトの中の8件が既に生産を始めている。1998年の末、福建省の113の企業が寧夏で経営を行っており、主に澱粉加工、アルミニウム加工、化学工業原料、毛皮加工、肉・乳製品及び清真食品などを生産している。

　これらの企業は、この地域の農村過剰労働力と一時失業労働者1.3万人を仕事に就けた。福建省甫田県と寧夏西吉県は3億元を投入し、4つのジャガイモ澱粉加工企業を設立し、ジャガイモ40万トン、澱粉6万トンの年間生産能力を創出した。

　このプロジェクトでの協力が成功したのは、福建省の先進的な技術、多額の資金と、寧夏山区の豊富で廉価なジャガイモ資源を活用した、2地域の相互補助、互恵互利の結果である。ジャガイモ澱粉産業の発展は、西吉県の農民に年間一人当たり300元の増収をもたらした。

　寧夏自治区の内部では、北部が南部を支援することに力を入れ、山区と川区が協力して一連の活動を行ってきた。自治区政府は、「川区に力を入れ、山区に力を入れ、川区が山区を救済し、共同発展する」という方針を出し、北部の成功した発展地域が、南部の後進地域への援助協力を実施してきた。一方で、大規模な移民開発（移住による農地開発）を実施し、政府の資金補助と農民の自発的な判断に基づいて、山区の多くの貧困農民を、北部の黄河両岸の水土資源が豊富で灌漑しやすい荒地に移住させ、そこを開墾して生産を行うとともに、新しい住居を建設することとした。1998年までに、移住先拠点を合計21カ所つくり、開墾した農地は40万ムー（2.7万ヘクタール）、建築した家屋は6.4万戸、移住した農民は25万人に達した。

　1997年、移住農民の一人当たり食糧は456キログラム、一人当たり純収入は1,108元、多数の移住農民の生活水準は、この地域に以前から住んでいた住民のそれに近づき、一定の人々は「小康」（比較的裕福）

の生活水準に既に到達している。もう一方では、全社会を動員して山区の援助を行ってきた。この大がかりな社会的扶助事業は、1986年から既に始まっていた。1997年までに、自治区直属の100の行政機関、中央と区が管轄する60の企業、地方都市レベルの113の機関、北部川区の10の市・県が、山区の貧困な330村を組織して、定点扶助を行ってきた。これらの部門と地域は、貧困な山区に資金、物資、技術、人力などを多面的に支援し、山区の脱貧致富を推進するのに効果があった。

　長年にわたる国家の大きな援助、貧困な山区自身の努力、及び社会全体の扶助によって、寧夏南部山区の貧困の様子は根本的に変わった。

　貧困人口は、1993年の139.8万人から1998年の28万人に減少した。食糧生産の総額は、1982年の1.48億キログラムから1998年の6.58億キログラムに増加した。一人当たりの食糧は、1982年の92.8キログラムから1998年の380キログラムに増加した。一人当たりの純収入は、1982年の126.58元から1998年の950元に増加した。さらに、この地域の住民の考え方が、大きく変化した。過去の「天に従い何もせず、消極、悲観して救済を待つ」という状態から脱却して、生産条件と生活の質が高水準になるにつれて、多くの農民には、次第に貧困な運命を変える確信と決意が育ってきた。彼らの商品意識、市場意識、情報意識、科学技術意識は強まり、自分で生産条件を変え、貧困を自ら克服する能力を高めてきた。国家の全体的な計画の要請に従って、20世紀のうちに、初歩的な衣食問題を解決して、基本的に貧困を消滅させることは、現在の到達状況から見ると完全にできると信じられている。それは、寧夏の山区は、貧困人口を僅か28万人残すのみとなり、1999年に一人当たり純収入が500元以上、一人当たりの食糧が300キログラム以上に到達してきたからである。

　寧夏回族自治区が辿ったこの歴史的な変化は、発展の後れた地域の様相を変え、地域格差を縮小し、協調発展を実現できることを証明する一つの生きた証拠として、有効な経験を提供するものである。

（1999年1月銀川にて）

第 2 章

西部大開発における退耕還林・還草

高　桂英

退耕還林後の風景（彭陽県 2003 年）

はじめに

　中国の西部大開発は、新中国が成立した1949年以降、3回にわたって行われ、その第3回目が、1990年代末に始まった。本章が対象とする「退耕還林・還草」プロジェクトは、第3回目の西部大開発戦略の中で始まった事業である。このプロジェクトの目的は、中国風に言えば「生態環境の建設」、すなわち望ましい生態系の回復・形成と環境の保護を確実に強化することであり、第3回目の西部大開発における重点プロジェクトのひとつである。

　今回の西部大開発が対象とする地域は、内モンゴル、チベット、新疆、寧夏、広西の5つの自治区と、陝西、甘粛、青海、雲南、貴州、四川の6つの省と、直轄市である重慶、合わせて12の省レベルの地域である。その総面積は686.7万平方キロメートル、中国の陸地面積の71.5％に及び、対象地域の総人口は3億6,900人、中国総人口の29％に当たる。

　なお、退耕還林・還草は、西部大開発の重点プロジェクトであるが、西部大開発の対象地域以外でも行われている。

1　退耕還林・還草は中国西部大開発戦略の重点

（1）対象地域の概況

　退耕還林・還草プロジェクトが対象とする耕地は、傾斜勾配が25度以上の斜面にある耕地（以下、「傾斜耕地」という。）と、25度以下であっても表土流失が深刻な耕地・砂地・アルカリ性土地・石漠化(編者注1)の深刻な耕地、および生態環境上は重要だが食糧生産量が少なくかつ不安定な耕地である。また、退耕還林・還草の進め方としては、これらの対象地域内での耕作を計画的、段階的に中止して、生態林あるいは経済林(編者注2)に還していく方法をとっている。これは、生態機能の回復と生態環境の改善を目的とした環境改善方法のひとつである。

　統計によると、中国の表土流失面積は、現在、356万平方キロメート

ルに及び、国土総面積の3分の1を占める広さである。表土流失と荒漠化が加速しており、新たに荒漠化する土地は、毎年3,460平方キロメートルに達し、中規模の県一つが流失してしまうほどの規模に相当する。このような深刻な表土流失と荒漠化を招いた根本原因は、人々が長期にわたって森林を伐採して開墾し、急傾斜地で耕作をしてきたことである。

　中国西部は広大で、その総面積は国土総面積の71.5％を占め、資源が豊富で、地形が変化に富んでいる。しかし、西部は、地質の条件が複雑で、生態環境が脆弱であり、経済の発展水準が相対的に低い地域でもある。西部が抱える最大の生態環境問題は、表土流失と荒漠化である。国土資源部の統計によると、中国における勾配が25度以上の傾斜耕地の70％以上が西部に集中しており、表土流失の3分の1が西部で発生している。そのため、西部の傾斜耕地から流出する泥砂は、揚子江や黄河に流れ込む大量の泥砂の3分の2以上を占めている。また、国土の4分の1は砂漠化し、その95％は西部の7つの省・自治区に集中し、特に新疆、内モンゴル、チベット、甘粛、青海、陝西と寧夏で顕著である。さらに、牧草地帯の3分の1が退化しており、寧夏、陝西と甘粛では草地面積の80％以上が退化し、新疆、内モンゴル、青海では50％以上が退化している。

　ますます進む表土流失と荒漠化は、西部地域における土地の生産力を深刻なまでに衰退させただけでなく、生態環境を急激に悪化させ、さらに揚子江、黄河の中、下流域における河川、湖、ダムに大量の泥砂を堆積させ、水害の危険性を高めている。それと同時に、北部地域においては、雨量が減少して干ばつを深刻にし、水資源の利用などにおける地域間対立を激化させている。

　深刻な生態問題は、西部地域における経済社会の発展を制約している。中国における「温飽問題」（訳注：最低必要水準の衣・食問題の解決）が未解決の人口は、2000年に全国で3,000万人余りいるが、そのうちの約70％が西部に集中しており、政府指定の「貧困県」の77％が西部に集まっている。全国55の少数民族のうち、50の民族が西部地域に

集中分布しており、西部の少数民族人口は、全国のそれの75％を占めている。

(2) 退耕還林・還草プロジェクトの特徴

　中国政府は、この実態から出発し、生態環境問題を切り口として退耕還林・還草プロジェクトを今回の西部大開発戦略の根幹に置き、悪化の一途をたどる西部生態環境の抜本的な改善を図ることとしたのである。

　退耕還林・還草事業には、節目の目標が設定されている。2000年から2005年までの間は、生態環境のこれ以上の悪化に取りあえず歯止めを掛ける。2005年から2015年までの間に、人為的な要素による表土流失と荒漠化を消滅させ、25度以上の傾斜耕地の全てで還林・還草を実現する。そして、2015年から2030年の間に、広域にわたる生態環境の明らかな改善を実現する。このような段階を経て、長期目標として、山河の美しい西北地域と、山紫水明の西南地域を再生することとしている。

１．プロジェクトの行動方式

　そのための行動方式は、「退耕還林（草）、封山緑化、食糧による救済、個人請負」ある。

　ここに言う「退耕還林（草）」とは、生態環境の保護・改善方針に基づいて、表土流失が起こりやすい傾斜面の耕地と荒漠化しやすい耕地を対象として、計画的、段階的に耕作を停止させ、高木に適した土地には高木を、灌木に適した土地には灌木を、草に適した土地には草を植えるという「高木・灌木・草結合」の原則により、それぞれの土地に適した植物を植え、森林と草地の植生を回復するのである。

　「封山緑化」とは、事業実施地域内の山を封鎖して、住民の入山、伐木や家畜の放牧を禁止し、林地・草地の植生を保護して緑化を図ることである。これにより、荒山・荒地の植生を可能な限り早く回復させ、厳しく管理保護して緑化の成果を得るのである。

　「食糧による救済」とは、退耕還林・還草を実施する農家（以下、「退

耕農家」、農民の場合には「退耕農民」という。)に対して、国が一定の基準によって食糧を現物支給し、食糧を以って林・草地、つまり生態と交換することである。これは、退耕後は食糧生産ができなくなる農民に対して、退耕還林・還草政策への積極的協力を維持するために実施する、農民の生活保障、収入減対策である。

「個人の請負」とは、請負方式により、農家、農民を指定して、造林、育草や植生の保護作業を請け負わせることである。「退耕する人が造林・植草を実施し、さらに経営し、受益する」という政策方針に基づいて請負責任制をとり、造林・育草者の権益を明確にして、森林と草地の保護管理を実行する。これは、責任・権利・利益の三者を結合して、農家が利益を得る代わりに、生態環境の再生に貢献する、という実施体制である。

2.行政部門の役割分担

退耕還林・還草政策は、次のような行政部門の役割分担により、政府が提供する社会サービスとして実施される。

国務院西部地域開発指導者グループ弁公室は、退耕還林・還草プロジェクトの総合的な調整業務を担当し、他の関連部門と連携して、退耕還林・還草に関する政策と実施方法を研究し、政策企画する業務を行っている。

国家発展・改革委員会とその関連部門は、退耕還林・還草プロジェクトの全体企画の審査を行い、計画をとりまとめて、年度計画の作成と総合調整を行う業務を担当している。

財政部は、退耕還林・還草プロジェクトに関する中央政府補助金の配分と、その監督・管理業務を担うとともに、退耕還林・還草プロジェクトの全体企画および計画の作成に参与している。さらに財政部は、実施過程における指導と監督・確認を行う業務を分担している。

農業部は、開墾地牧草地帯の退耕還林・還草プロジェクトと天然牧草地帯の回復・再生事業に関して企画をつくり、計画を作成し、技術指導と監督・確認を行う業務を分担している。

水利部は、退耕還林・還草プロジェクトが実施される地域の小流域について、その管理と、水土保全などの関連業務の技術指導と監督・確認の業務を分担している。
　国家食糧局は、退耕農家に補助する食糧の確保と調達を実施する。
　各関連省（自治区、直轄市）、市（地）、県（市）の計画・財政・林業・農業・水利・食糧などの部門は、各部門を管轄する政府の統一指導の下で、各々の機能に即して分業して役割を担い、責任を負っている。

（3）政策の内容
　① 退耕農家に対して、食糧と現金を無償で補助する。
　食糧と現金の補助基準は、揚子江流域と南方地域においては、1ムー（15分の1ヘクタール）あたり食糧（未加工の穀物）を年に150キログラム補助する。黄河流域と北方地域においては、1ムーあたり食糧（未加工の穀物）を年に100キログラム補助する。さらに、1ムーあたり毎年、現金で20元を補助する。
　食糧と現金の補助期間は、還草では2年、還経済林では5年、還生態林では8年（暫定）である。
　また、食糧（未加工の穀物）の代金は、1キログラム当たり1.4元に換算する。補助する食糧（未加工の穀物）の代金と補助金は中央政府が負担する。退耕農家には、食糧の現物しか供給できない。いかなる形式であろうと、補助する食糧を現金あるいは金券に換算して支給してはならない。
　② 国は、退耕農家に対して、種苗と造林費を補助する。
　補助基準は、退耕地と植林に向く荒山・荒地の造林の場合は、1ムー当たり50元である。すでに退耕しても農家がまだ請け負っていない傾斜耕地の場合には、退耕還林による現金補助と食糧補助の政策対象とはならないが、植林に向く荒山・荒地の造林に対しては、1ムーあたり50元を標準額として種苗と造林費の補助を行う。
　干ばつ、半干ばつ地域が干ばつなどの激甚災害に連年見舞われて、植林の補充や植林のやり直しが必要な場合には、国家林業局による確認を

経た後、国が事情を考慮して補助を行う。

　いかなる行政部門も個人も、退耕農家に対して、種苗業者を指定してはならない。種苗および造林補助金は、種苗、造林補助及び保育管理と保護以外の経費に支出することはできず、補助金を他の用途に流用してはならない。

　③　退耕地の還林については、農業税を減免する。退耕地が農業税を支払っている耕地であって、補助食糧が退耕以前の平年の生産量に達する場合には、国は農民に、退耕の年度より、農業税分を差し引いて食糧を補助する。また、補助食糧が退耕以前の平年の生産量に達しない場合には、その差額に応じて農業税率を減らし、差し引く数量を合理的に縮減させる。

　退耕前の平年の生産量は、退耕前の５年間の平均値により計算する。農民に補給する現金は、補助食糧の標準計算には算入しない。退耕地がもともと農業税を支払っていない耕地である場合には、退耕前の生産量には関係なく、補助食糧から農業税分を差し引くことができない。

　④　「個人請負」の制度を実施する。土地の所有権と使用権を明確にした上で、「退耕する人が造林・植草を実施し、さらに経営し、受益する」政策を実施する。農民が請け負っている耕地及び植林に向く荒山・荒地を利用して造林した後の請負期間をすべて50年間とし、法律に基いて継承と譲渡を可能とする。請負期間が満期になった場合にも、関連の法律・法規により請負を継続することができる。

　⑤　「退一還二、還三」の政策を実施する。すなわち、退耕農民は、退耕造林に責任を負う上に、退耕地１ムー当たり植林に向く荒地を２ムー以上の造林・植草をしなければならない。

2　中国退耕還林・還草プロジェクトの進展[1]

（１）プロジェクトの経緯

　退耕還林プロジェクトは、1999年、典型性を持つ地域（四川、山西、甘粛の三省）を選んで、試行が開始された。2000年、全国17の省(区、市)

の188の県をモデル県として指定し、2001年末には既に、全国20の省（区、市）と新疆生産建設兵団など224の県において試行が行われていた。

モデル県での成功を経て、2002年、退耕還林プロジェクトが全面的にスタートした。プロジェクトの範囲は、全国25の省（区、市）と新疆生産建設兵団に広がった。さらに2003年には、退耕還林プロジェクトの範囲が、30の省・区・市の1,600県にまで拡大した。

政府は、累計3.44億ムーの退耕還林計画（1999—2005年）を作成した。その内訳は、退耕地の還林が1.35億ムー、植林に向く荒山・荒地の造林が1.89億ムー、封山育林が0.2億ムーである。中央政府が退耕還林に投入した金額は、2005年末までに累計1,030億元にのぼっている。計画目標にすでに到達した地域も含め、今後、現金・食糧補助金を1,100億元余り投入する予定になっている。

寧夏では、政府が作成した寧夏の退耕還林計画は、2004年末までに累計814万ムーの退耕還林・還草を行う計画であった。その内訳は、退耕地の造林が316万ムー、荒山の造林が498万ムーであった。ところが、退耕還林・還草の実績確認によると、寧夏では実質、退耕還林が954万ムー行われており、その内訳は、退耕地の造林が456万ムー、荒山の造林が498万ムーとなっていた。実績が計画を超えたのは、主に2004年と2005年である（表2-1参照）。

表2-1　寧夏における退耕還林・還草の状況

(単位:万ムー)

年度	退耕地の造林	植林に向く荒山・荒地の造林	合　　計
2000年	20	26	46
2001年	26	32	58
2002年	80	100	180
2003年	140	140	280
2004年	190(50+140 計画超)	200	390(250+140 計画超)
合計	456	498	954

（2）プロジェクトの成果
1．全国における成果

　退耕還林プロジェクトの実施により、中国における年間の造林面積は、かつての6,000～7,000万ムーから、4年連続で1億ムーを上まわった。そのうち、退耕還林プロジェクトによる造林は、中国の造林総面積の60％を占めることとなり、西部のいくつかの省・自治区では90％以上を占めるところもある。西部における2004年末までの実績を見ると、退耕還林が7,350数万ムー、荒山・荒地造林が9,570万ムー、退牧還草が1.9億ムーとなっている。

　また、表土流失と荒漠化に対する管理が大幅に進み、生態状況が明らかに改善されてきた。水利部第2次全国表土流失調査と年度観測結果によると、中国の表土流失面積は、10年前の367万平方キロメートルから356万平方キロメートルまで下がり、10年間で11万平方キロメートルが減少したことが明らかになった。

　表土流失の勢いも徐々に弱くなり、ここ数年来、全国の大河の土壌流失量が大幅に減少した。例えば、揚子江水利委員会の観測報告によると、2003年、揚子江上流の宜昌観測所における砂の年間移動量は以前の80％まで下がり、主要支流の砂の移動量は長年の平均値より低く、寸灘以下の各観測所の平均含砂量は、かつての量の50％～79％に減少した。専門家によると、揚子江の砂の移動量の減少は、退耕還林プロジェクトの功績が大きいといっても過言ではない、とのことである。また、四川省では、1999～2004年の間に退耕還林を1,208万ムー実施したことにより、土壌侵蝕量は累計で2.67億トン、年平均で0.53億トン減少した。その量は、省全体の森林による泥砂流失防止量の4分の1近くにのぼる。揚子江支流の岷江と涪江においては、1立方メートルの河川水当たりの砂含量がそれぞれ60％と80％に下がった。貴州省における10県の定点観測によると、年平均の土壌侵食値は、退耕前の3,325トン／平方キロメートルから2003年の739トン／平方キロメートルまで、78％減少した。水利部門の観測によると、黄河竜門水文観測所の年間総流量はほぼ同量だが、砂の移動量は、1998年の4.48億トン

から2002年の2.35億トンに、47.5%減少した。

2. 寧夏における成果
　① 生態環境に係る効果
　このプロジェクトは、寧夏においても顕著な効果を現わした。
　ⅰ）まず生態上の効果である。生態環境全体が改善された。
　退耕還林プロジェクトの実施により、表土流失と荒漠化の状況が緩和された。隆徳県水利局水保所の調査によると、傾斜耕地の土壌侵蝕値が、プロジェクト実施後には1ヘクタール当たり年間平均15立方メートルとなり、実施前と比べて、傾斜耕地では1ヘクタール当たり年間11立方メートル、植林に向く荒山・荒地では1ヘクタール当たり年間18立方メートルまで下がった。
　気候性災害の発生回数は以前と同じであるが、災害の継続時間と強さがある程度弱まり、特に干ばつ現象の緩和が明らかになった。原州区と西吉県の調査によると、退耕還林をした地域に、新たにイノシシ、オオカミ、ノロとヒョウなどの野生動物が出現するようになった。
　ⅱ）森林生態系が、全体においても部分においても好転した。2004年末までに、寧夏の林・草地面積が、累計で新たに954万ムー増加した。そのうち傾斜耕地と荒漠化した土地の退耕還林は498万ムーであった。
　退耕還林・還草プロジェクトの重点地区である固原の5県（区）においては、森林被覆率が17.6%に達した。寧夏全体の森林被覆率は、1983年の3.3%から2004年の8.36%に改善された（表2-2参照）。

表2-2　寧夏における森林被覆率の変化

(単位:%)

	寧夏	固原市	原州(区)	海原県	西吉県	隆徳県	けい源県	彭陽県
1983年	3.3	5.4	2.4	1.91	2.2	8.6	9.8	3.0
2004年	8.36	17.6	12.7	15.0	7.2	26.6	19.8	18.5

第2章　西部大開発における退耕還林・還草

② 経済的効果

ⅰ）農業の構造改革が始まった。退耕還林プロジェクトは、寧夏南部山区において、広い農地で低生産性農業を営むという伝統的な耕作習慣を変え、不合理的な土地利用構造を改善し、生態環境の改善と農業構造の改善を加速するべき空間と条件を提供した。降雨条件のよい隆徳県、けい源県では、漢方薬材と蚕産業が発展した。彭陽県では、林と果樹を結合する方式が普及し、「二つのアンズ」を中心としたアンズ製品の拠点を育成した。南部山区では、果実の大きいサネブトナツメ（沙棘）、山杏、山桃を植林し、その果樹の間に、飼料用のウマゴヤシ（Medicago Satiya L.）を栽培した。こうして、サネブトナツメの加工産業と飼料産業を発展させる資源がつくられた。

中部の乾燥風砂地帯においては、灌木と牧草を結合するモデルを普及した。マメ科低木の和名・アオムレスズメ（Caragana microphylla Lam.）とムラサキウマゴヤシ（Medicago Satiya L.）を中心とする林・草結合の栽培業を発展させ、それによって畜産を発展させる道を開いてきた。

ⅱ）農民の生活が安定してきたことである。退耕還林を行う一方で、基本耕地と言われる自家消費用の農地（生活耕地）を確保した。2003年末までに、寧夏南部山区では、生産性の高い旱作耕地を407.85万ムー造成し、山区農民に1人当たり2ムー以上の基本耕地を持たせた。例えば彭陽県では、1人当たりの基本耕地が3.2ムーに達している。生産性の高い旱作耕地は、農民に食を保障すると同時に、表土流失の防止にも有効である。

そのほか、退耕還林・還草プロジェクトは、農民の経済収入の増加につながった。国は、2000－2004年、退耕農家に対して、食糧（代金）と現金として累計12億3,840万元の補助を行った。この補助政策によって、157万人の農民が退耕還林政策の受益者となり、1人当たり平均788.79元の現金補助を受け、収入が比較的安定した。また、農民は食糧供給を確実に受けられるだけでなく、新たに生じた余剰労働力を多角経営と副業生産に振り向けることができ、収入はさらに増加した。例

えば牧草・畜産収入、採種収入、林地副産物の加工収入などにより、貧困から脱却し豊かさを目指す歩みを速め、生態と経済効果の有機的な結合を実現した。

③ 社会的効果

最後に、社会的な効果が生れている。

ⅰ）生態環境保護に対する農民意識が向上した。退耕還林・還草により、農民と生態環境との一体感が育まれた。農民は、退耕還林・還草を実施する過程で行ったことは、すべて我が身の将来と密接に関係しており、国の事業としではなく、農民自身の生存と発展に直接係わる事業だと認識するようになった。

ⅱ）交通条件が改善された。退耕還林とセットで農業関係資金が交付され、造林した土地に通じる道が拓かれた。退耕地域内の新規林道が、2003年までに、およそ2,000キロメートル整備された。例えば彭陽県では、78の小流域を管理する流域道路が680キロメートル整備されたが、それは、県内の山間地域道路の34％になる。

中国においては、ここ数年間に、単位面積当たりの食糧生産量が3.67％低下し、総生産量が15.9％減少したが、西部地域では逆に、単位面積（1ムー）当たりの食糧生産量が1999年の248.5キログラムから2003年の263.4キログラムに増えた。食糧総生産量の減少も、わずか6.3％にとどまった。さらに、いくつかの地域においては、耕地面積が減少しても収穫量は減少せず、プロジェクト実施地域内と黄河中・下流地域の農業総合生産力を維持し、拡大させた。

中国全体では、3,000数万戸の農家、1.2億人の農民が、退耕還林によって直接的な利益を受けたことになる。

以上のことは、退耕還林プロジェクトが中国の生態再建の中心的プロジェクトのひとつとなり、中国の生態再建が「防止管理と破壊の拮抗」段階に入る上で重要な貢献をしたことを示している。

（2）退耕還林プロジェクトの主な経験

退耕還林プロジェクトは、徐々に顕著な効果を発揮しはじめている。その経験の主な点をまとめれば、次のようになる。

　第一に、生態再建上の効果の発現を優先し、その一方で、農民収入の増加と農村における産業構造の改革を重視し、退耕に協力する多くの農家の根本的な利益を維持したこと。

　第二に、退耕還林と基本耕地（生活耕地）の創出（政府が830億元の投資を計画し、表土流失の深刻な黄土高原地域では、堆積した泥砂の上に覆砂して耕地を造成）、農村のエネルギー改革（牛糞を原料としたメタンガス利用など）、生態のための移住（人口圧を軽減するための集落移転）、代替産業（退耕地に代わる収入源となる産業）の発展、禁牧舎飼（草地を回復させるための放牧禁止と畜舎での飼育）、その各々の結合により、退耕還林地域における生存・生産・生活条件の改善などによって、退耕還林の成果を強固なものとしたこと。

　第三に、国務院が「退耕還林条例」を公布し、「退耕還林・還草の試作事業実施に関する若干の意見」、「退耕還林政策施行の更なる完備に関する若干の意見」を出し、国務院の関連部門と各地方政府が一連の管理方法、規程、基準とプロジェクト管理規則を制定したこと。

　第四に、各級の地方政府が、退耕還林・還草を非常に重視し、退耕還林・還草プロジェクトを農業と農村の重要事業として、これを実施したこと。

　第五に、各級政府の林業部門が、プロジェクト主管部門の職責を真剣に履行し、計画、種苗の選択、退耕還林が定めた活着率と生存率の確保、検査という「4つの関門」で厳しくチェックし、管理・監督、指導・サービス、科学技術の支援を重点的に位置づけたことが、退耕還林プロジェクトの順調な実施を保障したこと。

（3）今後に残された課題

　退耕還林・還草プロジェクトには、まだいくつかの残された課題が存在している。

　例えば、プロジェクト計画が停滞しているため、各地域で実施する際

に、非常に大きな困難をもたらしている点である。

　フォローアップ補助政策が明確ではなく、関連措置が十分に制定されていないことから、成果を固めるためには、まだ大きな挑戦が必要である。補充植林・補充造林やプロジェクト管理の経費が不足し、事業を実施する末端の地方政府としては重荷に堪え難いところがある。

　一部の地域では、地方の幹部と農民が退耕還林政策を十分に理解できておらず、生態優先が実現できなかった。地方での管理が規範になっておらず、一部の地域で政策実施中にいくつかの違法行為等が現れた。

(4) 計画の構想

　中国の第11次5ヵ年計画の期間中、「成果を固め、質を確保し、政策を完備し、着実に推進する」という全体目標に従い、2006—2010年の退耕還林プロジェクト計画の初歩的な目標を、退耕地造林0.35億ムー、植林に向く荒山・荒地造林1億ムー、封山育林1億ムーとされている。また、脆弱な地域を強化して実質効果を重視するという原則により、その重点対象地域として、北方の乾燥・半乾燥の砂漠化地域、北京・天津の風砂の発生源地域、黄土高原の表土流失地域、揚子江中・上流の表土流失地域、青蔵の高寒河川の源流地域および南方のカルスト石漠化地域が挙げられている。

　1999—2010年の退耕還林の任務が全面的に完遂された後には、林・草地の植生が新たに5.8億ムー増加し、プロジェクト地域内の林・草地被覆率が4.9ポイント増加する見込みであり、プロジェクト対象地域の生態状況は比較的大きく改善される。

3　現行退耕還林政策の欠陥とその対策に関する提案

　退耕還林・還草政策に関して社会が求めるものは、国は生態に関してであり、農民は生計に関してである。解決すべき一連の生態問題とは、表土流失、荒漠化、石漠化、砂嵐などである。国が政策の立案者側として高い関心を持っていることは、退耕還林によりもたらされる生態効果

と社会的効果である。一方、退耕をする農民が個人利益の追求者として高い関心を持っていることは、食糧生産をやめた後に、植樹により受ける経済利益の損得である。

　退耕還林の代価は、これまで生存維持に役立ってきた土地を、一部の農民が放棄することである。

　退耕還林は、退耕地域の生態環境を著しく改善したが、同時に、経済後進地域における人と土地の間の矛盾を更に激化した。国から食糧あるいは現金の補助がもらえるが、その補償の量では、農民の生計問題を解決できない。仮に経済補償が、退耕農民を長期的に激励できなければ、退耕還林・還草政策を長期かつ有効に実施し続けることは不可能である。場合によっては、農民が植林を伐採して再び耕地に戻す「毀林復耕」となって、退耕還林の成果が水泡に帰す可能性もある。実際に20世紀に寧夏のプロジェクト（コード2605）は、そのようにして失敗に終る結果となった[2]。

　西部の貧困地域において、退耕農民の生活を実地調査した研究者は、退耕林に関する現行の経済補償構造に、次のような制度的欠陥があることに気がついている。

　　欠陥1：補償期間の年限設定に、実証的な根拠と理論的裏づけが不
　　　　　足していること。
　　欠陥2：補助基準に、公平性、科学性および合理性を欠けているこ
　　　　　と。
　　欠陥3：退耕生態林の買収制度がないこと。

　退耕還林政策における現行の補助期間は、経済林で5年、生態林で8年とされているが、植林から5～8年後に収益効果が出ると想定されている目標は、現実にはかなり達成困難である。西部はたいへん広大で、各地方の気候条件、自然生態条件の差がかなり大きいため、退耕地の樹木の成長速度も地方により異なっている。黄河中・上流域に位置する省では、乾燥し、降雨が少なく、土地がやせ、樹木の成育率がたいへん低く、成長が緩慢であるため、速成ポプラ、マツが材木林に成長するまでに少なくとも10年を必要とする。石漠化、海抜が高い地域では、林木

の成長が更に緩慢である。一部の地域では、スギが材木に成長するまでに20年余を必要とする。したがって、多くの地域で、退耕に協力する農民は、5〜8年以内には退耕林から収益が得られない。そのため、退耕農民が安定収益を得る前に国が補助を停止すると、一部の退耕農民は、最低生活の保障を失う恐れが出てくる。これは、退耕農民の中に不公平をつくることになる。

　国としては、退耕農民が生存のために必要な土地を失う経済的損失を、長期的に補償すべきであり、期限を限る制度の制定をすべきではない。経済学において、生態林は公共資源（公共財）であり、公共資源である以上、公共物の提供者たる退耕農民は、個人の品物のようには価格システムによって消費行為を制御できないため、市場を通して収益を得ることができない。したがって、公共物を個人が作ることは適当ではなく、個人によって作られるべきものでもなく、国が提供すべきである。法律の角度から言えば、ある学者[3]は、国と退耕農民間の関係を「委託と代行」の関係に位置づけている。国は生態林の提供者として退耕農民に植樹・造林を依頼する。そのため、国が委託人として退耕農家に補償を行うことは、法律上の義務である。退耕農家は、国の代理人として植林の業務を代行、完成させ、報酬を取得する権利を有する。そのため、退耕還林の補助については、いかなる期限も設定するべきではない。それでなければ、退耕農民にとっては不合理・不公平となる。

　現行の退耕還林政策におけるもうひとつの欠陥は、退耕農民は生態林の所有権を有するが、立木の処分権を有しないことである。「退耕還林条例」は「国は退耕還林者が退耕地における林木（草）の所有権を保護する」と定めている。しかし、その一方で、「森林法」は、農民の立木処分権を厳しく制限し、関連行政部門の許可がなければ、植林した生態林を勝手に伐採できないとしており、この2つの法制度間には矛盾がある。そのことが、生態林の流通・譲渡制度が形成されない理由である。

　以上の退耕還林政策の補償構造における制度的な欠陥を踏まえて、下記の提案を行う。

　一、生態効果維持資金のための生態効果受益者負担金を徴収する。中

国の財政部と林業局は、2004年10月21日、「中央森林生態効果補償基金管理方法」を作成し、森林生態効果補償基金制度を正式かつ全面的にスタートさせた。しかし、この制度は退耕還林経済補償政策と完全には連結できていない。この問題を解決するためには、資金調達ルートを拡大して資金調達力を強める必要がある。国は、退耕還林が生み出す生態効果を享受する受益者から受益者負担金を徴収して資金を確保し、この資金によって、退耕農家に合理的な補償を行うことを提案する。

二、代替産業を積極的に発展させ、退耕に協力する農民の収入を増加させる。代替産業の発展は、農民に対する直接補助金ではなく、間接的な補償構造の一つである。

実際に、「毀林復耕」は、最低生活保障が不足する地域で発生する。したがって、退耕農民の経済収入を増やして生活水準を高めることが、「毀林復耕」を避ける最も根本的な方法であり、それはまた、国の退耕還林計画がいう「退耕して、還林還草を実現して成果を固めれば、反発は生じない」ということの有効性を保証することになる。少額の貸付け、財政による利子補給の貸付けなどの金融手段を通じて、代替産業の発展に大規模な資金援助を行い、農林産物加工業の技術の導入・改善を促進し、退耕地域の産業発展を連動させることで、退耕に協力する農民の就業と収益を増加させる機会を開拓する。

三、「退耕生態林の買収制度」をつくる。退耕農民自らが経済利益の目標を実現することと、政府が生態効果の発現を目標として追求することとの間での衝突を避け、「退耕還林条例」と「森林法」との対立を避けるために、国が「退耕生態林の買収制度」をつくるべきである。政府は、生態環境が比較的脆弱な地域で、伐期になった生態林の「林の所有権」を買い取るために、退耕農民に一定の立木処分権を与え、農家による林業投資の増加を刺激し、林の立木に対する保護管理の力量を増大させる。国が生態林の「林の所有権」を持った暁には、人や家畜を入山させない封山保護管理などの措置により、生態効果の持続性が担保されることになる。

注
1) 劉樹人；国家林業局退耕還林弁公室副主任。
2) 1982年、中国はコード「2605」の食糧援助プロジェクトを受けた。国連世界食糧計画（WFP）が寧夏西吉県に無償で2,300万ドルに相当する食糧と食品を5年間提供した。それによって西吉県では、植樹・育草を156万ムー行い、黄土高原に一面の緑をつくった。国連は衛星観測と専門家による現地調査後、当時「世界における最良の人工林・草プロジェクトである」と評価した。しかし、90年代にこの地域で「毀林再耕」が行われた。
3) 左菁；中国の退耕還林経済補償構造に関する反省―退耕の農民の利益を保障する視角より― http//www.cel.cn

編者注1) 日本では総称して砂漠化と言われるが、中国では、粒の大きさによって、砂漠化、石漠化、礫漠化などに分けられ、総称して荒漠化と言われる。
編者注2) 経済林は、アンズやナツメなどの商品換金できる果樹を植えた林であり、生態機能の回復・改善を主目的とした生態林と区別される。ともに生態機能の回復・改善効果を持つ。

第3章

寧夏の退耕還林・還草から見る西部の生態再生

宋　乃平

山頂近くの農村風景（海原県 1998 年）

はじめに

　退耕還林・還草プロジェクトの目的は、表土流失や、砂漠化、アルカリ化、石漠化などが深刻な耕地と、生態上は重要だが食糧生産性が低く不安定な耕地を林地・草地に還し、多年生植物を植えて自然な生態の力を徐々に高めることである。中央政府と主管行政部門の計画目標においては、表土流失の防止と生態の保護だけでなく、プロジェクト実施地域の土地利用構造と農業生産方式の改革が着目されている。この改革による農業、生産、収入の改善を土台にして、農民の就業構造の改革が計画されている。農民の就業を、水土保持や生態保護に良くない栽培生産から、生態と経済が持続可能な林・草業、牧畜業や非農業に転換させることによって、次第に、生態の保護と農民の収入増加という2目標を実現するのである。
　本章では、寧夏南部にある原州区を調査対象として、寧夏の退耕還林・還草プロジェクトについて、事業開始から5年間の経験と問題点を検討する。この検討が、西部地域における全面的な生態の再生と回復のための参考になれば幸いである。

1　退耕還林・還草による土地利用構造改革の効果と生態効果

(1) 土地利用構造改革の効果

　退耕還林・還草は、原州区の土地利用の基本的な仕組みを変化させ、同時に、耕地、林地、草地の面積割合を変化させた。図3-1で示したように、耕地が減少し林地が増加した。これは、土地利用の型が耕地から林地に転換したことの反映である。図3-1と図3-2を見ると、2000年から2004年にかけて、退耕還林・還草プロジェクトが広範囲に実施されたため、次年の林地構成比が前年より大幅に増加したことが分かる。この変化は、2003年から2004年にかけてもっとも顕著だった。

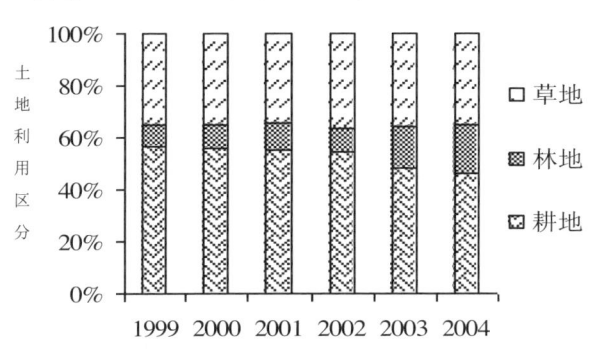

図3-1　原州区における土地利用の変化（1999～2004年）

図3-2　原州区における年度別造林面積

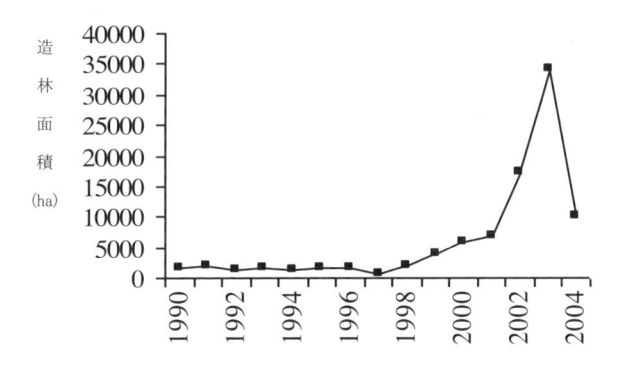

　図3-1に関して、2002年の林地の構成比が大幅に低下した原因について説明したい。行政区域の調整によって、原州区の南部にある六盤山区、林地の多い什字、蒿店、大湾の3つの郷・鎮をけい源県に分離させたからである。
　草地の構成比はおよそ35%前後であり、草地面積の増加はほとんど見られないが、退耕還林・還草によって、草地内部での大きな変化が生じた。
　第一に、人工栽培の草地面積が増え、2004年までに、原州区の人工栽培草地面積は1万3,300ヘクタール、草地の総面積（9万4,500ヘ

クタール）の14.1％を占めるようになった。

　第二に、樹木の伐採や放牧の禁止と草地の人工改良によって、草地の被覆率、草の生産量、草地の質がある程度向上した。2004年末、原州区の草原センターが行った区内5つの人工草地の14サンプルの測定結果によると、複数の測定値が68～135、平均値が102であり、被覆率は60％～100％、平均値が82.36％となっている。干草の生産高は1ヘクタール当たり390～1,500キログラム、平均で683.86キログラムであった。

（2）初歩的な生態効果
　退耕還林・還草プロジェクトの生態効果は、長い期間を経ないとなかなか現れるものではなく、現時点で生態効果を全面的かつ正確に評価するのは時期尚早である。しかし、短期的効果は、すでに現れている。
　5年間で、原州区の退耕還林・還草の面積は、耕地面積（2000年初頭の測定値）の28.15％を占め、林草地はおよそ1万ヘクタール増加し、地表の被覆構成が少し改善し、2万ヘクタールの表土流失を防ぐこともできた。2003年までに、原州区の林地面積は1万2,600ヘクタールであり、森林被覆率は12.7％となっている。
　原州区で調査したところ、区の指導者と幹部から農民や一般の人に至るまで、当プロジェクトの実施から5年の間に、生態が明らかに改善されたと語っている。
　例えば、三十里鋪村の第一村にある小川は、1970年代から涸れてしまい、過去30年間のうちで季節的な水流があったのは数年だけだったが、2004年には1年中、川の流れが絶えることもなく、夏や秋には水深2メートルに達したこともあった。
　叠叠溝上源区の馬場村にある水源は、何十年間も200世帯の村民と家畜を養ってきたが、1980年代から水流が次第に涸れるようになってきた。しかし、退耕還林・還草プロジェクトを実施してからは、水流が増えつつある。
　羊圏堡村の第三村の何万林さんは、退耕還林・還草プロジェクトを実

施して以来、表土流失の現象が減った、と感慨深く語った。何さんの住んでいる村の後に山の斜面があり、プロジェクト以前には、豪雨のたびに土砂流が村を襲っていたが、近年、雨量が増えた割には、表土流失の現象がなくなった、と何さんは証言している。

　また、原州区の調査によると、2000年〜2001年、プロジェクト実施地域内にイノシシ、オオカミ、ヒョウなどの野生動物が出没するようになった。

　隣の彭陽県を見ると、当プロジェクトの実施によって、2000年から2003年の間に、県総面積に占める表土流失面積の割合は92%から53%まで下がり、森林被覆率は3%から13.4%に上昇した。また、隆徳県では、当プロジェクト実施前と比べると、急傾斜耕地と植林に向いた荒山・荒地の土壌侵蝕指数は、急傾斜耕地では1ヘクタール当たり年間11立方メートル、植林に向く荒山・荒地では1ヘクタール当たり年間18立方メートルまで低下した。気候変動による干ばつなどの被害は、発生率は以前とあまり変わらないが、1回当たりの期間が短くなり、被害が小さくなった。特に、干ばつと日照りの現象が緩和された（寧夏回族自治区発展改革委員会農業経済所「寧夏退耕還林・還草プロジェクト建設情況」2004による）。これらの現象は初歩的であるが、環境改善の始まりと言えよう。

2　退耕還林・還草実施段階における生態問題

（1）還林地が多すぎて、所期の生態目標の達成は困難

　原州区の調査によると、退耕面積のうち高木の植林面積は51.49%あり、高木の植林面積と高木・潅木の混合植林面積を含めると75.32%になるが、草地面積は6.56%にすぎない。西部の乾燥地域と半乾燥地域の造林における最大の問題は、活着率（植林した苗木が根着く割合）である。西部地域では、標高が高い土石山地と低地を除いて、平地と傾斜地の平均活着率は25%、その後に生き残る生存率は13%にすぎない（袁家祖等、2001）。

2000年、原州区では春に乾燥して活着率が低かったが、6月下旬の雨季を利用して樹木を植え直して、活着率が85%以上になった。2001年、秋に植え直した面積は8万4,000ムーに達し、その面積は、当該年に造林した面積の59.01%に上った。2003年、夏の雹などの自然災害の影響によって、樹木の活着率と生存率が低くなり、秋の植え直しが大変であった。2004年も同じ状況であった。
　寧夏南部山区の退耕還林・還草に関する別の調査によると、最初の年には、秋の検査時点で、90%以上の農家が活着率の基準値85%に達しているが、翌年には、活着率が30%～40%まで下がり、その後、ますます下がり続けている（楊巧紅、2005）。「土地資源類型数量」（文献5参照）と比較すると、原州区の林地面積は、林地に適した土地面積を超えている。
　あらゆる手段を使って基準とされる活着率と生残率に達したとしても、この地域において安定した森林生態系を作り上げることは依然として難題である。通説によると、林の蒸散量は草地の約1.3倍であり、草地の蒸散量は裸地の約1.3倍である。原州区の年間平均降雨量は471.2ミリメートルであるが、年によって変動幅が大きく、1年のうちでも季節ごとの差が大きい。地表水は主に雨であり、地下水の水位は比較的深く、森林が必要とする水量が不足している。水資源の状態からすれば、木よりも草を植えるべきだが、草だけにしたとしても水は十分には行きわたらない。というのは、人工栽培された草地の生命周期は3年から8年であり、一般的には長期かつ安定的な生態系を作り上げることが難しいからである。それと同時に、退耕還草の食糧補助が一旦停止されると、適切に管理しないと、草地は再び農地として開墾されやすいからである。
　水資源の状況や、草地と林地の蒸散率などを総合して考えると、水収支が均衡していて余裕がない地域や定期的に水不足となる地域では、草と低木の栽培が相応しい。広大な西部地域では、草と低木の植栽を先行させ、あるいは高木造林と結合して草と低木の植栽を先行させるべきである。また、西北に行けば行くほど、草と低木の割合を引き上げるべき

である（呉欽孝、1998）。

(2) 果樹林を多くしすぎた環境保全型経済の方法的誤り
　退耕地のうちで還林が圧倒的な面積を占めるが、その中でも果樹が中心になってきており、5村を対象とした調査の結果報告を見ると、還林の樹種が全部で13種類ある中で、果樹が6種類と多い。
　国は、退耕還林の試行後、各地の事例に基づいて、生態林の占める面積が還林面積全体の80％を下まわらないことを、目標として定めていた。その後、国は、地域産業振興の要求や、土地経営者の目標が経済的利益に置かれている状況などを踏まえて、換金作目である果樹の樹種も生態林の概念の中に組み入れた。そうすることによって、退耕還林の中で80％超という生態林の目標値との整合性を図り、農民の経済的利益の追求を奨励するようにした。
　しかし、西部の生態系は脆弱であり、災害頻発地域では、果樹林を主体とした環境保全型経済の目標は、現在、多くの問題に直面している。退耕還林プロジェクトにより栽培された寧夏の果樹林は、冬の気温、霜害、風害などの影響によって、成長していない。同時に、経済林（果樹などの短期換金が可能な林）の市場リスクは、果樹林の規模の増大とともに大きくなるが、退耕還林実施地域の多くでは市場経済の発達が弱く、果樹の栽培を経済的利益の実現につなげることが難しい。
　貧困地域における退耕還林・還草の正しい環境保全型経済の目標は、当地の人々の生存と土地の状態を前提に設定されなければならない。つまり、貧困な山丘地域では一定の薪炭林を増やす必要がある。薪炭林を拡大すれば、鉱物エネルギー資源の大幅値上がりが樹木伐採に直結するような潜在的脅威を防ぐことができる。また、積極的に飼料林を栽培すべきである。草地は深いところにある地下水を利用することができないので、干ばつの年に草の生産量が減るが、そのような場合にも、飼料林は牧畜業の変動幅を安定・縮小させる役割を果たすことができるからである。また、薪炭林と飼料林は、短い成長期間で生産目標に達することができる。言うまでもなく、薪炭林と飼料林の最もいいところは、栽培

から利益を得るまでの期間を短縮することができることである。

（3）一度で目標を達しようとすると失敗する

退耕還林・還草プロジェクトの実施段階で、作業を端折る傾向がみられる。つまり、自然条件とその変化を考慮せず、造林であれば直接に木を植え、草の栽培であれば直接に種を蒔くといった傾向である。地域によっては、造林することに理論上の問題がなくとも、植樹しても必ずしも樹木が生き残るとは言い切れない。もし、当該地区の気候、土壌や地形などの条件が、既に植林品種として決められている樹種に適合していれば造林は成功しやすいが、そうでなければ、あらためて樹種選定をし直さなければならない。

原州区では、森林草原と典型草原の2種類の植生がある。しかし、どちらも植生の退化現象が深刻であり、天然の森林と草原はとても少ない。したがって、先鋒群落（痩せた土地で最初に生長していく植物の種属）を先に植え、次に地帯性の品種（地域と関係なく、地球上で連続的に生長できる植物の種属）を植える方法を採用するのが適切である（任海等，2002）。先進国では、農産品が過剰になって林産品への需要が増したとき、「余剰」耕地を林地に転換するために、通常、まず周辺地区の耕地を永久性のある牧場に変え、次ぎに牧場の一部を林地に転換するという二段階方式をとっている（馬瑟，1991）。

（4）実施方法が科学性に欠け、コストは高いが普及面積が少ない

退耕還林・還草プロジェクトの実施から5年が経ち、林の樹種、果樹の樹種、育苗、栽培技術などは、確かに進歩したが、当プロジェクトの企画全体においては、いまだに多くの問題が存在している。例えば、当プロジェクト用の耕地の範囲の限定、植物の種類が土地の情況と相応しいかどうか、植え直す樹種と植え直しの方法、植物の分布と生態系との組合せ、防災企画、退耕還林・還草プロジェクトとその後に続く産業発展との関係、環境保全型経済の建設、当プロジェクトに付随する特別措置などの問題である。以上に挙げた問題から見ると、当プロジェクト

が近年の生態学、特に生態回復に関する研究の成果と有機的に連携して来なかったことが分かる。

　林業技術を普及する力が弱く、新技術の導入も少なく、新しい樹種の普及面積が少なく、また、科学性にも欠けるため、退耕還林・還草の総合的な効果も利益も大きくはない。さらに、鉢つき苗、ポット苗、マルチ、保水剤、袋かけなどの技術が普及されている面積が少ない。

　2000年には、原州区で採用されている日よけ技術の対策が弱く、春の干害の被害を受けて春の造林は思わしくなく、直接の経済損失が165万元にのぼった。科学技術の研修、現場の技術指導やその他の科学技術の支援を全面的に実行することができなかった。当プロジェクトが始まってから、原州区では、鼠と兎による森林被害が深刻なため、区政府は鼠やウサギを一匹・羽を殺すと1元支給する方法で駆除を奨励したが、その効果はあまりなかった。樹木が成長し林地の面積が増えるとともに、護林防火の任務が厳しく要求されるようになったが、それに相応しい技術的措置をまだとられていない。

3　寧夏退耕還林・還草プロジェクトは西部の生態再生への啓示

（1）生態再生は自然法則に従わなければならない
　西部地域の植生づくりは、樹木栽培を主にするか、草栽培を主にするか、あるいは譲歩して裸地は現況のままに留め置くかについては、実は「頂級群落理論」（地域ごとに、そこに適した最良の植生があるとする論）がすでに回答を与えている。頂級群落（地域に適した最良の植生）は、自然界自身の条件によって、特定地域に適した最良の植生の種類として決まってくる。

　例えば、原州区では、六盤山以外の多くの地域は乾草原地帯に位置しているので、植生の種類は主に典型草原（人工草地を含む）である。もちろん、自然条件が比較的優れている地帯では、典型草原の類型に近い日照りに強い低木などの栽培が考えられる。しかし、特に環境条件に要

求が高い高木を広範囲に栽培してはならない。

　退耕還林・還草プロジェクトは、植生の変化法則、生態系の物質循環法則と地帯性法則などに従わなければならない（宋乃平等、2003）。生態系の法則に沿って生態を設計し、技術手段を用いて各種の動植物を一緒に生長させ、次第に特定の生物群落を形成して、環境に適合する長期安定的な生態系を形成するのである。退耕還林・還草プロジェクトにおける耕地の配置については、景観生態学の基質—斑塊—廊道（耕地・林地・草地の面積割合—構成が異なる地塊—地塊を繋げる川など）の相互作用原理を基礎にして相応しい自然地理環境を構成し、調和のとれた景観の空間構成を安定させるべきである（傅伯杰、2001）。

(2) 生態再生には完全な科学的計画が必須

　2004年以降、中央は退耕還林・還草プロジェクトの指標を下げ、その速度を緩めた。これは計画を補充、調整する得難い機会となった。参与方法を導入し、農民の希望を尊重し、計画の科学性と実行可能性を高めるべきことが強調された。

　中央政府から地方政府に至る各級の実施部門は、多くの部門と多くの学科の周到な調査、分析と研究に基づいて、全面的な退耕還林・還草プロジェクトを制定し、対象地域内の自然環境の分布状況、植生の変化と社会経済的特徴などの研究を重ねることによって、中央の西部大開発戦略と有機的につながった退耕還林・還草プロジェクト計画、及びその目標を実現するための多様な方法とモデルを提出すべきである。そして最終的に、地域に適した、客観的に見て現実的な最良の戦略と計画案を選び出すのである。

　正確な研究は、退耕還林・還草プロジェクト実施段階の具体的な問題を解決する。こうして事業実施過程の諸般の問題を解決するのである（趙曦、2000）。力を注ぐべきは、退耕還林・還草プロジェクトを補う保障措置の企画と組合せて計画することであり、特に退耕還林・還草後の産業に対して、基本耕地の建設、雨水を集める節水工事、草・牧畜業の工事、農村のエネルギー資源、生態移民などについて充分に論証し、合理

的に計画することである。退耕還林・還草、封山禁牧（樹木の伐採や家畜の放牧の禁止）、小流域の総合治水など多くのアプローチで植生を回復する施策の実行可能性を充分に論証すべきである。

（3）生態再建と生態再生の有機的結合と合理的運用

　西部地区における広範囲の植生建設は、樹木の保育を主にすべきことは当然であり、生態系の自己回復力を十分に活用するとともに、生態の人工的な回復促進措置を採用することが適切である。面積が広くて人口が少ない、立地条件に格差がある地域では、保護による生態回復を主な手段にすることは当然であるが、重点地域（例えば、河の源流、表土流失の重点地域、最重要な交通ルート、および人の住む風砂地域など）では、人工的な生態再建によって植生の被覆率を高めた後、保育の施策を行う（劉昌明、2004）。乾燥地域の植生再建は、「宜荒則荒、宜草則草、宜灌則灌、宜林則林」の指導原則に従うのが当然である。

　以上の理由から、西部乾燥地区の「還林・草、荒山造林」を取り消して、樹木の伐採を禁じて植生を回復させる方式を採用し、退耕還林による植生へのリスクを減らし、種苗補助への圧力を減らす。これとは別に、植生回復モデルの多様なアプローチを形成することはまだ可能であり、今後の政策として、計画が多くの選択肢を提供することを提案する。西北地方の退耕還林・還草プロジェクトが直面している問題は、立地条件が悪く、多くの荒山では日照りにかなり強い低木も生長できないので、造林するどころか、人々は還林・草、荒山造林の成果に対して疑いを抱いており、積極性は低い。人々は「退耕を重視し、還林を軽視し」、「荒山造林の速度と質は退耕地の差である」というが、荒山の植生はすでに回復し始めているが、政策によって土地はまた開墾され、樹木の活着率が低く、植え直すのも非常に困難である。したがって、元来の植生が破壊され、得るよりも失うほうが大きいことになる。

　総じて、西部地域における生態再建と生態回復を有機的に結合して、生態再建による人工草地、飼料林、薪炭林、果樹林によって、当地の人々の生活と生産を保障し、生態回復の成果を保護する。同時に、生態回復

の成果によって、風を防ぎ、砂を固定し、表土を保ち、生産高を上げ、人々の生産と生活に役に立つ。つまり、両者は相互に補完しあい、共同で生態再生を促進するのである。

参考文献：

[1] 傅伯杰，陈利顶，马克明等.景观生态学原理及应用.北京：科学出版社，2001.21-198.

[2] 刘昌明主编.西北地区生态环境建设区域配置与生态环境需水量研究.北京：科学出版社，2004.111-112.

[3] [美] A.S.马瑟.土地利用.北京：中国财政经济出版社，1991.114.

[4] 任海，彭少麟编著.恢复生态学导论.北京：科学出版社，2002.30.

[5] 宋乃平，张凤荣，李国旗等.西北地区植被重建的生态学基础.水土保持学报，2003，17（5）：1-4.

[6] 王乃斌，沈洪泉，赵存兴.黄土高原地区资源与环境调查数据集.西安：西安地图出版社，1991.8-11，23-25.

[7] 吴钦孝，杨文治.黄土高原植被建设与持续发展.北京：科学出版社，1998.279.

[8] 杨巧红.世界粮食计划署"2605"项目对实施退耕还林（草）工程的启示.调研世界，2005（4）：17-20.

[9] 袁家祖，闵庆文.水是西北地区生态系统重建的根本.自然资源学报，2001（6）：511-515.

[10] 赵曦.西部地区退耕还林试点工程问题与对策研究.农业经济问题，2000（12）：2-5.

第4章

農家所得の構造と新しい就労機会の創造

北川　泉

平地に見られる農村風景（固原県 2003 年）

1 　農家所得の構造とその変化

（1）農業・牧畜生産と生活水準

　中国・寧夏回族自治区、とりわけ本調査対象地域の南部山区地域は、東部沿岸地域に比べて所得格差が大きく、特に1980年代に入ってから、中国東部と西部の格差は拡大した。1979年と1995年までの17年間における中国経済の平均成長率は9.7％であったが、東部地域と西部地域の成長率はそれぞれ12.8％と8.9％であり、東部は西部より4.1％高い結果となっている[1]。

　このような地域格差問題が、中国政府をして「西部の発展がなければ、中国は近代化を実現できない」とさせた問題意識であり、戦略的政策目標であったことは周知の事実である。

　さらに、寧夏回族自治区内においても、北部地域に比べて南部地域の生活水準は低く、自然的条件を反映した穀物と牧畜中心のモノカルチャー経済に主な原因があるとされてきた。

　したがって、南部山村地域の問題は、中国における地域格差解消を目指すモデル地域であり、自然と人間とのあるべき関係を示す好事例として注目される。

　さて、寧夏回族自治区、とりわけ黄土高原に位置する南部山村地域（南部山区）においては、少なくとも1983年までは、何よりも食糧の自給を達成し、いわゆる「絶対的貧困」からの脱出が最大の課題であった。

　したがって、国家政策としても、これら地域の「貧困からの脱出」を目指して、1983年から93年までは、人口一人当たり300元、食料300キログラム以下の住民に対して「扶貧対策」を実行してきた[2]。

　固原市で「扶貧対策」の対象となった人口は、約24万世帯、104万人といわれている。その結果、1993年から2000年の間に、年間300元、食糧300キログラム以下の扶貧対象人口は13.6万人減少したといわれる[3]。

　その後、扶貧対象の基準を変更し、2001年には、絶対貧困を580元

以下、貧困を 850 元以下、低収入を 1,000 元以下とした。扶貧対策の重点は、2001 年以降年間 580 元以下の所得層に移ることになったが、2001 年時点では、1,000 元以下の世帯が 17.7 万戸、101 万 3,600 人を数えるまでになっている。

　今後さらに、2010 年にかけて、580 元以下の絶対貧困を無くし、生産および生活条件を改善する計画が樹てられている。そのためには、何よりも地域住民の経済と生活水準を高め、インフラの整備を図り、教育を重視しなければならないとしている。

　図 4-1 によって、農民 1 人当たりの収入の推移をみると、固原市の場合は、全国水準に比べても、全区の平均に比べても、大幅に低水準にあることがわかる。それでも、ほぼ 2000 年を境に貧困ラインを脱したことがわかる。

(2) 農業生産の変化と集約化

　寧夏南部山村地域の農業生産は、これまで自給を中心とする食糧の確保に重点が置かれていたため、従来型の伝統的な穀物（コメ、小麦、トウモロコシ、雑穀、大豆、馬鈴薯）、および羊の放牧を中心とする家畜の生産に限られていたといってよい。このような伝統的な穀物生産と放

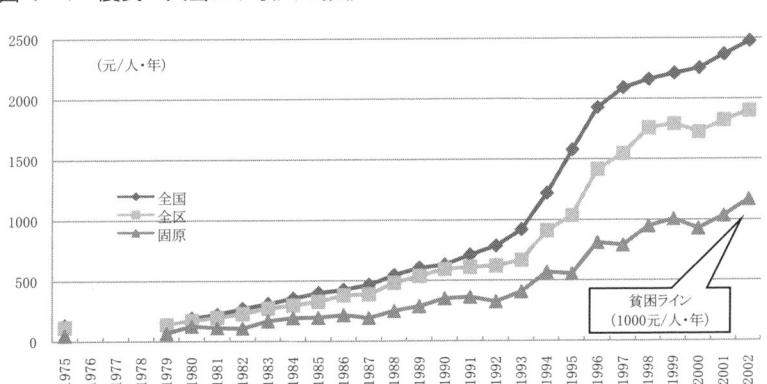

図 4-1　農民一人当たり収入の推移

牧による畜産は、本地域の自然的・立地的条件をふまえて、その生産力を高める鍵は、水を確保するための潅漑施設を設置・普及することがポイントであった。

したがって、農・牧畜生産の重点は、潅漑水利の普及におかれ、新規作目の導入や品種改良、さらには経営の集約化などに対しては消極的であった。同時に、生産が自給自足に重点を置いていたため、消費の動向に対する関心も薄く、商品作目の導入もほとんど見られなかった。

この地域で商品作目が一定の進展を見せはじめるのは、1990年代から議論され、2000年から国家プロジェクトとして実行されはじめた「西部大開発」の一環として行われた「退耕還林、退耕還草」の実施からと考えてよい。なかでも、年々拡大してきている砂漠化による生態環境の破壊に対処するためにとられた「退耕還林・還草政策」は、この地域の農・牧・林業および農山村社会に大きな転機をもたらすものであった[4]。

このような国家補助による「退耕還林政策」を成功に導くためには、まずはこの政策によって縮小された耕地および牧野の集約化による生産力の増大が図られなければならない。次いで、退耕還林、還草された新しい土地の生産力の増大が課題となる。そして第三には、新しい就労機会の創出による過剰人口の吸収と所得増加が図られなければならない。

次の表4-1によって、農家の農産物生産の変化をみてみると、生産量、販売量ともに増加しているものは、油糧作物と野菜である。

この数値は、退耕還林を実施した2000年、2001年および2002年の農家300戸に対するパネル調査によるものである。

3ヵ年の限られた調査であるが、従来型の作目の中でも商品作目の伸びを指摘することができよう。このことは個別の聴き取り調査においても確認することができた。

他方、同じアンケート調査によって、羊の飼養頭数と販売数の変化を見ると、この3年間(2000〜02年)に大幅に伸びていることがわかる(表4-2参照)。

つまり、この地域における商品生産の動向は、伝統的な作目と牧畜生産の中においても着実に進行していることがうかがい知れる。

第4章 農家所得の構造と新しい就労機会の創造

表4-1 油糧作物と野菜生産の推移

		2000年			2001年			2002年		
		面積	販売量	売上額	面積	販売量	売上額	面積	販売量	売上額
油糧作物	1戸当たり平均	1.7	17	43.1	2.7	22.6	49	2.7	56	139.2
	生産戸数	292			297			300		
	総数	508	4960	12595	797	6710	14554	797	16812	41771
	変化(2000年=100)	100	100	100	157	135	116	157	339	332
野菜	1戸当たり平均	0.1	1	1.6	0.1	37.1	23.4	0.1	73.8	30
	生産戸数	292			297			300		
	総数	42	300	460	42	11014	6942	29	22141	8987
	変化(2000年=100)	100	100	100	99	3671	1509	68	7380	1954

注:寧夏南部山区の農家300戸に対するパネル調査の資料による

表4-2 羊の飼育頭数と販売数

(羊現在飼養頭数)

	2000年度数	2001年度数	2002年度数
なし	218	199	171
1	8	6	7
2	19	24	17
3	10	12	20
4	5	12	17
5	9	12	20
6	3	7	5
7	1	1	6
8	2	4	4
9	2		3
10	12	7	9
11	4		
12		1	4
13	1		1
14			2
15	4	5	6
17			1
18		2	
20		5	1
21	1		
22			2
23		2	
24	1	1	
28			1
30			2
35			1
合計	300	300	300
総数	482	642	873

(羊販売数)

	2000年度数	2001年度数	2002年度数
なし	246	244	237
1	12	10	8
2	16	15	14
3	5	7	11
4	5	5	6
5	4	8	5
6	1	2	4
7	5	1	3
8	1	1	1
9	2		2
10	1	3	4
11	1		
12	1		2
13			1
14		1	
15		1	2
22		1	
23		1	
合計	300	300	300
総数	199	252	296

また、羊の飼養頭数の増加は、一部の農家においても放牧形態から舎飼い形態への移行があるものとみられ、この点については後で考察したい。

　また、豚の飼養頭数および販売数の増加も見られ、羊と同じく舎飼を中心に増加しているものとみられる。

　次に、個別聴き取り調査によって、村が一体となって退耕還林と荒山（地）造林を受け入れ、作目体系と就労形態を変えた事例を見てみよう。

＜事例１＞　七営鎮高崖村

人口　　360世帯、1920人	耕地　　　　　1575ムー
	退耕還林　　　1120ムー
	荒山造林　　　1050ムー
・退耕還林はヤマモモ、アンズ、ネイジョウを栽培（2000年より）	
・荒山造林は全てクコを植栽（2000年）	
・2000年以前は、毎年200〜300人が出稼ぎに出た	
・現在（2003年）では、出稼ぎは皆無	
・逆に200人程度の雇用を受け入れている（6〜7月のクコ収穫の最盛期）	

（聞き取り調査より）

　七営高崖村（馬海宝村長）は、世帯数360、人口1,920人の小さな村で、退耕還林の始まる2000年以前までは、麦、馬鈴薯、雑穀、それに羊を中心とする家畜を飼育し、年間200〜300人の出稼ぎ労働によって生計を維持する寒村であった。

　それが、2000年から始まった退耕還林施策を村全体として取り組み、特に荒山（地）造林によりクコ生産を導入したことによって、出稼ぎによる労働移出から、逆にクコ収穫労働の受け入れ主体に変わったのである。

　まだ、クコ植栽して3年目なので本格的収穫はこれからであるが、それでも、03年の夏（6月中旬から7月中旬）の最盛期には毎日200人前後の雇用労働を生み出し、このシーズンだけで6,000人を越える雇用を生んでいる。

　退耕還林の成果は、まだこれからであるが、アンズの成長は早く、4

第4章　農家所得の構造と新しい就労機会の創造

年目あたりから収穫があるものと期待されており、村民全体が将来に明るい展望を持っている。

村長の話によると、退耕還林を導入する前までは、村民1人当り500〜600元の収入であったものが、数年先には1人当り2,000元の収入ができそうだという。

地域の資源を活用し、新しい作目であるクコを導入して、労務移出の村から労務吸収・雇用実現を果たしつつある好例である。

次に、新しい蔬菜の一大生産基地を目指す馬園村の事例についてみてみよう。

＜事例2＞　頭営郷馬園村ビニールハウス

人口　680世帯、3300人	耕地 ビニールハウス （2002年設置）	1万1251ムー 120棟（376ムー）
・羊2120頭、大家畜560頭、ブタ1020頭 ・ビニールハウスは1世帯1ハウスの個人経営 ・作目、品種は個人の申請により村が決定 ・将来全戸にいきわたるように、618棟建設の予定 ・蔬菜の生産基地を目指す		

（聞き取り調査より）

馬園村も他の一般的集落と同じように、伝統的な食糧生産と家畜飼育を中心に生計を営んできた村である。

この村に120棟のビニールハウス団地が作られたのは、2002年のことで、ハウスは太陽光のみによる施設で、中国政府の援助により、技術者も政府から派遣された。農民一世帯に対して1ハウスを目指して現在（2003年）120棟が建てられている。

この中の1棟を経営している樊さん（25歳）一家は、父母、妻、子供1人の5人家族で、02年に0.7ムーの土地の上にビニールハウス1棟を経営している。作目はミニトマトを生産しており、山東省の業者の指導で、トマト苗1,280本を購入して栽培を始めた。

トマトの収穫期には毎日50キログラムの収穫があり、定期的に集荷に来る業者に販売するほか、固原市のスーパー及び市場に出荷している。

　ハウス栽培のミニトマトを始める前は、ナス、カボチャ、キュウリ、ゴマ、トウモロコシなど従来型の作目を生産しており、より多くの収入を得たいと考えてハウス栽培を選んだという。

　今年（03年）の収入は合計2万4,000元となり、費用の3,000元を差し引いても2万1,000元の純収入となる見込みという。現在、このハウス団地で3戸の農家がミニトマトを栽培しており、他の作目に比べて収益が最も高いという。

　このほか、この団地では1戸の農家が食用のサボテン栽培を初めて行っている。サボテン栽培を思いついたのは、自分が独自に集めた情報を元に手探り状態で始めたものという。植栽後30日くらいで販売することができ、3ヶ月くらいの間に1万2,000元の収入を挙げたといわれる。1ムー当り1,300株を植え、年間4万元の収入を期待している。

　以上、2～3の事例を見たように、退耕還林政策の実施を契機に、まだ一部の農家ではあるが、従来型の伝統的作目栽培から新しい農業生産のあり方を模索している姿を見ることができる。

（3）自営兼業の実態

　自営兼業とは、農家が自らの農・林・牧生産を維持しながら、自己の経営内において、主として余剰労働力を利用して新たな収益部門を加えて経営することである。中国では穀物生産以外の農業は一般に「副業」といわれる[5]。

　寧夏南部地域における主な自営兼業部門は、農産物の簡単な加工のほかに、運送業、搾油業、大工などがある。

　なかでも、運送業と搾油業は車の購入などかなりの初期投資を必要とするため、ある程度の資金を持たなければならない。したがって、郷の中にも数名しか営業する者はいないが、地域内では断然収入が多い。

第4章 農家所得の構造と新しい就労機会の創造

　自営兼業といってよいかどうかには疑問もあるが、農民の多くが行っている自家農産物の「ふり売り」は、小規模農家の手ごろな収入源となっている。特に、マクワウリ、スイカ、カボチャ、クコ、食用種子などは、交通量の多い道路脇で販売している者が少なくない。
　次に、主として運送業によって家計を維持している2〜3の事例についてみてみよう。

＜事例3＞　新庄郷馬場村　馬洪氏（32歳）

- 妻と子ども4人の6人家族
- 経営耕地：25ムー（ジャガイモ7ムー、小麦10ムー、ゴマ5ムー、緑豆3ムー）
- 退耕還林：18ムー（マツ、シャージーを植栽）
- 2002年の収入：約6000元（農林畜産2000元、運送業4000元）

（聞き取り調査より）

　まず、（事例3）の馬洪氏（32歳）の場合では、退耕還林に18ムーの土地を出し、小規模の農地で自給用の農産物を生産している、この地域では平均的な農家である。
　子供が小さいので、また手伝いにならないため、オート三輪を購入して冬期を中心に運送業を行っている。02年の収入は、農業と畜産合わせて2,000元、運送業は冬期を中心に4,000元、合計6,000元の収入となっている。

＜事例4＞　馬志俊氏（49歳）

- 妻、父、子ども2人の5人家族、他に独立した息子1人
- 経営耕地：50ムー（請負地40ムー、自留地10ムー）
  （小麦、トウモロコシ、アワなど20ムー、スイカ5ムー、リンゴ・ナシ等果樹3ムー）
- 退耕還林：23ムー（主に経済林としてナツメ、アンズを植栽）
- 2002年の収入：1万3000元（農業粗収入3000元、運送業収入1万元）

（聞き取り調査より）

　次に、（事例4）の馬志俊氏（49歳）の場合は、夏期にスイカを道路脇で販売するほか、トラックを所有して、堆肥を中心に運送業を営んで

65

いる。02年にはスイカが例年より高く売れて1ムー当り600元の収入になったという。役牛として飼育している牛は2頭で、毎年仔牛を生産して1頭の牛を400元で販売している。

運送業の収入は年間1万元位で、銀川市へ運送の委託を受けると、往復で1,000元の請負収入が得られる。したがって、合計すれば、農・畜産収入3,000元、運送業収入1万元、合わせて1万3,000元の収入となる。

また、馬延科氏（53歳）の場合は、5人家族で42ムーの耕地を経営する一方、旅客輸送業務の委託（固原旅客運送公司）を受け、年間2万元の収入を得ている例もある。

（4）農業生産をめぐる課題と問題点

前述したように、寧夏南部山村地域の農業は、今ようやく従来型の伝統的自給生産を中心とする農業から、新しい商品作物生産を模索しつつある段階にあることが分かった。

そこで、この段階における課題と問題点を列挙しておこう。

① 商品生産が緒についたばかりで、技術的に未熟であること。

販売を目指した有効な作目の選定、栽培技術、全体としての経営計画など、新しい農業生産にふさわしい技術体系の確立が急務である。こうした技術体系の確立は、公的機関において実施し、人材育成も含めて総合的な指導普及体制をとる必要がある。

② 市場・流通対応の未成熟

自給生産を主体としてきた経過から当然のことながら、販売力を念頭に置いた市場対応が未熟であり、未だ自給分の残品を販売にまわすという対応の経営が多い。

販売形態も個々人のふり売りか、集荷業者に「言い値」で販売するケースが多く、組織的取り組みはほとんど見られない。日本における農業協同組合（ＪＡ）のような生産者の組織が存在しない中では、せめて村単位か郷単位でも販売組織を作ることが生産者にとって必要である。

このような生産者の組織化は、農業・牧畜の生産性をさらに高めていく場合、資本（資金）の導入を容易ならしめるために重要な役割を果たすものと考えられる。
③ 域内での付加価値増大に向けての課題
　農・畜産物の付加価値を高めるためには、生産物をどこまで加工するかが問題であると同時に、ブランド化（銘柄化）をどこまで高めることができるかにかかっている。
　この加工度を高めることとブランド化を進めることは、他方で域内の雇用拡大と連動していることに注目すべきである。
　その意味で、1次産業×2次産業×3次産業＝6次産業という図式で示されるような産業コンプレックスを図る必要性が痛感される。つまり、一次産品の加工にとどまらず、二次産品をさらに観光などの三次産業と結びつける努力が必要となるのである。
④ 小規模・零細な融資および資金援助対策の推進
　新しい農業の導入、加工部門および六次産業を始めようとする場合、決定的に不足しているのは「資金」である。特に寧夏南部山村地域においては、西部開発と連動した「制度金融」の確立が望まれるが、当面は地方政府における小規模な資金援助対策を技術指導と合わせて実施する必要がある。

2　農家における農外収入の実態

（1）雇われ兼業
　すでに「自営兼業」の実態についてみてきたように、運送業などの就労実態は実に多種多様で、必ずしも概念的に分けることが困難な場合が多い。やとわれ兼業についても、まとまって雇用する企業が限られているため、個別分散的である。
　次の表4-3によって、2000〜2002年の間の就業先割合の変化を見てみると、農業就業者の割合が大幅に減り、建築業、流通・飲食業、運送業、工業などのいわゆる非農業部門が増加していることが分かる(寧

表4-3 農家属性別就業先比率の変化

(単位:ポイント)

	退耕還林		都市からの距離	
	対象	対象外	5km以内	10km以上
農業	-10.9	-12.4	-22.1	1.6
林業	0.5		3.2	0.5
牧業	0.9	1.1	3.2	**1.9**
工業	0.2	2.1	2.1	**3.9**
建築業	**3.8**	**3.5**	**11.6**	**2.7**
交通運輸業	1.0	1.4	6.3	1.4
貿易,飲食業	**2.4**	1.1	**7.4**	2.3
社会服務業	0.9	0.4	3.2	0.5
文教衛生業	-0.5	1.1	3.2	2.3
その他,60歳以上**	1.9	1.8	**14.7**	**19.7**

＊太字は変化の大きいもの上位4位
＊＊その他には高齢者（無職と考えられる者）も含む

表4-4 世帯属性別（最寄都市までの距離）所得構造の変化
　　　（2000～2002年）

単位(元/世帯・年,%)

最寄の市(城鎮)までの距離			収入総計	給与収入	計	家庭経営収入				財産性収入	転移性収入	補助金
						農業収入	林業収入	牧業収入	その他(兼業)			
2000年	2km以内	20戸	9814	1633	7186	2592	216	650	3729	6	990	125
	2～5km	20戸	5178	1748	2378	1476		450	452		1053	
	10km以上	259戸	5969	1914	3446	2096	72	688	589	16	594	90
2002年	2km以内	20戸	15188	3602	9737	3790	263	3394	2290	2	1847	137
	2～5km	20戸	7724	2672	2745	941	141	696	968	150	2157	414
	10km以上	260戸	9855	2682	5059	2878	53	1092	1035	128	1986	217
2000年所得構成	2km以内		137%	23%	100%	36%	3%	9%	52%	0%	14%	
	2～5km		218%	74%	100%	62%		19%	19%		44%	
	10km以上		173%	56%	100%	61%	2%	20%	17%	0%	17%	
2002年所得構成	2km以内		156%	37%	100%	39%	3%	35%	24%	0%	19%	
	2～5km		281%	97%	100%	34%	5%	25%	35%	5%	79%	
	10km以上		195%	53%	100%	57%	1%	22%	20%	3%	39%	
対2002年増減比	2km以内		155%	221%	135%	146%	122%	522%	61%	30%	187%	
	2～5km		149%	153%	115%	64%		155%	214%		205%	
	10km以上		165%	140%	147%	137%	74%	159%	176%	787%	335%	

アンケート調査より

夏南部山村地域アンケート調査による)。とりわけ、建築業、流通・飲食業、運輸業の増加割合が大きいことが注目されよう。

　また、表4-4によって、所得構成の変化（2000～2002年）をみても、兼業収入の割合が著しく増加しており、この2年間だけをみても兼業のウエイトが急激に高まっていることが分かる。

1）通勤兼業

　一般に通勤兼業といっても、寧夏南部山村地域においては近接した都市の人口集積も企業活動も少ないため、いわゆるサラリーマン兼業形態のものはほとんど見られない。近年になって、地方都市の開発とインフラの整備が進められるようになり、道路改良などを含めた土木建設・建築関係の雇用が増加し、これらの人夫、手伝い就労などの単純労働に従事する労働者が増加している。

　個別聴き取り調査によって、やとわれ通勤兼業の2～3の例をみてみると、まず張生雲氏の場合は、次の事例5の通りである。

＜事例5＞　張生雲氏（43歳）

> ・妻と子ども4人の6人家族
> ・経営耕地：40ムー（ジャガイモ20ムー、緑豆10ムー、小麦10ムー）
> ・退耕還林：38ムー
> ・2002年の収入：1万600元（農業粗収入5600元、人夫賃収入5000元）

（聞き取り調査より）

　張氏の仕事は固原県の建設土木作業（橋梁工事）の雇用で、賃金は1日当り12.5元プラス食費が支給される。年間の収入は5,000元から6,000元程度と見られる。

　次に、事例6の韓氏の場合は、建築工事手伝いで、年間6ヶ月程度の就労となっている。したがって、不安定な就労でもあり、賃金も3,600元内外となっている。

＜事例6＞　韓興林氏（43歳）

> ・妻と子ども5人の7人家族
> ・経営耕地：50ムー（トウモロコシ、アワ20ムー、スイカ4ムーなど）
> ・退耕還林：16ムー（すべてアンズを植栽）
> ・2002年の収入：5200元
> 　農業1600元、建築工事の手伝い（大工仕事）3600元（日当20元）

（聞き取り調査より）

2) 出稼ぎ兼業

本地域の出稼ぎ兼業は比較的近距離の都市、特に銀川市、新疆、内モンゴル、蘭州などが多い。通勤可能な範囲に就労機会が少ないため、10数年以前から出稼ぎ就労は多くの農民にとって重要な所得源となっている。

多くは3月頃から9月・10月にかけての6～7か月間の就労で、仕事の内容は、農作業、建築・土木工事関係、運送業などの単純な作業が多い。

一般に労働市場は狭く、情報も不足していることから、労働力の需給のミスマッチが多く、都市と農村地域との賃金格差も大きい。例えば、固原市と銀川市の賃金の比較をしてみると次のようになっており、両市の間に2倍位の格差があることが分かる。ここ5か年の動向として、一般的に賃金は少しずつ上昇の傾向にある（表4-5）。

農家の多くは、何らかの形で通勤兼業ないし出稼ぎ兼業に従事する者が多く、いうならば地域住民の就業構造の変化は、家族を含めてオール兼業化が急速に進展していることが指摘できる。

費孝通氏によれば、企業に関係のある労働者を、農家の側から見て次の三者に分類している[6]。

「第一は、企業製品の加工工程を請け負い、自分の家庭でこれを行う『農家女子工員』のケースである。これは手工芸品などに多い。／第二は、『朝夕農業』の通勤兼業者、あるいは農繁期には農業、農閑期には季節工といったケース。／第三は、『日曜百姓』。これは城鎮に単身居住して企業に勤め、週末に帰宅して農業を手伝う者であるが、概して労賃は低く、技術員や工程士（技師）の資格に欠けた臨時工並みの工員である。」

表4-5 賃金比較

	単純な肉体労働	一定の技術を持つ者
（固原市）	10～12元（人/日）	20～25元（人/日）
（銀川市）	20～30元（人/日）	40～50元（人/日）

第4章　農家所得の構造と新しい就労機会の創造

　ともあれ、費氏によれば、地域産業の振興と農家所得増加のためには郷鎮企業の発展は必須条件であり、その労働力を確保するためには農・工・商三者のバランスが必要であり、兼業農民の存在が不可欠というのである。

3　郷鎮企業の実態と役割

（1）郷鎮企業とは何か

　中国における改革開放政策の一環として1980年代初めから農民も自主的な企業経営が行えるようになってきた。こうした自主的に設立された企業の中で、農村に置いて設立され、農村集団または農民を主な構成員とする企業を総称して「郷鎮企業」と呼ぶ。したがって、企業の組織、経営形態は多種多様であり、個人経営、集団経営、株式会社など種々のものがある。

　河原昌一郎氏によれば、「最近では、従業員が株式を分有し経営参画する株式合作制といわれる組織形態が増加している。郷鎮企業は、中国経済の成長とともに発展し、しかもその成長スピードは中国経済の成長スピードより速かった。1990年の郷鎮企業の生産値がＧＤＰに占める比率は13.5％であったが、1996にはこれが26％になった。郷鎮企業の従業者数は約1億3,000万人で、ほぼ日本の全人口に等しい数となっている」[7]と述べている。

　また、「郷鎮」について、安達生恒氏は次のように述べている。「中国では地方の都市や農村の呼び方やそこに住む住民の呼称を、人口の集積度や生活圏の成り立ちから次のように分けている。」すなわち、「地名の呼び方は人口集積度の高い方から順番に、城―鎮―集―墟―街―場―村と呼ぶ。「城・鎮」とは「郷」の中心地で、とくに「城」とは県庁所在地のこと。また「郷」というのは戦前の日本での呼称、例えば岐阜県の「白川郷」、新潟県の「亀田郷」や「小国郷」などと同じだと思ってもらってよい。」[8]

　また、安達氏は、費考通氏が、郷鎮企業の立地について、次のように

述べているという。「"鎮"は農村工業の地方集積地であるとともに、村々を含む『郷』の農産物が集積・加工される場である」。[9]

したがって、「鎮」と「郷」両者の間には、農産物と工業製品との相互交換関係が成立し、両者は不即不離の関係にある。農村地域の発展はこうした農・工間分業と商品交換システムの形成にある、という訳である。

ともあれ、郷鎮企業展開の背景には、農村における過剰人口の圧力があることは間違いないが、農村過剰人口の捌け口として農村内部に雇用の場を作る必要があったのである。

中国政府は1983年に「農村工業振興に関する中央指令」を出したが、財政援助はなく、基本的には村の知恵と努力、さらに村に蓄積された資本で創らなければならなかったのである。その意味では郷鎮企業の生成発展の端緒は、地域住民による創意工夫と地域における小資本の活用にあったといってよいであろう。

(2) 固原市における郷鎮企業の実態
1) 固原市の対策

改革開放後、目覚しい発展を遂げてきた郷鎮企業ではあったが、表4－6に明らかなように、地域的に格差があり、東部、中部地区に比較して、西部地区の立ち遅れが目立っている。

このような西部地域の遅れが、農村の過剰労働力吸収力の弱さにつながり、農村住民の所得上昇を遅らせてきたものと考えられる。

表4-6　郷鎮企業の地域格差

	東部地区		中部地区		西部地区	
	1990年	1996年	1990年	1996年	1990年	1996年
企業数(万個)	674	861	953	1105	246	370
従業員数(万人)	4569	6355	3902	5679	791	1474
生産値(億元)	1655	9925	749	6740	100	994
工業生産値(億元)	1361	8087	441	4012	53	529

注:「中国統計年鑑」各年版

固原市扶貧弁公室及び労働就業局によれば、郷鎮企業の分類は、地域内資本に着目していたのが、最近では年間の生産販売額を500万元以上と以下に分け、500万元以上を一般企業、それ以下を郷鎮企業に分けて分類することが一般化してきたといわれる。つまり、近年の企業の動向を判断する上では、資本や労働力、さらに原材料などが地域内であるか否かは企業の性格を左右するものではなく、規模の大小に重点を置くようになったものとみられる。最近では、むしろ国営企業と民営企業とを分けて考えることが多くなっているといわれる。

前掲の費孝通氏によれば、「地域産業の振興と農家所得増加のためには郷鎮企業の発展は必須条件であり、その労働力を確保するためには『離農不離郷』は必要だが、村民全部が『離農』すれば地域農業は崩壊する。地域の均衡ある発展のためには農、工、商三者のバランスが必要という考えであり、とくに地域農業と村社会維持のためには大勢の兼業農民の存在が不可欠だ、という見解なのである」[10]

ところで、固原市では、国の基本方針に沿って、2001年から2010年にかけて、まず①絶対貧困を無くし、②生活と生産の条件を改善し、③生活レベルを高め、④教育の普及、⑤インフラの整備を図る、等を目標に掲げた。

その中で、10年間を2段階に分け、前期（2001～2005年まで）は、県区単位に一人当り収入1,500元をめざし、その中で580元以下の水準の住民を無くす。とし、580元の人は1,000元をめざし、人口の伸び率を1.4％におさえることとした（目標としては、2,000元以上20％、1,300元を70％、あとの10％は一人当りの収入を1,000元）。

このような目標のもとに、主として以下のような地域対策を推進するようにしている。

① 農村の構造改革

　食糧生産に利用する耕地面積をおさえ、生産性を高める、牧草を増産し牧畜業を発展させる、農村の教育レベルを高める。2005年までに義務教育（9年）を普及させる。

② 労務移出

道路を改善し、労働力の移出を一つの産業として発展させる（約40万人の労務移出をめざす）。
③　人口の伸びをおさえる
現在、人口伸び率は1.7％であるが、これを5年後（2005）までに1.4％におさえ、10年後には1.2％にする計画である。
④　小城鎮を造り、小都市を振興させる。
農村人口を吸収するため、近郊地に小都市を造り発展させる。
⑤　生態移民を進める
生産および生活の条件の悪い地区から条件の良いところに移住させる。まずは近接地への移民、次いで銀川市方面への移民を進める。日本的にいえば集落移転に相当する。現在までに10数万人の移民を行ったといわれ、今後さらに10数万人を移民させ、合計30万人移民を目指している。

2）郷鎮企業の実態

固原市における郷鎮企業の実態について詳細な統計数値に基づいて分析することができないので、ここでは主として固原市扶貧弁公室、および人民政府からの聞き取り調査を基にみておこう。

固原市には、現在（03年）約1万1,000社の中小あわせた企業が存在しており、そのうち65％の企業が農・畜産物加工に関する企業である。農・畜産物以外では石炭加工、化学、冶金、機械などが中心となっている。

退耕還林政策以後のいわゆる近年における企業の変化を中心にみておこう。まず、退耕還林・還草によって草地面積が縮小されるわけであるから、牧草の高度利用と畜産物自体の付加価値を高めることが重要な課題となる。

その方法としては次の二つの方法がとられている。一つは、牧草を加工（粉末）にして飼料の効率化をはかること。二つ目は、大家畜（牛と羊）の頭数を増やし、肉と皮の加工を高度化することである。牧草の加工は、退耕還林以後加工工場が生まれ、現在、2万5,000トン工場が2

工場あり合計5万トンの牧草が加工されている。

　肉及び皮の加工については、合計107の工場が存在しているが、大半は小規模零細な工場によって占められている。その中でも比較的規模の大きい企業が5工場存在している。2つの肉加工場は、年間1,800トンと500トンの肉を加工しており、合計2,300トンの加工肉を生産している。3つの皮の加工場は牛と羊を合わせて、合計38万枚（羊単位に換算）の皮を加工している。

　これら肉及び皮の加工に関して、次のような点が課題となっている。その一つは、企業の管理・運営上の問題として、生産能力に対して原料である原皮の受け入れが増減すること。つまり生産が計画的に行われ難いことである。さらに、生産された加工品の販売が進まないことが挙げられる。二つ目は、企業の運用資金が少ないこともあるが、生産農家と企業との関係がうまく機能していない点が挙げられる。つまり、企業は市場対応を優先せざるを得ないのに対して、農民は政府の指導・指示によって行動することが多いというのである。こうした市場対応へのミスマッチはさまざまな分野で見られるようである。

　政府見通しとしては、牧草については2005年までに固原市を牧草加工の中心とし、清真食品の特化を図りたい考えである。そのためには2005年までに牧草加工を年間30万トン、肉の加工3,000トン、皮の加工は50万枚（羊皮換算）を目標としている。

　肉の加工は、冷凍製品加工が中心であるが、運送中の保冷に問題があり、しばしば品質に影響を及ぼすことがあるといわれる。

　ジャガイモ加工は、デンプンの加工が中心で、粗加工4万トン、精製加工8万トン、合計12万トンが生産されており、さらに、デンプンからハルサメ3万トンが加工されている。

　これら緑色有機食品は、上海、杭州、北京市などを中心に、中東アラビアなどにも販売しているが、更に回族の国々にも輸出したい考えである。ＷＴＯへの中国の加盟もこうした動きに一つの契機を与えるものであるが、解決されなければならない課題も少なくない。

　特に、農・畜産物に関する加工技術の問題の中で新しい機械・器具を

導入してみても、それらを使いこなすことのできる「技術者」の存在が不足していること。第2に、販売戦略を伴う市場対応に課題がある。さらに、トータルとして経営戦略という点で追及されなければならない課題があるように考えられる。

固原市における年間（2002年）のジャガイモの生産量のうち約60％が加工へ廻され、あと19％はイモのまま市場で販売され、残り21％が種子用に廻されているといわれる。

ジャガイモ生産物の主なものの価格を示すと下記のとおりである（2003年）（表4-7）。

このほか、03年4月に創業した牛乳加工企業がある（頭営鎮養牛園区）。現在150頭の乳牛が飼育され、3日に1回呉中市へ200キログラムの生乳を出荷しているが未だ収量が少なく、将来は600頭の飼育にまで増やしたい考えのようである。この養牛園は、10戸の農家から資金を集め、360万元を投資して設立されたものといわれ、郷、鎮、政府からもインフラ整備の援助を受けている。現在20名（うち技術者2名）の労働者が働いているが、今後総額1,000万元の投資が必要といわれている。

さらに特筆しておかなければならないのは、中国寧夏の蒸留酒（焼酎）である。原料はその地域で収穫される雑穀が主体で、なかでも固原市にある小米、黄米を原料とした「五狼醇」はなかなかの逸品である。この醸造所は、約100年前に山西省から祖父母が移住してきて、家族工場的なものであった。1979年より郷鎮企業として位置づけられるようになったといわれる。現在、約80人の地元農民を雇用し、1年のうち2月から5月までの4ヶ月と、9月から12月までの4か月に分れて酒造

表4-7 ジャガイモ生産物の主要価格

デンプン精加工	3600～3800元／トン
デンプン粗加工	2000～2500元／トン
ハルサメ加工	3200元／トン
ジャガイモ（生）	300～ 350元／トン

作業に従事している。昨年（2002）の出荷販売額は700万元であったといわれる。

このような伝統的な地域の雑穀を原料とした、個性のある蒸留酒の生産は、中国老酒のブランドと共に将来が期待されるものと考えられる。

とりわけ、後述するように「観光」をトータル産業として発展させていくためには、地元産の、いわゆる「土産品」の開発は避けて通ることができない。

日本では、目下「焼酎」ブームが起きており、03年には日本酒の生産量を焼酎が追い越したのである。日本における焼酎生産地域は主として九州諸県のイモ、雑穀生産地域であり、新しい地域振興産品として期待されている。

4　観光産業への展望

今世紀に入って、世界の観光人口は急激に増大した。なかでも、アジア諸国の観光のための旅行者の伸びは著しいものがある。

日本の年間の海外旅行者は、1,200万人を越え、韓国、台湾、そして中国の観光旅行者も、この数年の伸びは著しい。ＷＴＯの予測においても、世界的な旅行ブーム（観光ブーム）の到来を宣言している。

ところで、観光がもたらす地域経済効果については、すでに明らかにされているところであるが、近年、特にトータル産業として国や地域を挙げて取り組む姿が見られるようになってきている。

つまり、現代の観光は従来の中心的存在であった名所、旧跡、文物、そして優れた自然に限られるものではなく、産業や地域の生活の文化、小さな村や町の伝統的な生き方まで総ての分野にわたって、観光の対象になってきたのである。

本来、観光の語義は「国の光を観る」ということであるから、当然に名所、旧跡に限られることではなく、光を観るに足る、その土地の優れた風景や文物、そして人々の生活・暮らしそのものなのである。

しかも、優れた魅力的な観光地には、世界各地から多くの人々が訪れ、

人々の交流、情報の交流、そして物と金が動き、経済の相乗効果が生まれることになる。もちろん、一定の規制とルールは必要不可欠であるが、産業・生活・自然の総てが絡み合う「トータル産業」といわれるゆえんである。

(1) 寧夏の観光資源

寧夏は、1038年に党項族の首領李元昊が、現在の銀川市に都を置き、西夏王国を樹立して以来、神秘のベールに包まれた王国として多くの人々を魅了してきた。

したがって、これら西夏王国に係わる文物は、銀川市郊外にある西夏王陵をはじめ、実に多くの貴重な文物に恵まれている。

また、更に古い昔、賀蘭山山麓には、およそ6,000年以上も昔と伝えられる千を越える岩画が残されており、当時の遊牧民族が岩の上に画いた彫刻が鮮やかに保存されている。

更に、固原市の近く（北方約55キロメートル）には、須弥山石窟があり、西域と中国との交流の歴史を学びたい人にとっては、必見の場所である。この石窟群には、北魏、隋、唐、そして宋、明に至る諸時代に掘られた石窟と仏像が130ヶ所余りもあり、中国古代文化遺産の宝であるといってよい。

また、万里の長城の古い姿の明代の長城が賀蘭山のふもとに無造作に横たわっている姿も、中国大陸の大きさと歴史を感じさせられる。

このような西夏の遺跡、シルクロード関連の文化遺跡等を挙げれば枚挙に暇がないほど、実に多くの文物・遺跡に恵まれている。

中でも、日本人になじみの深い『西遊記』の中でインドへ旅した玄奘三蔵と孫悟空たちのたどった物語りのルート、そこにはトングリ砂漠や沙湖が一帯に広がり、雄大な景観を形造っている。

さらに、シルクロード北ルートには貴重な文化遺跡が至る所に分布しており、チンギスハーンの終焉の地を探すのも一興である（チンギスハーンは六盤山に没したといわれる）。更に、特筆しておかなければならないのは、寧夏の自然の厳しさと美しさである。

とうとうとして流れる黄河の流れ、果てしなく続く広大な砂漠、黄土高原に営々として耕された赤茶けた耕地、その上に栽培されているコメ、ムギ、ソバ、ヒエ、アワ、ゴマ、トウモロコシなどの色彩豊かな雑穀の実り、農民の生活も質素でつつましやかで、素朴な人々が多い。

(2) 観光資源活用の方策

　実に豊かな観光資源が存在しているのに、その活用があまり進んでいないのはなぜであろうか。その問題点を列挙してみよう。

　第一は、中国北西部に位置しており、諸外国に窓を開いたのは、近年になってからである（約20年位前から開放体制となった）。そのため、外国ではあまり知られていないばかりか、観光客誘致対策を積極的にとってこなかったこと。

　第二は、外からの交通、アクセス手段が遅れ、合わせて自治区内においても観光客を迎え入れるホテルなどの設備が遅れていたこと。しかし、この点は、近年急速に改善された。

　第三は、観光客誘致のための専門的エージェントの育成、誘致客の絞込み、コースの設定など、総じて観光振興のための人材育成の遅れがある。

　第四は、観光客誘致の戦略の不足である。

　例えば、日本からの観光客誘致を強化するためには、日本人好みの物語性のあるコースを設定し、安心して旅行のできる通訳などの仕組みを作る必要がある。

　第五は、豊かな寧夏の食文化を組み込んで、寧夏でなくては味わうことのできない伝統食の良さをアピールすることである。なかでも、質の良い羊の料理、雑穀や野菜を独特の手法で料理した豊かな食事などである。

　第六は、寧夏ならではの「おみやげもの」の開発・生産である。これにはすでに存在するものから、これから開発するものまで実に多種多様な土産品が提供できるものと考えられ、これらおみやげ品の生産・販売は、地域振興にとっても、観光地を楽しいリピータの期待できる場所に

するためにもきわめて重要な要素である。

　土産品は、賀蘭石をはじめとする各種の玉や石の加工品からクコの加工品まで、多様な寧夏回族自治区ならではの製品があるが、それらにさらに磨きをかけて、域内の原材料を使った加工品を開発すれば、来訪者に新たな魅力を付加することができるものと考えられる。

　グリーンツーリズムの近年の動向を踏まえて考えるならば、民宿としてのヤオトンの活用など、黄土高原の自然と景観、そして独特の食文化は魅力的な観光資源たりうるものと考えられる。

　農業・農村開発と併せて、新しい就労機会の創造は地域の発展にとって欠くことのできない要素と考えられる。

注
1)『中国統計年鑑』各年版による
2) 中国では、一人当たりの年収が一定の基準（政府の定めた基準）よりも低い県を貧困扶助対象としている。貧困県には、国家が支援の対象とする貧困県と省（自治区）が対象とする貧困県の2種類がある。
3) 固原市扶貧弁公室における聞き取り結果。
4)「退耕還林・退耕還草政策」は、傾斜25度以上の耕地を段階的に元の林地や草地に戻し、土壌流出防止と環境改善を目的とした生態系維持政策の重要な柱の一つである。この事業は、国が農民に対して、食糧、現金、種苗を提供する補助政策によって実施されている。
5) 安達生恒『中国農村・激動の50年を探る』農林統計協会、2000年、81頁
6) 前掲、安達、93頁
7) 河原昌一郎『中国の農業と農村』農文協、1999年、17〜18頁
8) 前掲、安達、69頁
9) 前掲、安達、72頁
10) 前掲、安達、94頁

第5章

中国西部における特色ある優位産業の発展
―― 寧夏の事例から

張　前進
劉　暁鵬

黄河からの灌漑用の揚水管（2001年）

はじめに

　産業構造は、地域経済の発展を判断する際の基準ないし主要な指標であり、産業構造の変遷過程は、地域経済の発展段階と発展力能を、一定程度に反映する[1]、[2]。

　中国は現在、ＷＴＯ（世界貿易機構）への加入直後における産業と産業構造の転換期に差しかかっている。ＷＴＯを背景とするこの地域産業の転換は、本質的にいえば、国際・国内経済の発展構造の中に位置付けるべき戦略問題である。中国では今、地域産業の分業構造が急速に改革されつつあり、新市場の配置や分業構造の再構築が進んでいる。

　西部大開発が進み、地域経済が統合されていく中で、未発達地域たる寧夏は、かつてなかったほどの発展と挑戦の機会に遭遇している。地域産業の諸特徴を正確に把握した上で、地域資源の条件と重点産業地区の配置状況を前提に、市場競争力を持った「特色ある優位産業」[編者注1] を発展させ、均衡のとれた地域経済の持続的な発展を実現することは、早急に実施すべき当面の重要課題である。

1　寧夏における「特色ある優位産業」発展の背景としての地域産業構造

（1）産業構造の変遷と二重経済（dual economy）構造

　改革開放以来、寧夏経済の規模拡大に伴い、産業構造が大きく変化してきた。第一次産業がＧＤＰ（国内総生産）に占める割合は、1978年の23.5％から2003年の14.4％へと減少した。個々の年度では小さな反発もあったが、全体的に低下傾向をたどってきた。一方、第二次、第三次産業がＧＤＰに占める割合は持続的に上昇してきた（図5－1参照）[3]。

　就業構造も同時に変化してきた。1978年から2003年にかけて、寧夏の農業就業人口が就業者総数に占める割合は69.5％から51.7％まで低下したが、依然として就業者総数の半分以上を占め、就業構造の中で

第5章　中国西部における特色ある優位産業の発展

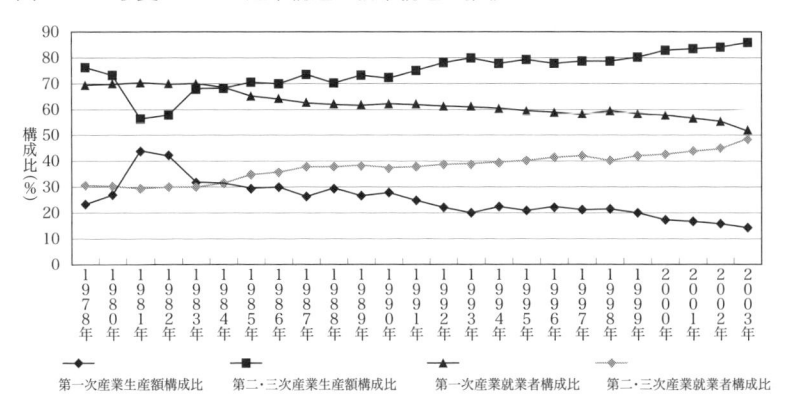

図5-1　寧夏における産業構造と就業構造の推移

凡例：第一次産業生産額構成比　第二・三次産業生産額構成比　第一次産業就業者構成比　第二・三次産業就業者構成比

まだ中心的な位置を占めている。第二次、第三次産業の就業人口の構成比は30.5%から48.3%に上昇し、構成比を1.5倍以上に増やした。全体的に見ると、寧夏の産業構造の変遷は、産業構造の変化がたどる一般的傾向と合致する。

1978年から2003年にかけて、寧夏の第一次、第二次および第三次産業がGDPに占める各々のシェアの変化は、地域の二重経済構造の特徴（表5-1参照）をよく表わしている。

1978～1989年の間[4]、寧夏の「二元対比係数」は波動を描きながら上昇したが、「二元反差係数」はほとんど変化しなかった。(編者注2) このことは二重経済構造が徐々に縮小していることを示している。改革開放を背景として、産業構造の変化が、二重経済構造の格差縮小をもたらしたのである。この時期、都市と農村の発展における二重構造が鮮明になってきた。

1990年代以降、中国経済は全面的に転換期に入り、1996年から再び構造調整の時期に入った。体制の転換と構造の調整が行われ、寧夏の二重経済構造はいっそう強化された。この時期、寧夏の「二元対比係数」が減少傾向をたどる一方で、「二元反差係数」が穏やかに増加し続けた。このことから、1990年代以降、寧夏経済の二重性が激化しつつあることが結論づけられる。

表5-1　寧夏の二重経済構造の変化

単位:%

区分	第一次産業生産額構成比	第二・三次産業生産額構成比	第一次産業就業構成比	第二・三次産業就業構成比	第一次産業比較労働生産性	第二・三次産業比較労働生産性	二元対比係数	二元反差係数
1978	23.5	76.5	69.5	30.5	0.34	2.51	13.48	46.0
1980	26.7	73.3	70.0	30.0	0.38	2.44	15.61	43.3
1981	43.6	56.4	70.5	29.5	0.62	1.91	32.35	26.9
1982	42.0	58.0	70.0	30.0	0.60	1.93	31.03	28.0
1983	31.8	68.2	69.9	30.1	0.45	2.27	20.08	38.1
1984	31.6	68.4	68.7	31.3	0.46	2.19	21.05	37.1
1985	29.4	70.6	65.3	34.7	0.45	2.03	22.13	35.9
1986	30.0	70.0	64.2	35.8	0.47	1.96	23.90	34.2
1987	26.3	73.7	62.7	37.7	0.42	1.95	21.46	36.0
1988	29.4	70.6	62.1	37.9	0.47	1.86	25.42	32.7
1989	26.6	73.4	61.7	38.3	0.43	1.95	22.50	35.1
1990	27.6	72.4	62.3	37.3	0.44	1.94	22.82	35.1
1991	24.9	75.1	62.1	37.9	0.40	1.98	20.24	37.2
1992	22.0	78.0	61.4	38.6	0.36	2.02	17.73	39.4
1993	20.1	79.9	61.1	38.9	0.33	2.05	16.02	41.0
1994	22.3	77.7	60.7	39.3	0.37	1.98	18.58	38.4
1995	20.8	79.2	59.7	40.3	0.35	1.97	17.73	38.9
1996	22.3	77.7	58.8	41.2	0.38	1.89	20.11	36.5
1997	21.2	78.8	58.1	41.9	0.36	1.88	19.40	36.9
1998	21.4	78.6	59.8	40.2	0.36	1.96	18.30	38.4
1999	19.9	80.1	58.2	41.8	0.34	1.92	17.84	38.3
2000	17.3	82.7	57.6	42.4	0.30	1.95	15.40	40.3
2001	16.6	83.4	56.3	43.7	0.29	1.91	15.45	39.7
2002	16.0	84.0	55.2	44.8	0.29	1.88	15.46	39.2
2003	14.4	85.6	51.7	48.3	0.28	1.77	15.72	37.3

（2）産業構造の変遷における空間差異と空間集積

　1990年代以降、寧夏の産業構造は、地域間の差をますます拡げてきた（表5-2参照）。寧夏の首都・銀川市の産業構造の変化は、とりわけ顕著であった。第一次産業の生産額が占める割合は、1990年の

第 5 章　中国西部における特色ある優位産業の発展

表 5-2　寧夏における地域別産業構造の推移（1990～2003 年）

（単位：%）

地区	1990 年			1995 年			2000 年			2003 年		
	一次	二次	三次	一次	二次	三次	一次	二次	三次	一次	二次	三次
銀川	21.2	40.6	38.2	19.99	37.14	41.87	5.12	45.76	49.12	4.08	45.43	50.49
永寧	59.0	19.0	22.0	49.09	25.49	25.42	32.41	39.24	28.35	23.69	47.55	28.76
賀蘭	52.3	23.8	23.9	51.08	23.34	25.48	36.67	32.84	30.49	28.57	39.81	31.62
石嘴山	1.4	77.3	21.3	1.13	69.21	29.66	0.61	69.85	39.62	0.65	64.41	34.88
平羅	10.0	40.0	20.0	45.74	31.39	22.88	36.96	34.06	28.98	25.44	44.79	29.73
陶楽	46.9	16.7	36.4	60.53	12.25	27.23	49.46	19.72	30.91	34.44	37.10	28.46
恵農	56.4	19.7	23.9	47.31	37.78	14.91	40.27	43.65	16.08	31.27	50.30	18.43
利通区	23.2	46.8	30.0	21.72	46.62	61.66	19.44	43.88	36.68	15.82	44.93	39.24
青銅峡	24.7	65.3	10.0	17.95	61.72	20.33	17.85	59.90	22.25	13.32	66.72	19.96
中衛	43.1	30.1	26.9	38.20	25.98	35.82	26.35	35.19	38.47	20.67	43.70	35.93
中寧	50.1	17.0	32.9	53.16	20.00	26.83	39.87	34.43	25.70	28.23	48.28	23.49
霊武	46.2	31.4	22.4	33.50	45.77	20.73	27.10	52.06	20.83	15.60	64.56	19.84
塩池	43.3	16.8	39.8	26.62	41.26	32.12	9.90	76.20	13.90	9.58	79.54	10.88
同心	54.3	10.1	35.6	46.12	15.85	30.03	36.85	20.86	42.29	28.68	28.41	42.91
固原	48.8	17.1	34.1	37.31	22.62	40.07	21.97	22.30	55.74	21.79	29.52	48.69
海原	56.9	12.6	30.5	29.32	40.81	29.87	27.76	35.53	38.72	37.10	29.86	33.03
西吉	50.7	11.1	38.2	36.41	14.90	48.69	35.16	27.19	37.65	36.05	25.54	38.41
隆徳	50.0	17.3	32.7	35.46	35.71	28.83	24.64	46.48	28.87	21.47	45.77	32.76
任源	57.1	16.1	26.8	41.97	15.51	45.54	44.83	15.11	40.07	29.32	25.90	44.79
彭陽	65.8	12.6	21.6	59.79	14.37	25.85	43.03	22.15	34.45	44.03	26.36	29.61

21.2%から 2003 年の 4.08%まで下落した。そして、第二次、第三次産業の占める割合が急速に上昇し、1995 年に初めて、第三次産業が第二次産業を上まわり、第二次産業が第一次産業を上まわった。中でも、第三次産業の占める割合が次第に上昇して行き、産業構造の高度化が、銀川市において最も著しかった。

　第二次産業が絶対的な優位を占める工業都市・石嘴山市、青銅峡市および霊武市と比べ、南部山岳地帯の各県では第一次産業が優位であり、特に海原県と彭陽県においては第一次産業の優位性がとりわけ顕著であった。

　同時に、地域産業の空間的な集積が次第に激しくなった。現在、寧夏

の主要産業とその関連産業、および先端産業は、主に黄河沿岸と包頭―蘭州の鉄道沿線に分布し、長さ約200キロメートル、広さ約40キロメートルの帯状の工業地帯を形成している。寧夏の総面積の16%にすぎないこの地域に、生産額の95%が集中している。こうして、銀川都市圏（銀川市3区、永寧県、賀蘭県、霊武市、呉忠利通区、青銅峡市）と石嘴山の重工業地区が、寧夏の産業的中心となる立地構造が形成されている。

2 寧夏の「特色ある優位産業」の競争力についての総合評価

(1)「特色ある優位産業」の競争力についての評価
① 工業の業種別評価

寧夏の優位産業である14産業について、研究開発費が売上高に占める割合と特化係数を用いて、産業構造における位地を明らかにし、質的な評価を試みよう（表5-3参照）[5],[6]。同時に、業界での比較優位度および価値実現の水準を見るために、業界内の増加額の比率、年間売上高の伸び率、製品販売率と輸出指数を分析しよう。

　ⅰ）寧夏の工業部門では、多くの産業で特化係数が高い。産業の地域的偏在度を示す指標である特化係数は、寧夏の14産業の大多数で高く、そのうちの12産業における特化係数は1を上まわっている。特化係数が高い産業は、マグネシウム、果実酒（寧夏のクコ酒、クコの高度加工を代表する重要な製品である）、希少金属、鉄合金の4業種であり、特化係数はそれぞれ32.5、23.0、13.8、10.2である。アルミニウとコールベッドメタン（CBM）がこれに続いており、また乳製品、製紙、プラスチックの樹脂、カシミヤなども特化係数が高い部類に入る。これらの産業の生産規模は大きくないが、すでに内外の市場で一定の位地を占めている。

　しかし医薬、肉類加工業の特化係数は1より小さく、まだ内外の市場で確立した産業部門とはなっていない。肉類加工業は、寧夏の他の工業部門や国内の肉類加工業と比べても、まだ取るに足りない位地を占め

第5章 中国西部における特色ある優位産業の発展

表5-3 寧夏の特色ある優位産業の主要指標の全国対比（2003年）

		全工業増加額に占める比率(%)	立地係数	2001～2003売上高の年平均成長率(%)	製品販売率(%)	輸出指数(%)	研究開発費が売上高に占める割合(%)
工業	全国	100		23.6	98.0		
	寧夏	100		24.8	97.1	9.2	0.21
希少金属	全国	0.10		10.1	97.3		
	寧夏	1.38	13.8	-55.2	98.3	86.2	4.10
アルミニウム	全国	0.57		22.0	97.6		
	寧夏	5.55	9.7	52.3	98.5	19.4	0.01
マグネシウム	全国	0.04		27.0	97.3		
	寧夏	1.30	32.5	96.6	88.5	41.8	0.18
CBM	全国	0.10		16.4	97.8		
	寧夏	0.85	8.5	37.1	87.1	21.1	0.02
鉄合金	全国	0.25		45.7	98.4		
	寧夏	2.55	10.2	29.1	97.2	30.4	0.01
プラスチック樹脂	全国	0.59		51.1	98.6		
	寧夏	1.57	2.7	39.0	94.0	0	0.24
肉類加工	全国	0.68		19.9	98.0		
	寧夏	0.025	0.04	133.9	102.3	0	0
でんぷんとその製品	全国	0.21		37.5	95.7		
	寧夏	0.52	2.5	-21.5	92.0	0	0
乳製品	全国	0.34		35.4	96.4		
	寧夏	1.65	4.9	38.5	91.6	0	0.015
発酵品・調味料	全国	0.30		18.0	96.2		
	寧夏	0.56	1.9	-6.4	99.1	0	0
果実酒	全国	0.02		45.1	95.2		
	寧夏	0.46	23.0	41.8	54.6	0	0.13
羊毛紡績・編み織・被服	全国	3.33		17.8	97.4		
	寧夏	5.92	1.8	67.9	117.3	32.2	0.03
製紙	全国	1.62		20.1	98.3		
	寧夏	3.65	2.3	9.3	95.6	0	0
医薬	全国	2.44		19.6	96.1		
	寧夏	1.66	0.7	33.9	82.6	40.3	0.26

るにすぎない。

ⅱ）競争に打ち勝つ一定の成長力を持っている。寧夏の工業製品生産額の増加率と年間販売額の伸び率を全国の同業種のそれと比較すると、寧夏の工業は成長力を持っていることが分かる。寧夏の14産業の中には、工業製品生産額の増加率が全国の同業種のそれを上回る産業が12業種ある。そのうちで、全国の生産増加率をはるかに上まわる産業には、

アルミニウム、羊毛紡績、鉄合金、希少金属、乳製品、マグネシウム、プラスチック、樹脂などが名を連ねている。

また、年間販売額の伸び率が全国の同業種のそれを上まわった産業が7つあり、中でも全国の伸び率をはるかに上まわった産業には、マグネシウム、アルミニウム、コールベッドメタン、肉類加工、羊毛紡績、医薬などがある。

以上の2つの指標を総合してみると、14産業はそれぞれ、全国の同業種の成長力を上まわる指標を、少なくとも一つは持っている。

ⅲ）販売率（製造された商品が販売されて収入になる割合）が高い。14産業のうちで、製品の販売率が国内の同業種のそれより高い産業は、希少金属、アルミニウム、肉類、発酵食品、羊毛紡績である。全国レベルの販売率に近い産業は、鉄合金、プラスチックの樹脂、でんぷん、乳製品、製紙などである。

また、海外への輸出指数が30％以上の産業は、希少金属、マグネシウム、鉄合金、羊毛紡績、医薬などである。これらの産業の販売率は相対的に高い。

ⅳ）一部の産業の製品は、すでに国際市場で比較的大きなシェアを占めている。14産業のうちで、希少金属、マグネシウム、医薬、カシミヤ、鉄合金、コールベッドメタン（ＣＢＭ）、アルミニウムは、寧夏の主要な輸出産業であり、寧夏の輸出を大きく左右する位置にある。一部の製品（例えばタンタルのニオビウム、テトラサイクリンなど）は、すでに世界市場で大きな占有率を持っている。

②観光産業の発展とその評価

ⅰ）観光産業は、第三次産業およびＧＤＰに対する貢献度を穏やかに上昇させている。観光産業について、統計資料が整った1998年以降を見ると、寧夏における第三次産業の生産増加額に占める観光産業の貢献度（百分比）は、1998年の5.6％から1999年の7.1％に上昇し、2000年に9.4％、2001～2004年の間（2003年を除く）には9.4％～9.7％を維持している。また、観光産業が寧夏のＧＤＰ総額に占める割合は、

1998年に2.1%であったが、2001年には、これまでで最高の3.7%に達した。

第三次産業と寧夏ＧＤＰに占める観光産業のシェアは、1995年の後期から毎年20%以上増加してきた。このシェアは「第十五・五ヶ年計画」の期間中に一旦下がって、一時マイナス成長が現われたが、その低下は新型肺炎による一時的な現象であった。

ⅱ）観光産業は、第三次産業を牽引する顕著な効果を持っている。ある研究によると、観光産業の影響を直接的または間接的に受ける産業部門はそれぞれ14部門と47部門あり、関連産業部門でも20部門あり、その合計は80部門を超える。

2002年に寧夏の観光による外貨収入は、人民元に換算して1,336万元となっている。その内訳は、商品の売上高199万元、飲食83万元、長距離交通費385万元、宿泊料194万元、入場券などその他収入475万元であった。これは全国の観光による外貨収入の構成内訳に相似している。観光産業は今後、寧夏の交通運輸、飲食業、小売業、ホテル業などを発展させる強い推進力となるであろう。

ⅲ）観光産業は労働力を吸収する機能が強い。「国際観光業に従事する就業人口」で示された、2000年までの寧夏における観光業就業者数を見ると、1991年には1,624人で、当時の寧夏の第三次産業就業者数の0.38%を占めていたが、1999年には5,680人となり、0.85%を占めるようになっていた。この8年間に、第三次産業は新たに23.6万人の雇用を拡大したが、観光産業は、その中で構成比を高めたのである。

2001年、就業者統計方法の変更後の「観光業の従業員数」によると、観光と直接に関わる飲食業、宿泊業とその他の観光サービス業を含めた観光産業の従業員数は合計24,469人となり、第三次産業就業人口の3.4%を占めている。第三次産業の従業員総数に占める観光業従業者比率（3.4%）は、小売業（34.1%）、交通運輸・倉庫業（18.9%）、教育（10%）と比べるとまだ低いが、すでに金融業、衛生・社会福祉業の従業者人口に相当するまでになった。観光産業は、このように、寧夏の労働力を吸収する重要な産業であると言える。

（2）工業の経済効果の総合評価

2003年に修正された工業の総合的経済効果指数の計算方法に基づき、該当期間における総資産貢献率、資本金増加率、資産負債率、流動資産回転率、費用利益率、工業労働生産率、製品販売率の7つの指標を使って、それぞれ企業の利潤獲得能力、発展力、返済能力、運営能力、産出効率と生産販売リンクを表わし、工業の総合的経済効果の指数を算出する。最終的に、算出された14の工業部門のデータを用いて、寧夏と全国とのデータ比較を行った（表5-4参照）。

① 一部産業の総合的経済効果は顕著

寧夏工業全体の経済効果（110.23）は、全国平均水準（145.10）を35ポイント下回っている。しかし、寧夏の一部産業には、総合的経済効果が突出しているものがある。プラスチックの樹脂、肉類加工、医薬、カシミヤ、乳製品、コールベッドメタン（CBM）、クコ酒などは、寧夏工業の経済効果の平均値を上まわっただけでなく、全国平均値をも上まわっている。

中でも、寧夏の肉類加工は全国の同業種の69.59より高く、カシミヤは全国の羊毛紡績、編み織、服装業の総合的経済効果の65.6より高い。鉄合金、マグネシウム、果実酒（クコ酒）なども、同業種の全国レベルを上まわっている。乳製品、発酵製品、アルミニウムは、同業種の全国レベルには及ばないが、寧夏の工業平均レベルを上まわっている。ただし、希少金属、製紙、でんぷんなどの経済効果は、同業種の全国レベルを下回り、寧夏工業の平均レベルよりも低い。

総合的経済効果の高低は、これら産業の綜合的な競争力の強弱を示している。

② 観光産業の比較優位度が高い

観光産業は、寧夏において労働生産性の高い産業である。表5-5から明らかなように、観光産業の労働生産性は、不動産業を除く第三次産業の部門平均をはるかに上まわり、第一次、第二次産業の部門平均よりもさらに高い。

第5章 中国西部における特色ある優位産業の発展

表5-4 寧夏の特色ある産業の経済効果指標および全国比較（2003年）

		経済効益総合指数	総資産貢献率(%)	資本保値増値率(%)	資産負債率(%)	流動資産回転率(次/年)	コスト利益率(%)	全員労働生産率(元/人)	製品販売率(%)
工業	全国	145.10	10.5	114.8	58.9	2.00	6.25	73045	98.0
	寧夏	110.23	6.3	113.9	61.3	1.56	2.9	53077	97.1
希少金属	全国	129.17	7.1	87.4	53.5	1.80	4.3	71464	97.3
	寧夏	98.24	1.4	150.3	18.0	0.58	2.6	57321	97.3
アルミニウム	全国	190.00	12.2	112.6	67.8	2.23	10.3	113108	97.6
	寧夏	119.95	5.7	90.2	81.4	1.41	2.2	92629	98.5
マグネシウム	全国	94.46	6.6	71.1	82.3	2.78	0.02	44312	95.4
	寧夏	107.77	6.5	162.1	67.9	3.22	1.7	26933	88.5
CBM	全国	102.29	7.0	95.3	67.4	1.23	2.9	50533	97.8
	寧夏	159.44	11.7	157.0	48.3	1.79	11.6	51773	87.1
鉄合金	全国	136.94	6.7	120.8	70.9	1.98	8.8	55335	99.4
	寧夏	144.40	11.8	201.3	74.7	3.35	2.9	50675	97.2
プラスチック樹脂	全国	187.66	10.3	85.1	51.4	2.51	5.3	139282	98.6
	寧夏	216.60	21.9	79.2	80.4	2.94	9.2	136566	94.0
肉類加工	全国	143.45	9.71	117.0	62.3	3.43	3.57	62372	98.0
	寧夏	213.04	-1.59	1147.9	7.1	4.97	-4.99	11363	102.3
でんぷんとその製品	全国	178.27	13.76	170.7	66.7	3.64	5.78	81030	95.7
	寧夏	54.43	0.95	-1.4	101.2	2.99	-6.51	59068	92.0
乳製品	全国	175.64	14.61	129.5	54.4	2.76	6.56	89139	96.4
	寧夏	161.01	9.7	290.8	57.3	2.69	4.51	59633	91.6
発酵品調味料	全国	137.46	9.06	108.5	57.5	1.64	6.08	69152	96.2
	寧夏	127.21	6.39	117.2	71.9	2.68	1.15	77546	99.1
果実酒	全国	151.42	12.18	120.6	54.8	1.42	5.50	87320	95.2
	寧夏	152.01	19.71	126.3	83.7	0.78	8.85	74172	54.6
羊毛紡績編み織・被服	全国	115.41	6.49	115.3	58.7	2.16	4.09	34369	97.4
	寧夏	181.01	7.24	232.4	68.2	1.42	4.18	134123	117.3
製紙	全国	131.19	8.99	115.8	62.4	1.92	5.08	59800	98.3
	寧夏	95.28	5.38	113.5	72.1	1.20	4.34	33901	95.6
医薬	全国	169.94	12.33	116.7	53.9	1.34	10.41	88799	96.1
	寧夏	188.49	13.66	122.3	71.1	1.43	17.61	76321	82.6

表5-5 寧夏の三大産業と観光業の労働生産性（2002年）

産業	増加額(億元)	従業員(人)	労働生産率(元/人)
地域生産総額	329.28	2824000	11660
第一産業	52.84	1158000	4563
第二産業	151.16	551000	27434
第三産業	125.28	715000	17522
運送郵電産業	25.58	127825	20012
小売および飲食業	25.29	219941	11499
不動産	20.98	6829	307219
観光業	12.13	24469	49573

（3）「特色ある優位産業」の発展における主要な問題
　①　企業規模が小さいこと
　寧夏の工業生産増加総額の中で、「特色ある優位産業」（14産業）が占める構成比は、まだ低い。その中にあって同構成比が高い産業は、アルミニウム、カシミヤ（寧夏の羊毛紡績、編み織、服装の中で、カシミヤがほとんどの割合を占めている。）、製紙と鉄合金の4産業である。これらの4産業は、現在、寧夏工業の中で重要な位置を占めている。
　医薬、乳製品、プラスチックの樹脂、希少金属、マグネシウムなどの産業も一定の位地を維持している。その他の産業の増加額構成比はすべて1%足らずであり、「幼稚産業」に属する。
　14産業の工業増加額の合計は、全工業増加額の27.65%を占めているが、まだ成長の段階にある。
　②　多くの企業に研究・開発能力が不足していること
　研究・開発能力は、産業と企業にとって競争力の核心である。研究・開発費がコストに占める構成比を見ると、希少金属工業では4.10%と大きいが、それ以外の大多数の企業では小さく、新しい技術を生み出す核心となる競争力に欠けている。国内および国際の知的所有権を持っている医薬、プラスチック、マグネシウムなどの産業においても、研究・開発投資が遅れ、その投資額も少ない。
　③　一部の「特色ある優位産業」の収益が悪いこと
　でんぷん産業は、損失の大きい産業となっている（費用対利潤がマイナス）。資本流失も深刻であり、資本金増加率がマイナスで、債務超過（資産借入率が100%以上）に陥っている。でんぷん産業は、資源優位を経済優位に変え、徹底的な改革、資産のリストラ、経営管理の改善を行うことにより、はじめて発展の道を歩むことができる。
　製紙、希少金属産業は、収益が比較的悪い。製紙産業は、大規模な技術改良と施設拡張の最中であり、将来、設備能力を発揮すれば、比較的速く収益を高めることも可能であると予測される。
　④　観光産業の綜合競争力が低いこと

寧夏観光産業の競争力の総合得点は、2001年、全国31の省区市の中で最下位であった。全国の平均得点は47.33であったが、寧夏の得点は22.69、全国平均値の2分の1にも届かなかった。最高得点の北京市の79.43と比べると、寧夏の得点はその28.6%にすぎなかった。同じく西北地方の新疆、甘粛、青海、陝西および隣接の内モンゴル自治区と寧夏の得点を比較してみても、寧夏は新疆の59.76%、甘粛の73.29%、青海の87.74%、陝西68.22%、および内モンゴル自治区の58.65%にしかならなかった。青海省の点数に比較的近い以外は、他の省・自治区とは大きい格差が見られる。

基礎競争力は、第1位の北京市とは4倍の違いがあり、下から2番目の青海省とでも3.6%の差がある。寧夏の観光産業は、ハードウエアの整備が立ち後れいて、明らかに力不足である。また、企業の競争力が9.76の得点しかなく、経営レベルの低さをも示している。

3　寧夏における「特色ある優位産業」の発展と配置

「特色ある優位産業」を持続的に発展させるために、望ましい地域産業構造の構築と優良化を図り、人間と土地との関係を協調させ、改善する。そのために、産業経済学、産業立地論、環境経済学、循環経済論、および持続可能な発展論などを応用し、寧夏の実情を踏まえて、比較優位と市場原理に基づいて新材料産業、農産物加工業、医薬と観光業などの優位産業を配置する。このことは、寧夏が総合的な国際的競争力を高めるための基礎条件である。

（1）新材料産業の発展と配置

銀川市、石嘴山市、呉忠市の3中心都市を拠点として、北から南へ延びる包頭─蘭州の鉄道と国道110号線を中心軸として、希少金属、軽金属、コールベッドメタン、プラスチックを中心とする電石化工（電力・石炭・化学・組立加工業）の四大重点産業を発展させる。「一帯三区」モデルにより、合理的な産業集積を行って分業と協業関係をつくり、寧

夏北部における新しい材料産業の集中地域を建設する。
① 銀川市は、寧夏におけるハイテク新材料産業の中心であるとともに、優れた製品と研究開発力を持ち、販売とサービスのネットワックの中心でもある。これからは、付加価値が高く、無公害・低公害の産業を中心として、移輸出型の新材料の製品開発に力を入れる。
② 石嘴山市は、寧夏の希少金属の製錬、ＣＢＭ、マグネシウム合金および電石化工の主要生産地である。同市の産業配置としては、「一区両園」（1市2工業団地）モデルにより、最終的に二大産業群の「石嘴山新材料工業園」と「石嘴山河濱高載能工業園区」を形成する。
③ 呉忠市の材料産業は、主に青銅峡市内に集中していて、寧夏で最大のアルミニウムとマグネシウムの2つの軽金属材料基地、ポリ塩化ビニールと炭素工業基地である。現在、寧夏で一位、全国で二位の電気分解アルミニウム生産基地がある。

（2）農産物加工業の発展と配置
"全面計画、段階的実施、全体配置、階層管理、重点援助、非均衡発展"（「全面的に計画を立て、段階的に実施する。全体の視点から配置し、各級レベルで管理する。重点を定めて援助し、発展できるところから先に発展する」の意味。）の構想に基づき、優位生産地区を発展させる。
① クコの生産地域は、主に衛寧の中心地区、清水河流域の地区および賀蘭山東の麓地区の三つである。
② 牛羊肉産業は、主に塩同靈灘の羊生産地区、黄河灌漑地区の羊牛交雑改良区、六盤山湿草原の肉牛地区である。
③ 乳牛産業は、主に呉忠、銀川にある乳牛区である。
④ 馬鈴薯産業は、南部山岳地帯のでんぷん用ジャガイモ生産区、中部地区と黄河灌漑区の野菜用ジャガイモ生産区である。
⑤ 製紙産業は、主に美利紙業と林紙の一体化基地である。
⑥ カシミヤ産業は、同心と霊武二つのカシミヤ工業地区が重点である。
⑦ 発酵産業の重点は、中衛市街区、中寧県、銀川市の永寧県、賀蘭

県、呉忠市の利通区、青銅峡市のでんぷん専用のトウモロコシ産業である。

(3) 医薬産業の発展と配置

① 化学原料薬品および既成漢方薬品を生産する医薬産業の発展と配置。寧夏の医薬産業と工業立地全体の現状からすれば、当面は、中心都市と優位生産要素の集積地域とを拠点として、特色ある「規模の経済」が実現できる。そのための主要な政策としては、「銀川（国家級）特色医薬高新技術産業園区」、「永寧望遠医薬高新技術産業園区」、「賀蘭徳勝医薬高新技術産業園区」と「塩（塩池）寧（中寧）天然漢方薬高新技術産業園区」の4"園区"の建設を基本とする。

また、「銀川特色医薬高新技術産業園区」と「寧夏大学高新技術産業園」を密接に連携させ、種の育成に潜在競争力を持つ集散地となるために、「寧夏啓元薬業」、「寧夏多維薬業」と「寧夏紫荊花薬業」の大規模な3企業を重点的に援助し、最終的には中国西部における中堅産業に育てる。

② 天然漢方薬を栽培する産業の配置。「統一計画、合理分業、長所発揮、優位補完」の方針に従って、自然地理的な環境、天然薬草の分布状況および生育条件を考慮して、「二帯、五区、多基地」の基本的な構造に分ける。そして中心的な栽培作目と栽培規模を決め、特色ある漢方薬品の研究開発を行う。

ここに言う「二帯」とは、南北に延びる医薬産業地帯のことを指す。つまり石嘴山―銀川―呉忠―中寧―同心―固原の縦方向の産業地域と、横方向の中衛―中寧―呉忠―霊武―塩池の産業地域である。

「五区」とは、黄河の自流灌漑と黄河からの揚水灌漑の区域、塩池や同心などの黄砂乾燥区域、中部の半乾燥の区域、南部の半湿潤区域と六盤山の湿区域の5地域のことである。

また、「多基地」とは、既存の7つの国家級漢方薬の模範栽培基地と4つの地方級漢方薬栽培基地に加えて、国家級の優良漢方薬の生産基地として新たに建設を行う、2つのＧＡＰ（Good Agricultural

Practice、適正農業規範）認定の漢方薬栽培基地のことである。

（4）特色ある観光産業の発展と配置
① 六大観光地。具体的には、大銀川観光中心地、河東観光地、沙湖観光地、砂坂頭観光地、青銅峡観光地、六盤山観光地のこと。
② 七大観光スポット。二砂（砂坂頭、沙湖）、二山（賀蘭山、六盤山）、一川（黄河）、二文化（西夏文化と回族情調）のこと。
③ 大銀川観光圏。沙湖観光地、西夏王陵観光地、金水観光地、青銅峡観光地、鎮北堡西部撮影城、賀蘭山岩画と一体化した観光地のこと。
④ 3つの観光ゾーン。黄河観光ゾーン、賀蘭山観光ゾーンと宝中線沿線の観光ゾーンである。三つの観光ゾーンは寧夏の六大観光地と大多数の観光地区（点）につながり、観光業の発展に戦略的な意味を持つ枢軸である。

4　寧夏の「特色ある優位産業」を優良化する対策と提案

（1）積極的な産業政策の実施

　産業集積を推進する戦略のもとで、寧夏の自然生態的な資源、社会経済的な条件、産業構造および基本的な立地条件をふまえ、「特色ある優位産業」の発展を積極的、政策的に支援する。特に、現時点で相対的に成熟・成長期にある4産業によって、大きな経済効果のあるプロジェクトを促進し、その保護・育成を行う産業政策を打ち出す[7]。

　多元的な投資とベンチャー投資の制度を取り入れ、金融の改革、企業の誘致、個人資金の調達など多方面からの融資により、プロジェクトの建設と産業の発展を推進する。新技術の開発を積極的に行うとともに、先進国や先進地域の産業技術の転移を主体的に受け入れつつ、課題研究を展開する。中規模企業を重点的に発展させ、既存企業の改造・併合・再編を通して、企業グループあるいは大中小企業からなる産業群の形成を奨励する。

(2) 市場主導の下での重点プロジェクトの牽引戦略

　市場メカニズムを通して、大規模プロジェクトの実施を、寧夏の産業全体の前進に役立たせるための戦略を立てる。重点プロジェクトは、市場の潜在力を引き出し、比較優位を持った「規模の経済」を形成しやすく、技術水準と製品の品質に強い競争力を持たせ、同時に産業連関の強化を可能とする。それによって、優位生産の諸要素を集積し、企業の組織改善と産業の合併・再編を推進し、「規模の経済」を形成する。こうして産業の潜在力を最大限に発揮させ、産業競争力を強くする。

　そのために、国家と寧夏の「第十一・五ヶ年計画」を結合し、可及的速やかに専門家の力を借りて重点プロジェクトを策定する。重点プロジェクトの策定後、生産する製品を早急に定め、工場用地を選び、発展モデル・管理体制・運行システムなどの研究を進め、企業の誘致と資金の導入などを含めて、可能なかぎり早く建設を起動させる。

(3) 人材と技術の開発を支援する戦略

　人材を多方面から迎え、人材育成を継続的に行う。開発地域の人材と科学技術を基礎に、企業と大学・科学研究機関との連携を積極的に図り、産業が抱えている課題の解決に当たる。地域間の垣根を打ち破り、塀を取り除き、心を開き、国内の優秀な人材を産業の発展に参画させる。

　対外開放を積極的に拡大し、海外の一流技術の導入に努め、世界的に著名な会社とハイテク産業の共同経営の実現を目指す。ハイテクを用いて、レベルの高い優位産業の創業とその飛躍的な発展を実現する。同時に、市場経済に適応する改善奨励システムも取り入れ、人材と技術が同時に進歩できるシステムを創る。そして、独創性と技術革新を追求し、科学技術に携わる人材、特に若者に旺盛な創造意欲を持たせる。各種の特色ある優位産業の発展において知識と才能がいかんなく発揮できる環境を整えなければならない。優秀な人材には、知識の産業化がもたらす経済的利益を、市場メカニズムを通して享受できるようにする。

(4) 循環型経済、「特色ある優位産業」の持続可能な発展の実現

寧夏の実状から出発し、地域ごとの資源存在の状況と比較優位により、循環型経済モデルに基づいて、産業法制、仕組みと基本方針を整えることによって、地域的な特色を鮮明にした産業経済を発展させ、近代的な科学技術を駆使した産業基地の建設を促進する。

　収入を増やし支出を減らす方針にしたがい、資源開発と生態環境の改善を調和させる。資源利用の方法を、特に節水・省エネルギーに重点をおいて、粗放型から集約型へと積極的に転換させる。環境保護の重点を、公害の事後対策から予防に転換して、予防と事後対策を結合する。生産の無公害化を積極的に実行し、公害型でエネルギー・資源多消費型の生産技術と設備を淘汰して、特色ある優位産業の持続可能な発展を推進するものとする。

参考文献

1）果艺．我国产业结构转换的动力机制分析 [J]．经济问题，2005，（1）：24-26

2）胡援成，杜学勇．我国地理上的二元经济结构与区域发展政策 [J]．当代财经，1994，（5）：33-36

3）宁夏回族自治区统计局．宁夏统计年鉴 [M]．北京：中国统计出版社，1979-2004

4）任保平．论中国的二元经济结构 [J]．经济与管理研究，2004,5：3-9

5）国家统计局．中国统计年鉴 [M]．北京：中国统计出版社，2001-2004

6）宁夏经委．宁夏工业产业导向．2004，6

7）张万寿等．宁夏蓝皮书2003—2004年：宁夏经济社会形势分析与预测 [M]．银川：宁夏人民出版社，2004

（編者注1）　「特色優位産業」とは、地域の特色と経済優位のある産業の総称であり、いかなる地域に対しても、当該地域の優位を十分に発揮しうるものである。特色優位産業を大いに発展させることは、地域経済の発展と競争力強化の重要な手段である。通常、地域優位には地域比較優位と地域競争優位が含まれており、両者の有機的結合が、地域優位産業の形成と発展を決め、地域産業の競争力、特に中核競争力の上昇をも決める。（張前進の説明による。）

（編者注2）　①「比較労働生産性」comparative productivity は、ある部門の生産

額（又は収入）構成比とその部門に勤めている労働力構成比の比率を指している。普通、農業比較労働生産性は＜1、工業比較労働生産性は＞1である。農業と工業の比較労働生産性の差が大きければ大きいほど、経済構成（構造）の二元性が顕著である。

　　農業比較労働生産性＝農業生産額の構成比÷農業労働力の構成比

　　非農業比較労働生産性＝非農業生産額の構成比÷非農業労働力の構成比

　②「二元対比係数」(dualism-based comparing coefficient) は、農業比較労働生産性と工業比較労働生産性の比率を指している。二元対比係数理論値は0—1であって、値が0となる場合、農業比較労働生産性が0となることを示し、この場合の経済二元性は一番はっきりしているが、値が1となる場合、農業比較労働生産性と工業労働生産性が等しいことを示し、経済の二元性は無くなる。

　　二元対比係数＝農業比較労働生産性÷工業比較労働生産性

　③「二元反差係数」(dualism-based contrasting indices) は、工業または非農業生産額構成比と労働力構成比の差の絶対値を指している。二元対比係数と逆に、反差係数が小さければ小さいほど、農業と工業の差が小さくなり、経済二元性は明確ではなく、反差係数が0となった場合、二元経済は無くなる。

　　二元反差係数＝非農業生産額の構成比と非農業労働力の構成比との差の絶対
　　値

第 6 章

退耕還林（還草）政策による農村経済への影響
―― 寧夏南部山区における農家調査をもとにした
所得・就業構造の変化

莱畑　恭介
伊藤　勝久

農家で活躍していた三輪トラック（彭陽県 2003 年）

はじめに

　本章では、「中国寧夏南部山区生態建設と経済社会発展実証研究」課題組が 2000 年から 2002 年にかけての三ヵ年、同一農家を対象にした農家経済調査のパネルデータ及びアンケートの結果を使用して、退耕還林政策による影響を検討する。具体的には退耕還林政策が開始された 2000 年時点での所得構造・就業構造を把握し、その後三ヵ年の変化について、地域特性、初期所得、学歴や民族などの初期条件の違いが所得構造・就業構造にどのような影響を与えたかを見ていく。またその結果を 2005 年 9 月に行った寧夏回族自治区南部山区での訪問聞き取り調査等を加味して考察する。

　経済調査で選定された農家は、寧夏回族自治区南部山区に位置する固原市の原州区と彭陽県から退耕還林の実施状況・地形条件を加味して各 15 村ずつ選定し、1 村ごとに農家を高収入から低収入まで並べて、等間隔に 10 世帯を抽出したものである。

　統計調査資料の不十分な中国において、世帯ごとに就業、家計その他詳細な情報を記したこの調査結果は大変貴重なものである。しかし、そのデータには多くの矛盾点や欠損が見られるが、出来る限り使用データを吟味して用いた[1]。

1　2000 年時点での所得・就業構造

　三ヵ年の変化をみる前に、調査開始時点、すなわち当該地域で退耕還林・還草制度がスタートした 2000 年時点の調査対象農家の所得・就業構造をおさえたい。

（1）一人当たり総収入の分布
　中国では一人当たりの純収入が貧困の重要な指標となっている。2000 年の絶対的貧困は 625 元以下、低収入は 865 元以下と規定された。

第6章 退耕還林（還草）政策による農村経済への影響

その後、農村居民生活消費価格指数により2001年にはそれぞれ630元と872元、2002年には627元と869元に調整された[2]。この絶対的貧困の基準は衣食が満たされる水準（温飽水準）のことであるが、国際的によく用いられる世界銀行の1日一人当たり1米ドルという指標と比べても低すぎるという指摘は多い。

純収入とは総収入から必要経費等を差し引いたものであるが、寧夏南部山区調査ではその正確な把握が難しい。そのため総収入をそのまま所得状況を表すものと捉え、傾向をつかむこととする。

2000年の一人当たり総収入を貧困基準・階層に別け、その分布を示したものが表6-1である。

全体の16％の世帯が絶対的貧困にあり、低収入以下は38％となっている。これは純収入の基準に総収入の値を充てたものであり、実際にはさらに多くの世帯が貧困状態にあるといえる。また、低収入世帯ほど世帯人員数が多くなっている。貧富による非就業者数の差はより明確であり、貧困世帯ほど多くの非就業者を抱えている。就業者一人が抱える非就業者が2,001元以上の世帯では0.49人であるのに対し、625元以下の絶対的貧困世帯では0.89人と大きな開きがあり、調査地域内の貧富格差には、家族数・家族構成が大きく影響していることが考えられる。

中国は、人口抑制政策により出産制限を設けているが、都市とは異なり、農村部での規制は緩やかであり、また少数民族には漢民族よりも多くの出産が認められている。また中国農村部では各種社会保障制度が薄

表6-1　一人当たりの総収入の階層分布（2000年）

単位：世帯、人

	（元/人）	世帯	世帯割合	人口(人)	人口割合	人口/世帯	就業者/世帯	非就業者/世帯	非就業者/就業者
絶対的貧困	～625元	48	16.0%	279	18.0%	5.8	3.08	2.73	0.89
低収入	～865元	66	22.0%	362	23.3%	5.5	3.02	2.47	0.82
	～1000元	39	13.0%	207	13.3%	5.3	3.23	2.08	0.64
	～1500元	70	23.3%	359	23.1%	5.1	3.19	1.94	0.61
	～2000元	39	13.0%	186	12.0%	4.8	3.05	1.72	0.56
	2001元～	38	12.7%	159	10.2%	4.2	2.82	1.37	0.49
合計		300	100.0%	1552	100.0%	5.2	3.07	2.1	0.68

注：寧夏南部山区調査資料より作成

最低収入	258.4元/人
最高収入	9170.3元/人
平均	1199.4元/人

弱であり、子供を多くつくることによって老後の暮らしが安定する「養児防老」という考え方が根強くある[3]。

(2) 一人当たり総収入による就業状況

総収入階層別に就業者の主業分布をみたものが表6-2である。

各階層とも圧倒的に農業従事者が多く、就業者全体918人の81％にあたる744人が農業を主業としている。農外産業では、工業、建築業、商・飲食業を就業としている者が多い。しかし、訪問調査を行った2005年時点においても、商・飲食業、工業に従事している農民の多くは長期に渡る都市部への出稼ぎによるものであり、主業としている産業がそのまま、当該地域の産業構造を表しているとはいえず、農村地域における農外産業の発展は、さらに遅れていると想像できる。

比較的裕福な世帯、特に総収入2,001元以上の世帯は、他の階層と比べて農外産業を主業とする者の割合が高い。大半が農業従事者のため、階層別に細かな傾向をつかむには標本数が少なくなるが、次のような傾向がある。

農外産業のうち、建築業を主業としているものは各階層に分布している。また、工業も各階層に分布しているが、高収入階層ほど高い割合となっている。運送業は高収入階層に多く分布しているが、雇われ運転手にしても運転資格を得るための初期投資が必要であり、さらにトラックなどを所有できるものは高所得者に限られる。それと同時に2005年訪問調査の際の聞き取りでは、当該地域で容易に高収入を得られる産業というのが運送業とのことであった。文化教育業は低収入階層には分布しておらず、高収入階層が多くなっているが、後にみるように収入の多寡と教育段階の高低は関連する。また文化教育業には土地柄、教員などのほかにイマーム[4]なども含まれる。

総収入階層別に就業者一人当たりの収入と、総収入に占める各収入の割合を示したものが表6-3である。

2000年時点では牧畜業を主業としている就業者は見られなかったが、南部山区はイスラム料理（清真料理）に欠かせない羊が特産になってい

第6章　退耕還林（還草）政策による農村経済への影響

表6-2　総収入階層別主業分布（2000年）

単位：人

	農業	林業	工業	建築業	運送業	商・飲食業	サービス業	文化教育業	その他	合計
～625元	124	0	3	5	0	0	1	0	14	147
	84.4%	0.0%	2.0%	3.4%	0.0%	0.0%	0.7%	0.0%	9.5%	100.0%
～865元	162	0	4	4	1	6	2	0	11	190
	85.3%	0.0%	2.1%	2.1%	0.5%	3.2%	1.1%	0.0%	5.8%	100.0%
～1000元	99	1	2	7	1	1	0	1	6	118
	83.9%	0.8%	1.7%	5.9%	0.8%	0.8%	0.0%	0.8%	5.1%	100.0%
～1500元	180	1	5	11	0	10	4	2	12	225
	80.0%	0.4%	2.2%	4.9%	0.0%	4.4%	1.8%	0.9%	5.3%	100.0%
～2000元	95	0	9	2	1	1	0	1	5	114
	83.3%	0.0%	7.9%	1.8%	0.9%	0.9%	0.0%	0.9%	4.4%	100.0%
2001元～	84	0	10	7	3	6	2	2	10	124
	67.7%	0.0%	8.1%	5.6%	2.4%	4.8%	1.6%	1.6%	8.1%	100.0%
合計	744	2	33	36	6	24	9	6	58	918
	81.0%	0.2%	3.6%	3.9%	0.7%	2.6%	1.0%	0.7%	6.3%	100.0%

注：寧夏南部山区調査資料より作成、欠損値および無職高齢者は除く

表6-3　総収入別の就業者一人当たりの収入構成

単位：元

（元/人）	給料	家庭経営収入 計	農業	林業	牧業	その他	その他	総収入
～625元	222.5	584.6	407.2	17.7	94.0	65.7	126.9	934.0
	24%	63%	44%	2%	10%	7%	14%	100%
～865元	229.9	921.8	578.8	13.8	204.9	124.3	192.0	1343.7
	17%	69%	43%	1%	15%	9%	14%	100%
～1000元	359.6	1009.3	705.2	13.9	192.1	98.0	159.6	1528.4
	24%	66%	46%	1%	13%	6%	10%	100%
～1500元	716.9	1028.0	615.9	32.4	251.6	128.1	206.5	1951.4
	37%	53%	32%	2%	13%	7%	11%	100%
～2000元	937.9	1606.9	957.0	27.8	314.2	307.7	199.5	2744.3
	34%	59%	35%	1%	11%	11%	7%	100%
2001元～	1592.8	2607.4	1126.6	50.4	269.1	1161.3	486.5	4686.6
	34%	56%	24%	1%	6%	25%	10%	100%
合計	613.8	1189.4	689.9	25.0	218.2	256.2	215.8	2018.9
	30%	59%	34%	1%	11%	13%	11%	100%

注：寧夏南部山区調査資料より作成

るなど、牧畜業が重要な位置にある。

　高収入世帯ほど総収入に占める給料、すなわち雇われ収入の割合が高くなっている。1,000元以上の世帯では総収入の35％前後を給料が占めている。さらに注意すべきは、これは総収入に対する割合であり、他の農業などの家庭経営収入には経費分も含まれており、純収入で考えるとこの割合は、さらに高まることが予想される。

　また家庭経営収入をみると、低収入階層ほど総収入に占める割合が高くなっている一方で、収入額では高収入世帯が低収入世帯を大きく上回っている。さらにその内訳は大きく異なり、低収入世帯では農業の比

重が大きいが、高収入世帯では農・林・牧畜業以外のその他家庭経営収入の割合が増している。低収入階層では農外産業への従事が少ないことで家庭経営収入の比重が増加しており、高収入世帯は商店や運送業等の自営収入が多いと考えられる。

　農業収入をみてみると、全体では就業者一人当たりの総収入に占める割合が34%と、就業者の81%が農業を主業としていることを考えると極端に少ない。高収入階層では低収入世帯より農業収入の割合は低くなっているものの、額では大きく上回っている。

(3) 自営農業

　表6-4は、2000年当初の総収入階層別の耕地面積及び耕地面積あたりの農業収入を示したものである。

　世帯あたりの耕地面積では、低収入階層で特に小さい。また耕地面積あたりの就業者では、最貧階層の多さと最富裕階層の少なさが目立つ。農業では、就業者以外の世帯員も労働参加が可能であることから、耕地面積あたりの労働者数にはさらに大きな差があると考えられる。仮に世帯全人口が農業労働に参加可能として耕地面積あたりの人口を考えると、低収入階層ほど多くなり、最貧階層は富裕階層の二倍以上の労働者を有していることになる。前掲の表6-2や表6-3を考え合わせると、農業において、とくに低収入世帯では、多くの余剰労働力が存在していることが窺える。

　また、高収入世帯は、所有耕地に対する灌漑耕地の割合も高くなっている。耕地あたりの農業収入には大きな差がある。これは当地域では厳しい自然条件により土地生産性が極めて低いため、世帯あたりの耕地面積の少ない低収入階層では生産量が少なく、自給分を確保すると市場出荷が困難になり、耕地面積や灌漑耕地割合の分布以上の差が現れていると考えられる。

(4) 教育段階

　表6-5は就業者の教育程度を収入階層別にまとめたものである。こ

第6章 退耕還林（還草）政策による農村経済への影響

表6-4 総収入階層別耕地面積及び面積あたりの収入（2000年）

単位：ムー、人、元

（元/人）	耕地/世帯	灌漑地	人口/耕地	就業者/耕地	農業収入/耕地
〜625元	20.45	3.6%	0.284	0.151	61.4
〜865元	24.39	2.3%	0.225	0.124	71.6
〜1000元	26.14	4.4%	0.203	0.124	87.2
〜1500元	25.52	3.9%	0.201	0.125	76.9
〜2000元	25.76	5.4%	0.180	0.116	113.4
2001元〜	31.10	6.4%	0.135	0.091	102.0
合計	28.61	4.2%	0.180	0.107	74.1

注：寧夏南部山区調査より作成、欠損値のある世帯は除外

表6-5 収入階層別就業者の教育程度（2000年）

単位：人

（元/人）	非識字	小学	初級中学	高級中学	中等専門学校	短大以上	合計
〜625元	51 34.7%	48 32.7%	40 27.2%	8 5.4%	0 0.0%	0 0.0%	147 100.0%
〜865元	64 33.7%	73 38.4%	39 20.5%	14 7.4%	0 0.0%	0 0.0%	190 100.0%
〜1000元	27 22.9%	51 43.2%	32 27.1%	8 6.8%	0 0.0%	0 0.0%	118 100.0%
〜1500元	73 32.4%	76 33.8%	57 25.3%	17 7.6%	2 0.9%	0 0.0%	225 100.0%
〜2000元	29 25.4%	40 35.1%	27 23.7%	14 12.3%	4 3.5%	0 0.0%	114 100.0%
2001元〜	35 28.2%	37 29.8%	30 24.2%	15 12.1%	5 4.0%	2 1.6%	124 100.0%
合計	279 30.4%	325 35.4%	225 24.5%	76 8.3%	11 1.2%	2 0.2%	918 100.0%

注：寧夏南部山区調査資料より作成、欠損値および無職高齢者は除く

こでの「非識字」とは文字が全く或いはほとんど読めないことである。また初級中学、高級中学はそれぞれ日本の中学校、高校にあたる。

　調査地全体では就業者の30％が満足に文字を読み書きできず、65.8％が小学校以下の教育しか受けていない。低収入世帯ほど高い教育段階まで受けられた就業者は少ないことがわかる。調査農家では高等教育を受けた者は非常に少なく、高校以上の教育を受けているのは10％足らずに過ぎない。また高卒後、何らかの教育を受けられた者は全体の1.4％に過ぎず、比較的高収入階層の者に限られる。

2000年の教育段階による主業分布を示すと表6-6のようになる。2000年時点ではほとんどの就業者が農業を主業としており、農外産業を主業としている就業者の傾向をつかむことは難しいが、非識字者には二次・三次産業を主業とするものは極めて少ない。

調査農家に高等教育を受けたものが少ない要因の一つは、明らかに貧困と思われ、実際2005年の聞き取り調査の際、貧困のため義務教育への進学すら出来なかったという話を幾度も聞いた。つまり、貧困により進学できず、そのことで選択できる職業に制限を受け、貧困から脱出する機会も失うといった悪循環に陥っている。

もう一つの高学歴者の少ない理由は、2000年時点で当該地域に高学歴を必要とする産業が発展していないことにある。特に高校以上の学歴を要する職業は少なく、所得の低さも影響して進学へのインセンティブが働かないこと、さらにある程度の学歴を得た人材は、その学歴に合った職業を求めて外部へ流出していると考えられる。

(5) 民族

調査農家300世帯の約三分の一にあたる102世帯、人口でも約三分の一の540人が少数民族の回族である。2000年の民族別の総収入階層分布を示したものが表6-7である。漢族では865元以下の低収入階層に属しているのは30%程であるのに対し、回族では53%が低収入以下の階層に分布している。また一人当たりの平均総収入を比較しても400元以上の差があり、民族間で格差が存在している。

本調査地では原州区と彭陽県各1村ずつを除いた残りの18村は、漢族・回族それぞれ同一民族で構成された村となっている。一般的に村の生活・生産条件は、まず都市とのアクセスや自然条件による初期条件の差異があり、そのために発展も規制され、村落間の現在の格差が発生したと考えられる。また歴史的に少数民族は条件不利地域に押しやられてきた。寧夏南部山区でも歴史的経過により回族の住む地域の方が相対的に厳しい地域であり、本調査の対象である20村でも回族の村は漢族の村よりも条件不利地域が多いという事実がある。

第6章 退耕還林（還草）政策による農村経済への影響

表6-6 教育段階による主業分布（2000年）

単位：人

	農業	林業	工業	建築業	運送業	商・飲食業	サービス業	文化教育業	その他	合計
非識字	235	0	4	0	0	3	0	0	37	279
小学	284	1	6	19	1	5	1	1	7	325
初級中学	160	1	20	11	5	13	7	1	7	225
高級中学	62	0	3	6	0	3	0	1	1	76
専門学校	3	0	0	0	0	0	1	3	4	11
短大以上	0	0	0	0	0	0	0	0	2	2
合計	744	2	33	36	6	24	9	6	58	918

注：寧夏南部山区調査資料より作成、欠損値および無職高齢者は除く

表6-7 民族別総収入階層（2000年）

単位：世帯、人

	漢族				回族			
（元/人）	世帯	世帯割合	人口	人口割合	世帯	世帯割合	人口	人口割合
～625元	21	10.6%	125	12.4%	27	26.5%	154	28.5%
～865元	39	19.7%	212	20.9%	27	26.5%	150	27.8%
～1000元	27	13.6%	137	13.5%	12	11.8%	70	13.0%
～1500元	48	24.2%	254	25.1%	22	21.6%	105	19.4%
～2000元	30	15.2%	146	14.4%	9	8.8%	40	7.4%
2001元～	33	16.7%	138	13.6%	5	4.9%	21	3.9%
合計	198	100.0%	1012	100.0%	102	100.0%	540	100.0%
平均総収入	1345.0元/人				926.4元/人			

注：寧夏南部山区調査より作成

2 退耕還林（還草）実施による所得・就業構造の変化

　退耕還林（還草）事業は生態環境の保全が第一義的目的であるが、同時に開発の遅れた貧しい内陸地域の発展を促す意義もある。すなわち農業の効率化と商工業といった農外産業の発展が、耕地の減少という圧力と林・草地化による労働時間の減少によって加速されることが期待されている。また同時に、寧夏南部山区において退耕後、林草地を再び耕地化させずに維持するためにも、後続産業の発展と収入の増加が重要であることが指摘されている[5]。そこで2000年と2002年を比較し、退耕還林（還草）事業が始まってから三ヵ年の収入の変化とその要因、就業の変化とその傾向をつかみたい。

　なお、経済発展の著しい中国においては、数年にまたがるデータの比

較には物価水準の影響を取り除いて考える必要があろう。しかし、寧夏農村地域の小売物価指数を確認してみると、2000年を100として2001年99.6、2002年98.3となっており[6]、大きな支障はないと思われるので、名目値のみで考察する。

(1) 総収入の分布

調査対象農家300世帯を、一年間の世帯総収入を1,000元単位でグループ分けし、2000年と2002年の階層分布を表したものが図6-1である。全体的に世帯収入の明らかな上昇が見られる。2000年の平均は6,205元、うち世帯の65％が平均以下に位置している。これに対して2002年には平均が1万0,069元に大幅に上昇し、平均以下は61％に減少しており、若干の格差改善がみられる。また、総収入4,000元以下の世帯は大幅に減少し、総収入2万元以上の世帯数も20世帯に増えている。

2000年においては4,000元～5,000元の世帯が最も多くなっているが、2002年では多くの世帯が7,000元から1万1,000元の階層に分布しており、突出した収入階層がなく、全体として大幅に収入を増加させた世帯が存在している。

2002年の一人当たり総収入階層分布を示したものが表6-8である。

2000年と同様に一人当たり純収入の2002年貧困基準にあてはめて、627元以下、869元以下の階層を設定している。一人当たり総収入の値ではあるが、2000年（図6-1）に比べて絶対的貧困世帯は1.3％、低収入以下は6.3％となり明らかに低収入世帯は減少している。調査農家全体でみても一人当たり総収入の平均が2000年は1,199.4元であったが、2002年は1,967.8元となり、大幅にアップしている。

世帯人員についてみてみると、低収入階層の人員数、特に就業者一人が抱える非就業者数の多さが2000年に比べてより一層際立っている。全体的に各世帯の総収入が増加したことで、一人当たりの総収入階層も上位階層に移行しているが、低収入階層に非就業者の割合が高い世帯が取り残された形である。貧困からの脱出に対し、家族構成が大きなネッ

第6章 退耕還林(還草)政策による農村経済への影響

図6-1 農家世帯総収入の分布(2000年および2002年の比較)

農家世帯収入の分布(2000年)

農家世帯収入の分布(2002年)

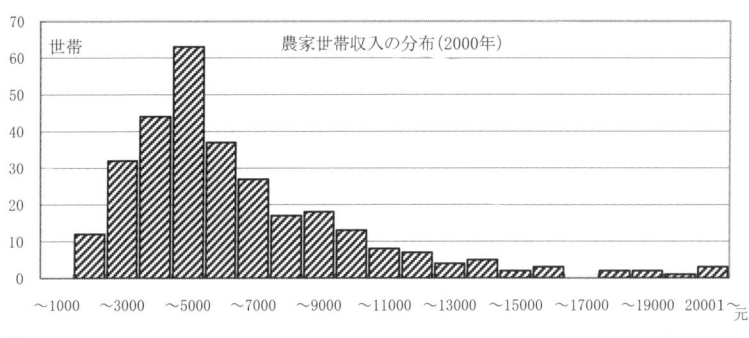

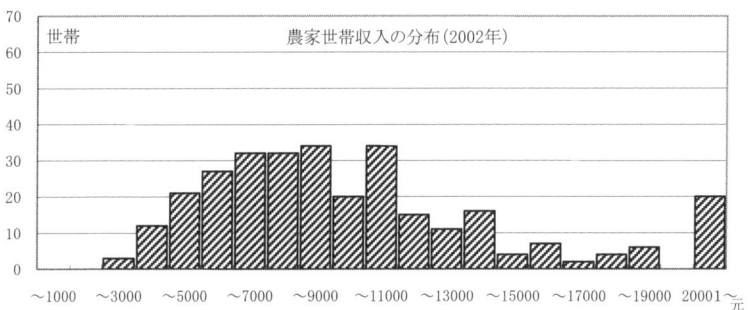

表6-8 一人当たりの総収入階層分布(2002年)

単位:世帯、人

	(元/人)	世帯	世帯割合	人口(人)	人口割合	人口/世帯	就業者/世帯	非就業者/世帯	非就業者/就業者
絶対的貧困	～627元	4	1.3%	26	1.7%	6.5	2.75	3.75	1.36
低収入	～869元	15	5.0%	105	6.8%	7.0	3.60	3.40	0.94
	～1000元	18	6.0%	105	6.8%	5.8	3.44	2.39	0.69
	～1500元	77	25.7%	421	27.4%	5.5	3.01	2.45	0.81
	～2000元	66	22.0%	331	21.6%	5.0	3.05	1.97	0.65
	2001元～	120	40.0%	547	35.6%	4.6	2.94	1.62	0.55
合計		300	100.0%	1535	100.0%	5.1	3.04	2.07	0.68

注:寧夏南部山区調査資料より作成

最低収入	410.5元/人
最高収入	10338.7元/人
平均	1967.8元/人

クの一つになっていると考えられる。

表6-9は2000年時点の一人当たり総収入階層ごとに、2000年に対する2002年の総収入の増減を示したものである。調査地全体の平均では一人当たり総収入で1,967.8元、2000年からの増加率は64.1%となっている。

階層別にみていくと、2000年の低収入階層世帯ほど高い増加率を示しており、絶対的貧困にあたる625元以下の世帯では150%近い伸びをみせている。一人当たりの総収入でも同じで、就業者一人当たりの増加率では最貧層の伸びが明瞭である。逆に2000年の高収入世帯の増加率は7.3%となっており、一人当たり総収入、就業者一人当たり収入とも10%前後と、低収入階層のキャッチアップによって当該地域内での所得格差は解消の方向に向かっているといえる。しかし、高収入階層の伸びの鈍さは、産業構造に大きな変化がないことなど当地域のこの時点での限界を示しているとも考えられる。

(2) 就業構造の変化

次に、総収入増加の要因となる就業構造の変化について、属性別に主業の変化をみることで、その傾向を考察する。

まず調査対象全体に関して2000年と2002年の主業分布を示したものが表6-10である。なお2000年から2002年の主業の変化をまとめた表は、各属性別に後述するが、欠損などにより属性別には全体数が正確に反映されないことに留意する必要がある。

2000年と比べて2002年には就業者が60人近く増加している。依然として農業を主業とする者が圧倒的に多くなっており全体の66.1%を占めている。しかしその減少は顕著であり、2000年から2002年にかけての主業者数の減少率は-17.3%である。

農外産業では文化教育業を除き、全て増加している。特に建築業を主業とする者が大きく増加し、全体の7.2%を占めている。これは西部大開発による高速道路建設など、居住地付近での日雇い的な土建業務が

第6章 退耕還林(還草)政策による農村経済への影響

表6-9 2000年総収入階層別2002年総収入平均増減

単位:元

	2000年 (元/人)	総収入 増減	2002年一人 当たり総収入	一人当たり 増減	2002年就業者 一人当たり 総収入	就業者一人 当たり増減
絶対的貧困	～625元	149.8%	1260.0	154.3%	2414.3	158.5%
低収入	～865元	110.3%	1593.1	115.7%	2840.1	111.4%
	～1000元	101.0%	1897.9	104.0%	3309.1	116.5%
	～1500元	72.9%	2095.4	72.9%	3313.8	69.8%
	～2000元	33.4%	2305.4	31.3%	3513.9	28.0%
	2001元～	7.3%	3447.9	9.3%	5171.8	10.4%
合計		62.3%	1967.8	64.1%	3308.4	63.9%

注:寧夏南部山区調査資料より作成

表6-10 2000年および2002年における主業分布

単位:人

	農業	林業	畜産業	工業	建築業	運送業	商・飲食業	サービス業	文化教育業	その他	合計
2000年	744 81.0%	2 0.2%	0 0.0%	33 3.6%	36 3.9%	6 0.7%	24 2.6%	9 1.0%	6 0.7%	58 6.3%	918 100.0%
2002年	645 66.1%	7 0.7%	9 0.9%	41 4.2%	70 7.2%	17 1.7%	42 4.3%	16 1.6%	5 0.5%	124 12.7%	976 100.0%

注:寧夏南部山区調査資料より作成

増加し、手軽に従事できるようになったためと考えられる。そのほか、2000年時点でも主業としている者が多かった工業、商・飲食業が引き続き増加した。

第一次産業では、退耕還林の影響であろうが林業を主とする者も全体で7人に増加している。さらに、当地域で重要な位置を占めている畜産を主業とするものが現れた。なお、退耕還林にあわせて家畜の放牧は禁止され、この畜産業は以前のような放牧ではなく、近代的な舎飼いによるものである。退耕還草によって優良な飼料が手に入りやすくなったことも一因と思われる[7]。

1)収入階層別の変化

2000年時点の総収入階層別に、就業者全員の主業の変化を表したも

のが表6-11である。本表ではその産業が収入に及ぼす影響ではなく、初期収入の多少による産業間移動の容易さを表すため、2000年の収入階層で区分している。

　各階層とも2000年に農業を主業としていた者のうち15～20％程が他産業に転出している。

　各階層とも建築業への転入が多くみられ、増減数を見ると2000年の低収入階層ほど増加している。階層ごとの就業者数を考慮しても同様である。前述したように、西部大開発を受けた高速道路建設などの労働者需要の増加により、居住地に近い場所で初期投資をせずとも手軽に就労できることによると思われる。さらに転出割合も各階層とも50％前後と高く、増加傾向にあるものの、入れ替わりが激しいことを示しており、主業であるとはいえ長期就労が可能なサラリーマン的就業ではなく、日雇い的な就業であることが窺える。

　工業についても階層による傾向はつかめないものの、比較的転出入が激しく、出稼ぎなどによる短期的な就業者が多いと思われる。

　畜産業や林業の主業者を見ると中間層が多くなっている。林業への転入者全てと畜産業への転入8人中7人が農業からの移動であり、退耕還林・還草によって形成された林草地の活用によるものと考えられる[8]。当地域では畜産業が推奨されており、退耕した草地をそのまま使って畜産業に移行したと考えられる。

　訪問調査の際の聞き取りによると、畜産を主業とするにはある程度の頭数が必要で、さらに放牧が禁止されたため舎飼いのための畜舎が必要になるとのことである。したがって畜産業を主業とするには、一定の初期投資が必要であり、最貧層での畜産業への転入が1人に留まっているのはこの理由によるものと思われる。

　同じく訪問調査の際、農家に「将来の夢」を聞いたところ、トラックを購入して運送業を始めたいというものが多かった。当該地域では「手っ取り早く稼ぐ手段」というと、まず運送業があげられる。前述のように運送業に携わるには一定の初期投資が必要となる。新たに運送業を主業としたものは2000年時点で1,000元から1,500元の中間層に多く、

表 6-11　2000 年における総収入階層別にみた 2000 年から 2002 年の主業の産業間移動

単位：人

		家族員の主業2002年										増減数(2000年から2002年)			転出割合	転入割合
		農業	林業	畜産業	工業	建築業	運送業	商・飲食業	サービス業	文化教育業	その他	合計	転出	転入	増減		
家族員の主業2000年 ～625元	農業	96			1	4	12		1		3		1	118	22	5	-17	18.6%	5.0%
	林業											0	0	0	0	0.0%	0.0%
	畜産業											0	0	1	1	0.0%	100.0%
	工業	2										2	2	4	2	100.0%	100.0%
	建築業	3				2						5	3	12	9	60.0%	85.7%
	運送業											0	0	1	1	0.0%	100.0%
	商・飲食業											0	0	4	4	0.0%	100.0%
	サービス業								1			1	0	0	0	0.0%	0.0%
	文化教育業											0	0	1	1	0.0%	100.0%
	その他							1			13	14	1	1	0	7.1%	7.1%
	合計	101		1	4	14		4	1		14	140					
～865元	農業	126		3	6	9	1	6	1		4	156	30	2	-28	19.2%	1.6%
	林業											0	0	0	0	0.0%	0.0%
	畜産業											0	0	3	3	0.0%	100.0%
	工業					4						4	0	6	6	0.0%	60.0%
	建築業	1			1							2	1	9	8	50.0%	90.0%
	運送業						1					1	0	1	1	0.0%	50.0%
	商・飲食業							4	1			5	1	6	5	20.0%	60.0%
	サービス業								1	1		2	1	2	1	50.0%	66.7%
	文化教育業									1		1	0	0	0	0.0%	100.0%
	その他	1									9	10	1	4	3	10.0%	30.8%
	合計	128		3	10	10	2	10	3		13	180					
～1000元	農業	80		2	5			1			7	95	15	5	-10	15.8%	5.9%
	林業		1									1	0	0	0	0.0%	0.0%
	畜産業											0	0	0	0	0.0%	0.0%
	工業				1	1						2	1	2	1	50.0%	66.7%
	建築業	3			3							6	3	6	3	50.0%	66.7%
	運送業						1					1	0	0	0	0.0%	0.0%
	商・飲食業							1				1	0	1	1	0.0%	100.0%
	サービス業											0	0	1	1	0.0%	100.0%
	文化教育業									1		1	0	0	0	0.0%	0.0%
	その他	2				1					4	6	2	7	5	33.3%	63.6%
	合計	85	1	2	9	2	1	2		1	11	113					
～1500元	農業	139	4	2	3	3	10	7	1	1	5	175	36	11	-25	20.6%	7.3%
	林業	1										1	1	4	3	100.0%	100.0%
	畜産業											0	0	2	2	0.0%	100.0%
	工業				3			1	1			5	2	3	1	40.0%	50.0%
	建築業	5				5					1	11	6	11	5	54.5%	68.8%
	運送業						7					7	0	7	7	0.0%	0.0%
	商・飲食業	1				1		8				10	2	5	3	20.0%	38.5%
	サービス業	1						1	2			4	2	1	-1	50.0%	33.3%
	文化教育業									2		2	1	1	0	16.7%	100.0%
	その他	2				1		3			6	12	2	8	6	100.0%	44.4%
	合計	150	4	2	6	16	7	13	3	1	18	220					
～2000元	農業	77		1	4	3		2			5	92	15	4	-11	16.3%	4.9%
	林業											0	0	0	0	0.0%	0.0%
	畜産業											0	0	2	2	0.0%	100.0%
	工業	3			4	2						9	5	5	0	55.6%	55.6%
	建築業				1	1					1	2	1	6	5	50.0%	85.7%
	運送業						1					1	0	1	1	0.0%	100.0%
	商・飲食業	1										1	1	2	1	100.0%	100.0%
	サービス業											0	0	1	1	0.0%	100.0%
	文化教育業									1		1	1	1	0	100.0%	100.0%
	その他										3	5	2	4	2	40.0%	57.1%
	合計	81		2	9	7	1	2	1	1	7	111					
2001元～	農業	56		5	3		4	1			3	73	17	7	-10	23.3%	11.1%
	林業											0	0	0	0	0.0%	0.0%
	畜産業											0	0	0	0	0.0%	0.0%
	工業	3			2			3			1	9	7	5	-2	77.8%	71.4%
	建築業	1				3					1	5	2	4	2	40.0%	57.1%
	運送業						3					3	0	1	1	0.0%	25.0%
	商・飲食業	1						4				5	1	5	4	20.0%	55.6%
	サービス業								1			1	0	4	4	0.0%	80.0%
	文化教育業											0	0	0	0	0.0%	0.0%
	その他	2				1		1			5	9	4	5	1	44.4%	50.0%
	合計	63		5	7	7	7	9	5		10	106					
全体	農業	574	4	7	24	42	10	19	4	2	23	709	135	34	-101	19.0%	5.6%
	林業	1	1									2	1	4	3	50.0%	80.0%
	畜産業											0	0	8	8	0.0%	100.0%
	工業	9			14	3		4	1		1	31	17	25	8	54.8%	64.1%
	建築業	13				15					3	31	16	48	32	51.6%	76.2%
	運送業						6					6	0	10	10	0.0%	62.5%
	商・飲食業	3				1		17	1			22	5	22	17	22.7%	56.4%
	サービス業	2						1	5	1		8	3	9	6	37.5%	64.3%
	文化教育業				1					2	2	5	3	3	0	60.0%	60.0%
	その他	7				2		2			44	56	12	29	17	21.4%	39.7%
	合計	608	5	8	39	63	16	39	14	5	73	870					

注1）寧夏南部山区調査資料より作成、欠損値および無職高齢者は除く
注2）増減数とは当該産業の 2000 年と 2002 年の主業者数を比較したものであり、転出割合とはその産業の 2000 年主業者のうち 2002 年に他産業へ転出した者の割合、転入割合とはその産業の 2002 年主業者のうち調査期間中に他産業から転入してきた者の割合である。産業間の主業の移動を表したもので、新規就業者は含んでいない。以降の同形式の表も同様である。

この階層は 2002 年時点で一人当たりの平均総収入が、前掲の表 6 - 9 で示したように 2,095.4 元となり 2,000 元を超えた。2000 年時点では運送業を主業としている者は 2,001 元以上の階層に多く、新たに収入を増加させたことで、運転資格を取得し、雇われ運転手等に従事していると考えられる。逆に高所得者層では既に 2000 年時点で資格を取得できる状態にあり、新たな増加は少なかったと思われる。なおトラックの購入には 2005 年の時点で中古でも 5 万元必要であるとのことだった。そのため、中間層の転入者の多くは雇われ運転手か軽車両を使っての小規模運送であると考えられる。

2) 退耕還林の実施・非実施の別による変化

2000 年から 2002 年にかけて各世帯就業者全員の主業の移動を、退耕の実施農家と未実施農家に分類すると表 6-12 のような結果になった。退耕還林（還草）政策の実施世帯の就業者の方が、農業主業者の減少が激しいと予想していたが、退耕を実施したか否かで大きな差はなく、退出割合は 14％前後となっている。退耕還林（還草）事業という制度

表 6-12　退耕還林（還草）実施別主業移動

単位：人

			家族員の主業2002年										増減数(2000年→2002年)			転出割合	転入割合
			農業	林業	畜産業	工業	建築業	運送業	商・飲食業	サービス業	文化教育業	その他	合計	転出	転入	増減		
家族員の主業2000年	退耕実施農家	農業	382	4		4	9	27	6	15	3		18	468	86	22	-64	18.4%	5.4%
		林業	1	1										2	1	4	3	50.0%	80.0%
		畜産業												0	0	5	5	0.0%	100.0%
		工業	4			10	1			3			1	19	9	10	1	47.4%	50.0%
		建築業	7				15						2	24	9	31	22	37.5%	67.4%
		運送業						6						6	0	6	6	0.0%	50.0%
		商・飲食業	1				1		13	1				16	3	17	14	18.8%	56.7%
		サービス業	1						1	3				5	2	7	5	40.0%	70.0%
		文化教育業					1				1		2	4	3	0	-3	75.0%	0.0%
		その他	8		1		2		1				29	41	12	23	11	29.3%	44.2%
		合計	404	5	5	20	46	12	30	10	1	52	585					
	退耕未実施農家	農業	190		3	14	15	4	4	1			5	238	48	13	-35	20.2%	6.4%
		林業												0	0	0	0	0.0%	0.0%
		畜産業												0	0	3	3	0.0%	100.0%
		工業	5			5	2			1				13	8	14	6	61.5%	73.7%
		建築業	6				1							7	7	17	10	100.0%	100.0%
		運送業												0	0	4	4	0.0%	100.0%
		商・飲食業	2						4					6	2	5	3	33.3%	55.6%
		サービス業	1							2		1		3	1	2	1	33.3%	50.0%
		文化教育業									1			1	0	3	3	0.0%	75.0%
		その他										14		14	1	6	5	6.7%	30.0%
		合計	203		3	19	17	4	9	4		20	283					

注：寧夏南部山区調査資料より作成、欠損値および無職高齢者は除く

の存在が農業からの転出を促している（風潮を高めるといった意味で）ことは否定できないが、退耕の実施地は元々生産性が極めて低い地域であり、2002年時点までの本調査ではその実施が即農外産業への転換につながっているとは言い難い。

しかし産業別に見ると、林業（果樹などの経済林経営）の主業者は退耕実施農家にしかおらず、新規の主業者は全て農業からの転入である。また前掲の表6-3で示した通り、2000年時点でもある程度の林業収入はあり、元々ある程度の林業収入を得ていた者が、退耕還林によって林地が形成されたため、将来的な見通しの立つ林業を主業と考えていると想定される。

3）残存耕地面積別の変化

退耕還林（還草）が実施された後の2002年時点での世帯ごとの残存耕地面積によって分類し、主業の移動を示したものが表6-13である。残存耕地とはここでは所有耕地から林地面積と草地面積を除いたものを指している。

当然ではあるが、農業からの転出割合をみると残存耕地数が少ない農家ほど高くなっている。特に残存耕地のない世帯では、半数以上の52.4％が農業から転出し、新たな転入者はいない。この階層で引き続き農業を主業としているものも階層全体の就業者の34.4％にあたる20人存在する。更に2005年の訪問調査時の農家聞取りでは、公式な所有耕地の他にも耕作を行っていることを窺わせる発言があり、必ずしも公になっている数字が全てとは限らないと考えられる。また向虎・関良基は揚子江上流域では、退耕還林後の林間で禁止されているはずの間作が行われていることを指摘している[9]。

林業ならびに畜産業を主業としている者をみると、残存耕地のない世帯で多くなっている。残存耕地がないということは、退耕により林・草地が増加していることが予測され、その有効な利用によるものと考えられる。

また残存耕地の階層ごとに就業者一人当たりの収入と、総収入に占め

表6-13 退耕還林政策受容後の残存耕地面積による主業の産業間移動

単位:人

			家族員の主業2002年									増減数(2000年→2002年)			転出割合	転入割合
			農業	林業	畜産業	工業	建築業	運送業	商・飲食業	サービス業	文化教育業	その他	合計	転出	転入	増減		
家族員の主業2000年	残存耕地なし	農業	20		3		4	1	3	2		8	42	22	0	-22	52.4%	0.0%
		林業											0	0	3	3	0.0%	100.0%
		畜産業											0	0	5	5	0.0%	100.0%
		工業				2							2	0	1	1	0.0%	33.3%
		建築業					2						2	0	3	3	0.0%	60.0%
		運送業											0	0	2	2	0.0%	100.0%
		商・飲食業							5				5	0	9	9	0.0%	64.3%
		サービス業											0	0	0	0	0.0%	0.0%
		文化教育業											0	0	0	0	0.0%	0.0%
		その他				1			1			5	7	2	1	-1	28.6%	16.7%
		合計	20		3	3	6	1	9	2		14	58					
	10ムー未満	農業	131			8	14	7	7	3		7	177	46	10	-36	26.0%	7.1%
		林業											0	0	0	0	0.0%	0.0%
		畜産業											0	0	0	0	0.0%	0.0%
		工業	2			2	2			2			6	4	9	5	66.7%	81.8%
		建築業	4				7					1	12	5	17	12	41.7%	70.8%
		運送業						3					3	0	7	7	0.0%	70.0%
		商・飲食業	1				1		6	1			9	3	8	5	33.3%	57.1%
		サービス業	1						1				2	1	6	5	50.0%	85.7%
		文化教育業				1							1	1	0	-1	100.0%	0.0%
		その他	2				2		1			9	14	5	8	3	35.7%	47.1%
		合計	141			11	24	10	14	7		17	224					
	20ムー未満	農業	215	1		2	8	13		3	2	10	254	39	12	-27	15.4%	5.3%
		林業	1	1									2	1	1	0	50.0%	50.0%
		畜産業											0	0	2	2	0.0%	100.0%
		工業	2			6				1			9	3	8	5	33.3%	57.1%
		建築業	4				1						5	4	13	9	80.0%	92.9%
		運送業						1					1	0	0	0	0.0%	0.0%
		商・飲食業	2						4				6	2	4	2	33.3%	50.0%
		サービス業							1	3			4	1	1	0	25.0%	25.0%
		文化教育業									2	1	3	1	2	1	33.3%	66.7%
		その他	3									15	18	3	11	8	16.7%	42.3%
		合計	227	2		2	14	14	1	8	4	4	26	302					
	30ムー未満	農業	127				5	8	1			4	145	18	9	-9	12.4%	6.6%
		林業											0	0	0	0	0.0%	0.0%
		畜産業											0	0	0	0	0.0%	0.0%
		工業	4			3	3					2	12	9	5	-4	75.0%	62.5%
		建築業	5				2					2	9	7	11	4	77.8%	84.6%
		運送業						2					2	0	1	1	0.0%	33.3%
		商・飲食業							2				2	0	0	0	0.0%	0.0%
		サービス業							1				1	0	1	1	0.0%	50.0%
		文化教育業											1	1	1	0	-1	100.0%	0.0%
		その他										10	10	0	8	8	0.0%	44.4%
		合計	136			8	13	3	2			18	182					
	30ムー以上	農業	81			1	1	4		1	1	1	90	9	3	-6	10.0%	3.6%
		林業											0	0	0	0	0.0%	0.0%
		畜産業											0	0	1	1	0.0%	100.0%
		工業	1			2							3	1	1	0	33.3%	33.3%
		建築業	3				1						4	3	0	4	0.0%	57.1%
		運送業											0	0	0	0	0.0%	0.0%
		商・飲食業											0	0	1	1	0.0%	100.0%
		サービス業								1			1	1	1	0	100.0%	100.0%
		文化教育業											0	0	1	1	0.0%	100.0%
		その他	2					2				5	7	2	1	-1	28.6%	16.7%
		合計	84			3	7		1	2	1	6	104					
	全体	農業	574	1	4	7	23	42	16	9	19	4	23	708	134	34	-100	18.9%	5.6%
		林業	1	1									2	1	4	3	50.0%	80.0%
		畜産業											0	0	8	8	0.0%	100.0%
		工業	9			15	3			4		1	32	17	24	7	53.1%	61.5%
		建築業	13				15					3	31	16	48	32	51.6%	76.2%
		運送業						6					6	0	10	10	0.0%	62.5%
		商・飲食業	3				1		17	1			22	5	22	17	22.7%	56.4%
		サービス業	1						5		1		8	3	9	6	37.5%	64.3%
		文化教育業				1					2	2	6	3	3	0	60.0%	60.0%
		その他	7				1	2		2		44	56	12	29	17	21.4%	39.7%
		合計	608	5	8	39	63	16	39	14	5	73	870					

注:寧夏南部山区調査資料より作成、欠損値および無職高齢者は除く

第6章 退耕還林（還草）政策による農村経済への影響

表6-14 2002年残存耕地階層別にみた就業者一人当たりの収入構成

単位:元

残存耕地	給料	家庭経営収入					その他	総収入
		計	農業	林業	牧業	その他		
なし	818.8	544.0	0.0	43.9	283.6	216.6	1032.1	2394.8
	34.2%	22.7%	0.0%	1.8%	11.8%	9.0%	43.1%	100.0%
10ムー未満	1026.2	1433.6	506.0	2.4	263.5	661.7	796.2	3255.9
	31.5%	44.0%	15.5%	0.1%	8.1%	20.3%	24.5%	100.0%
20ムー未満	533.0	1037.4	607.1	33.2	263.4	133.7	562.8	2133.3
	25.0%	48.6%	28.5%	1.6%	12.3%	6.3%	26.4%	100.0%
30ムー未満	409.9	1345.9	792.0	6.0	223.1	324.8	359.1	2115.0
	19.4%	63.6%	37.4%	0.3%	10.6%	15.4%	17.0%	100.0%
30ムー以上	337.9	1144.1	830.3	9.9	204.0	99.9	264.6	1746.6
	19.3%	65.5%	47.5%	0.6%	11.7%	5.7%	15.1%	100.0%
合計	629.1	1182.6	604.2	17.1	248.5	312.8	575.2	2387.0
	26.4%	49.5%	25.3%	0.7%	10.4%	13.1%	24.1%	100.0%

注：寧夏南部山区調査資料より作成

る各収入の割合を示したものが表6-14である。

　これをみると、残存耕地面積が少なくなるほど農業収入の額、割合とも減少している。残存耕地のない階層では農業収入が全くなくなっている。一方、表6-13で指摘したように農業を主業としているものがかなりの人数存在している。その理由として、一つは自給的な草栽培をする場合があるだろう。また公ではない耕地の存在があるとも考えられる。ただいずれの場合も小規模で自給的生産に過ぎないと予想される。

　農業収入の減少に伴い、家庭経営収入全体も残存耕地面積の少ない階層ほど総収入に対する割合は減少している。しかし、畜産業からの収入は全ての階層で総収入の10%前後と一定の割合を占めているが、収入額では残存耕地面積の少ない階層ほど高くなっている。表6-13では、畜産業を主業としている者が残存耕地のない世帯に多かったが、これは耕地から草地への退耕により容易かつ豊富に飼料が得られるようになり、当該地域での理想モデルのひとつ[10]である草栽培と畜産業との複合的経営が形成されつつあると考えられる。また林業収入も林業を主業としている者のいる残存耕地のない世帯と10ムー以上20ムー未満の階層が割合・額ともに突出している。

　給料すなわち雇われ収入の総収入に対する割合は、残存耕地の少ない階層ほど高くなっている。耕地が少ないことで、農外産業への従事が進

んでいることによると考えられる。食料生産の耕地と比べ林地・草地維持の労働時間は僅かなので、主業の変化とともに副業的にも他産業へ従事可能になるためと考えられる。

給料収入と家庭経営収入以外のその他の収入をみると、残存耕地が少ない階層になるに従い割合・額ともに増加している。これは退耕による補助金によるものが大きいと思われる。

合計値を2000年時点の収入構成である表6-3の合計値と比較すると、農・林・牧畜業以外の家庭経営収入の増加が目立つ。給料収入と牧畜業収入も増加しているが割合では減少している。また、残存耕地の少ない階層ほど「その他」の収入(退耕還林実施に伴う補助金、地域外出稼者による仕送り等)が著しく増加している。

4) 教育段階の別による変化

就業者の教育段階による主業の移動を表したものが表6-15である。全体を概観して、高学歴階層ほど転出入が激しく行われており、非識字階層ほど固定的であることがわかる。

教育段階の低いものほど農業からの転出割合が少なくなっている。農業以外の産業に従事するには識字能力など最低限の学力が必要であるため、農業以外に就業の選択肢がなかったと考えられる。そのため、教育段階の低い階層ほど林業・畜産業といった家庭経営産業への主業移動がみられる。また林業・畜産業は規模の違いはあれ、多くの農家世帯員が日常の経験から、比較的容易に主業とすることが出来たと思われる。

そのような中で、工業、建築業さらに商・飲食業は低学歴階層であっても転入がみられる。表6-6でもみたように、2000年時点では非識字階層は農業以外の産業を主業としているものはきわめて少なかった。特に建設業に従事していたものは1人しかなく、それが2002年には8人に増加している。西部大開発による建設作業の増加によって、地方における単純労働力の需要が大きく高まったことがその要因であろう。ただし工業、建築業は転出入が激しく、一時的な就業形態である場合が多いと思われる。

第6章 退耕還林（還草）政策による農村経済への影響

表6-15 教育段階による主業の産業間移動

単位：人

		家族員の主業2002年										増減数(2000年→2002年)			転出割合	転入割合
		農業	林業	畜産業	工業	建築業	運送業	商・飲食業	サービス業	文化教育業	その他	合計	転出	転入	増減		
家族員の主業2000年																	
非識字	農業	190		3	4	7		3			10	217	27	3	-24	12.4%	1.6%
	林業											0	0	0	0	0.0%	0.0%
	畜産業											0	0	3	3	0.0%	100.0%
	工業	1			1				1		1	4	3	4	1	75.0%	80.0%
	建築業										1	1	1	8	7	100.0%	100.0%
	運送業											0	0	0	0	0.0%	0.0%
	商・飲食業							3				3	0	3	3	0.0%	50.0%
	サービス業											0	0	1	1	0.0%	100.0%
	文化教育業											0	0	0	0	0.0%	0.0%
	その他	2				1					32	35	3	12	9	8.6%	27.3%
	合計	193		3	5	8		6	1		44	260					
小学卒	農業	212	4	3	7	15	4	8	1		7	261	49	11	-38	18.8%	4.9%
	林業											0	0	4	4	0.0%	100.0%
	畜産業											0	0	4	4	0.0%	100.0%
	工業	2			1	1			1			5	4	7	3	80.0%	87.5%
	建築業	6				9					1	16	7	16	9	43.8%	64.0%
	運送業						1					1	0	4	4	0.0%	80.0%
	商・飲食業	1						3				4	1	9	8	25.0%	75.0%
	サービス業								1			1	0	2	2	0.0%	66.7%
	文化教育業									1		1	0	0	0	0.0%	0.0%
	その他	2		1				1			4	8	4	8	4	50.0%	66.7%
	合計	223	4	4	8	25	5	12	3	1	12	297					
初級中学卒	農業	125		1	9	13	5	5	2	1	5	166	41	14	-27	24.7%	10.1%
	林業	1	1									2	1	0	-1	50.0%	0.0%
	畜産業											0	0	1	1	0.0%	100.0%
	工業	4			11	2			2			19	8	10	2	42.1%	47.6%
	建築業	4				5						9	4	15	11	44.4%	75.0%
	運送業						5					5	0	5	5	0.0%	50.0%
	商・飲食業	2						9	1			12	3	6	3	25.0%	40.0%
	サービス業	1						1	3	1		6	3	5	2	50.0%	62.5%
	文化教育業				1							1	1	2	1	100.0%	50.0%
	その他	2									5	7	2	5	3	28.6%	50.0%
	合計	139	1	1	21	20	10	15	8	2	10	227					
高級中学卒以上	農業	46			3	7	1	3	1	1		63	17	6	-11	27.0%	11.5%
	林業											0	0	0	0	0.0%	0.0%
	畜産業											0	0	0	0	0.0%	0.0%
	工業	2			2							4	2	3	1	50.0%	60.0%
	建築業	3			1	1					1	5	4	9	5	80.0%	90.0%
	運送業											0	0	1	1	0.0%	100.0%
	商・飲食業					1		2				3	1	4	3	33.3%	66.7%
	サービス業								1			1	0	1	1	0.0%	50.0%
	文化教育業	1								2		3	2	1	-1	66.7%	50.0%
	その他	1			1	1		1			3	6	3	4	1	50.0%	57.1%
	合計	52			5	10	1	6	2	2	7	85					
全体	農業	573	4	7	23	42	10	19	4	2	23	707	134	34	-100	19.0%	5.6%
	林業	1	1									2	1	4	3	50.0%	80.0%
	畜産業											0	0	8	8	0.0%	100.0%
	工業	9			15	3			4		1	32	17	24	7	53.1%	61.5%
	建築業	13			1	15					3	31	16	48	32	51.6%	76.2%
	運送業						6					6	0	10	10	0.0%	62.5%
	商・飲食業	3				1		17	1			22	5	22	17	22.7%	56.4%
	サービス業	1						1	5	1		8	3	9	6	37.5%	64.3%
	文化教育業	1			1					2		5	3	3	0	60.0%	60.0%
	その他	7		1		2		2			44	56	12	29	17	21.4%	39.7%
	合計	607	5	8	39	63	16	39	14	5	73	869					

注：寧夏南部山区調査資料より作成、欠損値および無職高齢者は除く

また高学歴階層になるほど農業からの転出が高まるとともに農業への転入割合も高くなっている。これは元々2000年時点での農外産業への従事が多かったため、相対的に高まっている面も考えられるが、地域によっては高付加価値の施設農業などを始めた事例もある。

3　退耕還林（還草）政策の評価と今後の農村経済形成の条件

　調査開始時点で、圧倒的大多数の就業者が農業を主業としていたが、退耕還林（還草）政策が開始されてからの調査期間三ヵ年中に農業からの転出が大きく進行した。退耕還林（還草）政策も、農業からの転出を加速させ、産業構造をシフトさせる契機となったことに間違いないだろう。

　しかしその一方で、退耕農家と非退耕農家との間に大きな主業移動の差が見られないことから、十分な現金と食糧による補償が、他産業への主業移動を抑制していることも想像される。退耕前耕地の生産可能量を上回る補償は、退耕実施へのインセンティブを高めるであろうが、その実施期間中、退耕によって出来た林・草地の管理・維持を行っていれば、新たに就労しなくとも以前の生活より豊かになるということであり、発生する余剰労働力を直ちに活用する必要性はない。

　また、退耕によって発生する余剰労働力の受け入れ先が必要となるが、多くが教育を受ける機会に恵まれなかった人々であり、他産業へ従事するための知識や技術が不足している。ただ現状では、西部大開発によるインフラ整備がそうした単純労働力の受け皿としての役割を果たしている。しかし、これは暫定的な就業形態であり、当該地域はもともと農業を中心にした複合的な就業構造であることから、一時的に農外就業の比重が高まっただけであるとも考えられる。

　したがって、現時点までの退耕還林（還草）の一定の成功は、食糧・現金による補償と、発生した余剰労働力が近隣地方都市のインフラ整備に一時的に吸収されることよって維持されているといえる。しかし、インフラ整備による公共事業への依存では持続可能な産業構造は形成され

ない。補償やインフラ整備が終わるまでの間に、新たな産業を育てるとともに農民労働者の職業教育を行うことが重要となる。

　退耕後の林地・草地等の土地産物は農民が利用できるため、林地・草地の維持という面から見ても、退耕によって形成された林地・草地による土地利用型産業の発展が、最も安定的であると考えられる。まだ僅かではあるが、調査期間内においても林業や畜産業を主業とする者が出現している。林業では果樹生産によるものであり、畜産業では、草地からの飼料供給による近代的な舎飼いによるものである。とくに草生産と畜産との複合経営は当地域の優位産業としての期待が大きいと考えられる。

　聞取り調査の際には、希望する主業産業として、多くの農家が運送業と畜産業を挙げた。最も簡単に収入を上げられる産業として当地域では運送業が挙げられ、現段階では他の二次・三次産業の目立った発展はないようである。また、畜産業は当地の優位産業として奨励されている。しかし、運送・畜産ともに、まとまった初期投資を必要とし、全ての農家が参入できるわけではない。農民が融資を受けやすいマイクロファイナンスなどの制度が必要であろう。

　農村内部の産業構造を変革するとともに、多くの労働力の農業から他産業へのスムーズな移行を推進するために、農民の教育、とくに環境教育と技術教育が必要であろう。これによって、より高次の産業への就業が可能になる。同時に、地域資源を活用した農民自らが内発的に考え実施する発展経路も可能になるだろう。

　長期的には、退耕還林政策により還林・還草された山野と健全化した残存農地がもつ生産性は向上すると考えられる。この土地生産性の向上と、減少が予想される農業人口により、一人当たりの農業所得も大きく増加するであろう。適当な農業人口、土地に対する収奪の少ない農業生産方法、および在村で非農業に従事する適度な農村人口を保ちながら、持続可能な農村経済を築いていくことが求められるのである。

注及び参考・引用文献

1) 以降、寧夏南部山区調査と呼ぶ。データの矛盾・欠損値に関して、当該地域は市場経済化の遅れている内陸地域であり、収支、特に生計に要する費用と自営に要する費用を分類する習慣が形成されていないこと、中国は広大な面積を有しているため公式な所有地以外にも占有している土地が存在すること、調査時点での調査項目に対する諸定義が曖昧なままであったことなどが原因であると考えられる。
2) 中華人民共和国国家統計局 HP　http://www.stats.gov.cn/　「2004年中国农村贫困状况监测公报」
3) 蘇東海は寧夏南部山区農村での計画出産に対する養老保険制度など各社会保障制度の必要性を指摘している。苏东海「论建立宁南山区农村计划生育社会保障制度」『寧夏社会科学』2002年9月　第5期 p.56~p.61
4) イスラム教の導師
5) 高桂英・王广金「生态重建与后续产业培育」『寧夏社会科学』2004年3月第2期 p.54～p.59、
6) 「寧夏　統計年鑑2003」より計算。
7) 高桂英、王广金ら多数の学者が南部山区の草生産業と畜産業の結びつきの重要性を指摘している。高桂英・王广金　前掲書。
8) 2005年の調査の際に、ここで言う退耕還林（還草）事業とは異なる畜牧局による退耕還草も行われており、その際、羊の優良種を支給していた。ただし農家調査当時に実施されていたかは未確認である。
9) 向虎・関良基「中国の退耕還林と貧困地域住民」『破壊から再生へ　アジアの森から』2003年、第4章。
10) 高桂英・王广金　前掲書、他。

第7章

寧夏南部山区における定点観測農村調査結果

中林　吉幸

近郊の農家が出店する市街地の果物露店（固原県 2001 年）

はじめに

　寧夏回族自治区南部山区と呼ばれる地域は、中国中央政府が2000年に決定し、実施している西部大開発の対象地域に当たる。同時に、西部乾燥地域にも属し、ここにおいては、退耕還林・荒山造林政策も実施されている。また、この自治区は、中国の中でも最貧困地域であり、ここで検討の対象とする南部の山地地方（南部山区）はその中でも貧困地域である[1]。最近、これら西部地域を総合的に調査した著書『中国の西部開発と持続可能な発展―開発と環境保全の両立をめざして』が公刊された[2]。同書は中国人研究者と日本人研究者によって西部地域を多角的に調査研究しており、一つの到達点を示す著書であろう。ただし、同書で取り扱われている寧夏回族自治区南部山区に関しては、単年度の調査にとどまっている。

　南部山区地域に関しては、すでに1990年に島根大学の研究者グループによって同じ集落の同じ農家を対象にしてアンケート調査を利用した農家経済調査が実施されている。この地域で、3つの地域の同じ集落の同じ世帯を15年間に渡り、定期的に調査しているのは本調査以外にない。そういう点で、この調査結果は非常に貴重なものである[3]。

　ここでの目的は2005年に行った寧夏回族自治区南部山区の3つの地域の集落における調査結果を、1998年に行った調査結果と比較して、この7年間の農家経済の変化を跡付けることである。以下では退耕還林・還草、荒山造林政策については分析の対象にしていない。あくまで農家経済調査結果をもとにして、農林業および兼業による所得の動向、そして家計支出の動向を検討する。

　具体的な考察方法として、1．調査農家における所得の変化と、2．それを具体的に表現していると考えられる耐久消費財の所有構造について、二つの時期の調査結果を比較検討する。

第7章　寧夏南部山区における定点観測農村調査結果

1　調査方法

（1）調査時期
　調査は05年9月中・下旬に、筆者を含む日本人のグループが15戸を調査した。残りの98戸については寧夏大学の研究者に調査を依頼し、11月にアンケート用紙を受け取った。

（2）調査対象地域
　調査対象地域は、中国寧夏回族自治区南部山区の以下の3つの地域である。すなわち、3つの地域の中では一番黄河に近く、北に位置する同心県城美郷小山村集落、首都である銀川市から南西に位置する海原県高台郷白河集落、そして南部に位置し、銀川市から一番遠隔の地に位置する固原県七営郷上堡集落の3つである。

（3）比較対象農家戸数
　05年に調査した農家戸数は、同心県が36戸、海原県が39戸、固原県が38戸、合計で113戸である。98年には同心県が30戸、海原県が29戸、固原県が32戸、合計で91戸であった。この合計の差の原因は、90年に調査をして98年には調査しなかった農家を05年に改めて調査対象農家として含めたからである（逆に90年には調査対象でなかったが98年に調査対象となった農家もある）。
　98年と05年とを比較するに際して、比較の対象とした農家戸数は以下の通りである。基本的に98年に調査対象となった農家を比較の対象とした。従って、98年以降に引越し等で不在化した農家は98年ではデータが存在していても比較の対象からは外してある。

（4）データ作成に際して施した措置
1．調査期間において転居、非農家化した場合はその世帯を除外してある。

2．婚姻費用、婚姻持参金、医療費、葬儀費などに関して、家計費のなかでの割合が大きすぎる金額は集落の平均程度に修正してある。農業経費、兼業経費については大きくてもそのままにしてある。
3．兼業の場合、仕入れに際して費用がかかるが、多くの場合、農民の回答にはそれらの費用が入っていない。例えば、靴販売業において、仕入れ額はほとんど回答されていない。その場合は申告どおりに計算している。
4．自家で生産された食料の自家消費分はここでは販売額に参入していない。従って、以下のデータでは食料の自家消費分が入っていないことを考慮願いたい。飼料については、面積は申告されているが、生産量（重量）を申告している農家はごくわずかである。申告している農家については、生産量に平均価格をかけて算出してある。
5．税金は、農業税以外は、兼業がある場合は兼業に対する税として処理した。
6．97年の同心県集落のある農家（A28番）では父親と息子2人の外食経費が月500元となっているが、それが経費に含まれているのか、家計費の食費の中に含まれているのかが判然としない。ここでは兼業の純益が答えられているので、あえて家計費から差し引くことはしなかった。この月500元が家計費に含まれている可能性は排除できない。その場合には二重計算になっている可能性がある。
7．野菜販売の場合、自家栽培分を販売しているのか、仕入れて販売しているのかが不明であるが、この地域の農業生産の性格を考えて、自家栽培したものを販売しているとみなした。
8．89年調査については、住居費・臨時経費は500元、その他は900元を越える部分を除去した。これを基準にしたのはおよそこの辺が平均を少し超えるところだからである。

2　3つの地域における7年間の収入の変化

（1）同心県小山村集落

まず同心県小山村集落について。表7-1の98年に調査した97年に関する同心県小山村集落の「農家所得」と、表7-2の05年に調査した04年に関する同じ集落の世帯平均の収支を表したものである。この2つの表を比較すると、05年に関して、「農産物販売額」、「兼業収入」、「その他収入」がすべて増加している。「農業・兼業経費」は1.5倍へとかなりの増加を示している。そこで「農家所得」はわずかに5％増加している。これに対して「家計費支出」は1.38倍に増加している。97年と比較すると、家計に余裕がなくなっているといっていい。

　収入合計を100とした（経費を除いていない）収入源の割合を見ると、97年と04年とでは以下のようになっている。97年では「農産物販売額」が38.8％、「兼業収入」が55.8％、「その他の収入」が5.5％である。04年ではそれぞれ39.4％、54.8％、5.8％になっている。比率的にはほとんど変わっていない。

　ところで、この集落では90年にも同じ世帯について同じ調査を行っており、それによれば、97年には所得の大幅な増加が見られ、他の地域の所得の停滞的な傾向に対して明確な違いが見られた。そういう意味では04年に関する調査からは、この地域における農家所得の停滞傾向が確認される。それは97年から04年にかけての一人当りの「農家所得」の減少に表れている。

表7-1　同心県小山村97年収入支出（農業収入は自家消費分、自給飼料分を除く）

単位:元

	農産物販売額	兼業収入	その他収入	収入計	農業・兼業経費	農家所得(n)	家計支出(k)	家族数	1人当たり農家所得
平均	7,584.9	10,911.5	1,073.2	19,569.6	6,345.9	13,223.7	6,744.4	5.3	2,485.0
比率(%)	38.8	55.8	5.5	100.0					

表7-2　2004年同心県小山集落収支（自家消費食料・自給飼料を除く）

単位:元

	農産物販売額	兼業収入	その他所得	収入合計	農業・兼業経費	農家所得	家計支出計	家族数	1人当たり農家所得
平均	9,122.4	12,703.6	1,350.9	23,176.8	9,301.4	13,875.4	9,312.9	6.4	2,158.4
比率(%)	39.4	54.8	5.8	100.0					

注：a5、a8は引っ越しして居なくなった。

(2) 海原県白河集落

　次に海原県白河集落について。表7-3、表7-4の「平均」を比較すると次のことがわかる。すなわち、「農産物販売額」が97年に比べて04年には1.6倍へと大幅に増えている。「兼業収入」は1.7倍へとこれも大幅に増えている。「その他の収入」は4.8倍に増加している。その結果、「収入合計」では1.8倍へとかなりの増大を示している。これに対して「農業・兼業経費」は0.75倍に減少している。「農家所得」は4.2倍へと激増している。「家計支出」については97年に比べて04年には1.5倍に増えている。

　「収入計」を100とした所得源の割合を見ると、「農産物販売額」の比率が5.8%減少し、「兼業収入」の割合も2.2%減少している。これに対して「その他の収入」が8.0%増えている。

　この集落に関しては98年の調査では、89年と比較して3つの地域の中で最も所得の伸びが低く、兼業収入も少なかった。最も貧しい地域であった。それが「農産物販売額」と「兼業収入」そして「その他の収入」の増加の結果、「収入合計」が大きく増加し、「農業・兼業経費」が減少していることによって、「農家所得」も大幅に増加している。それでも世帯当たりの「農家所得」は同心県小山集落の半額以下である。1人当たり農家所得で比較すると、海原県では同心県の59%の水準にある。

(3) 固原県上堡集落

　最後に固原県上堡集落について。表7-5、表7-6の「平均」を比較すると次のことがわかる。すなわち、「農産物販売額」については97年に比べてわずかに増加している。これに対して「兼業収入」に関しては1.6倍へとかなり増加している。「その他収入」に関しては1.8倍に増えている。この結果、「収入合計」は1.4倍へとかなりの増加を示している。「農業・兼業経費」は1.1倍へとわずかに増加している。「農家所得」に関しては1.7倍へとかなりの増加を示している。「家計支出」に関しては1.1倍へと若干の増加を示している。

　収入計を100とした比較では、「農産物販売額」は38.9%から

第7章 寧夏南部山区における定点観測農村調査結果

表7-3 海原県97年収支（自家消費食料・自給飼料を除く）

単位：元

	農産物販売額	兼業収入	その他所得	収入合計	農業・兼業経費	農家所得	家計支出	余剰	家族数	1人当たり農家所得
平均	2,616.5	2,202.4	251.9	5,070.8	3,493.7	1,577.2	3,317.8	-1,740.6	5.7	279.0
比率(%)	51.6	43.4	5.0	100.0						

表7-4 海原県白河集落2005年（自家消費を含まない）

単位：元

	農産物販売額	兼業収入	その他収入	収入合計	農業・兼業経費	農家所得	家計支出	家族数	1人当たり農家所得
平均	4,246.2	3,819.2	1,200.0	9,265.4	2,625.3	6,640.0	4,833.3	5.2	1,278.8
比率(%)	45.8	41.2	13.0	100.0					

表7-5 固原県上堡集落97年収入支出（自家消費・自給飼料を除く）

単位：元

	農産物販売額	兼業収入	その他収入	収入計	農業・兼業経費	農家所得(n)	家計支出(k)	家族数	1人当たり農家所得
平均	3,863.0	5,285.9	784.3	9,933.2	4,078.6	5,854.6	6,227.1	5.7	1,031.0
比率(%)	38.9	53.2	7.9	100.0					

表7-6 2004年固原県北咀集落収支（自家消費食料を含まない）

単位：元

	農産物販売額	兼業収入	その他収入	収入合計	農業・兼業経費	農家所得	家計支出計	家族数	1人当たり農家所得
平均	3,989.7	8,700.0	1,380.5	14,070.2	4,365.2	9,705.0	6,793.1	5.6	1,719.9
比率(%)	28.4	61.8	9.8	100.0					

28.4％へとかなり比率を下げている。これに対して「兼業収入」は97年の53.2％から04年の61.8％へとかなりの増加を見せている。「その他の収入」は7.9％から9.8％に増加している。

この集落は98年と90年の調査の比較の結果からは所得水準としては同心県と海原県との中間に位置していた。05年の調査からは、「収入合計」がかなり伸びていまや同心県小山村集落のおよそ61.8になっている。「農家所得」の水準としては同心県の69％の水準にとどまるが、海原県をかなり上回っている。一人当たり農家所得に関しては、97年に比べて04年には1.7倍に増えている。これは同心県のそれの79％に当たる。

3 耐久消費財の普及

(1) 同心県小山村集落

　表7-7は98年と05年における小山村集落の耐久消費財の普及状況を示している。この表から次のことを読み取ることが出来る。
　まず、冷蔵庫、洗濯機、バイク（オートバイ）、固定電話および携帯電話に関して、その世帯への普及率の高まりが確認される。テレビと自転車は1戸に1台以上普及している。電話の普及には目を見張るものがある。特に携帯電話の普及が目覚しい。

(2) 海原県白河集落

　表7-8は98年と05年における海原県白河集落の耐久消費財の普及状況を示している。この集落に関しては98年調査時には無かったものが保有されるようになっていることが特徴である。例えば、冷蔵庫、洗濯機、固定電話・携帯電話は以前にはまったく保有されていなかったのが、05年にはかなり普及するようになっている。バイクは3戸に1戸程度に普及している。電話の普及率は固定、携帯ともに5戸に1戸程度の割合である。テレビの普及率は100%に達していない。自転車に関しては普及率がかなり低下している。

(3) 固原県上堡集落

　表7-9は98年と05年における固原県上堡集落での耐久消費財の普及状況を表している。この表から以下のことがわかる。まず、洗濯機、バイク、固定電話・携帯電話の普及率がかなり高い。テレビと自転車は1戸に1台以上普及している。冷蔵庫の普及はそれほど進んでいない。固定・携帯電話の普及状況には目を見張るものがある。

表7-7 98・05年同心県小山村集落耐久消費財普及状況比較

項目	冷蔵庫	洗濯機	テレビ	バイク	自転車	固定電話	携帯電話
1998年保有数合計	3	16	31	17	52	8	0
2005年保有数合計	13	23	39	28	41	24	23
1998年世帯普及割合(%)	10.7	57.1	110.7	60.7	185.7	28.6	0.0
2005年世帯普及割合(%)	46.4	82.1	139.3	100.0	146.4	85.7	82.1

表7-8 98・05年海原県白河耐久消費財普及状況比較

項目	冷蔵庫	洗濯機	テレビ	バイク	自転車	固定電話	携帯電話
1997年保有数合計	0	0	21	3	30	0	0
2005年保有数合計	4	7	23	10	7	6	6
1997年世帯普及割合(%)	0.0	0.0	77.8	11.1	111.1	0.0	0.0
2005年世帯普及割合(%)	14.8	25.9	85.2	37.0	25.9	22.2	22.2

表7-9 98・05年固原県上堡集落耐久消費財普及状況比較

項目	冷蔵庫[1]	洗濯機	テレビ	バイク	自転車	固定電話	携帯電話
1998年保有数合計	1	9	36	5	51	1	0
2005年保有数合計	4/1(店舗用)	19	39	21	38	29	22
1998年世帯普及割合(%)	3.2	29.0	116.1	16.1	164.5	3.2	0.0
2005年世帯普及割合(%)	12.9	61.3	125.8	67.7	122.6	93.5	71.0

注:店舗用冷蔵庫は計算から除外してある。

おわりに

　以上では、寧夏回族自治区南部山区(山地)の3地域での98年と05年の間の動きを、収支状況および耐久消費財保有状況から跡付けた。そこから判ったことは以下の通りである。

　まず、収支状況、言い換えれば農家経済の動向に関して。自治区の首都である銀川市に一番近く、かつ黄河に近い(つまり黄河からの灌漑用水を容易に引きうる)。同心県小山村での農家経済の動向では、所得の停滞傾向が見られた。ただし、3つの集落のなかでは依然として農家所得が一番大きい。世帯平均での家計支出は増加している。この所得の停滞の原因であるが、04年8月にこの村の村長から聞いたところでは、

かつての農家の庭で果樹を栽培・販売して大きな収益を上げていた「庭園経済」は、今では他の地域でも栽培・販売を行うようになり、品種の競争が非常に激しく、販売が難しくなった。それに対して農家では特別の技術もないしコストもかけていない。一生懸命に農業生産を行っている農家は世帯総数のうちで10％もいない。そういう熱心な農民は出稼ぎに行かない。品種を変えたり、換金作物の代表になったトウモロコシも作っているということであった。したがって、「庭園経済」は無くなったというのである。今回調査した農家経済からは、まさにそれがはっきりと出ていることになる。

　海原県白河集落では農家所得がこの7年間に大幅に増加している。農産物販売額、兼業収入、その他の収入がすべて増えたのがその要因である。それにもかかわらず、同心県小山村集落の農家所得水準の半分以下（46％）の水準である。04年に村長から聞き取りをした際には、灌漑用水および飲料水に関して以前とほとんど変化が無いということであった。黄河から灌漑用水も引いていないし、井戸もあまり無いということである。この村では水が不足しているので、他の地域からの水を利用している。その料金はかなり高いということであった。したがって農地のなかで灌漑地は20％にとどまっている。98年の調査では灌漑率は15.8％であったので、さほど灌漑率は上がっていない。

　固原県上堡集落における農家経済の変化の特徴は、農業販売額はほとんど変化がないが、兼業収入がこの間に1.6倍に増加していることである。農業・兼業経費は若干増えている。農家所得の伸びは1.7倍とかなり増加している。これは、海原県白河集落の農家所得水準をかなり上回っているが、同心県小山村集落の農家所得水準には達していない。04年に村長から聞き取りを行ったが、ここでは96年から自治区政府が灌漑用水確保のためのプロジェクトを実施し、その結果、現在では農地のすべてが灌漑地になったということであった（7年前の調査では50.9％であった）。7年前の調査でここではすでに黄河から灌漑用水を引いて使用しているということであったが、それに加えてこのプロジェクトの実施により、灌漑設備が整ったことになる。この灌漑施設の整備こそが

農業生産力を上昇させ、それに基づいて兼業所得がかなり大幅に増えたのではないかと思われる。

以上で検討した農家経済と密接に関連していると思われるのが、耐久消費財の普及である。耐久消費財が普及することが「豊かさ」の指標であるとは必ずしも言えないが、それらを手に入れられるということは、それだけ貨幣を獲得できていることになる。商品経済が確実に浸透しているということになる。格差はあるものの、3つの集落ともに各種耐久消費財が着実に普及している。特に同心県小山村集落では農家所得の伸び悩みにもかかわらず、耐久消費財は着実に普及率を増加させている。ここでは洗濯機があるのが普通であり、電話の普及率も固定・携帯ともに8割を超えている。

これに対して海原県白河集落では普及状況は3つの地域の中では一番遅れている。ここではテレビも全戸に普及していない。電話も固定・携帯ともに2割を超えた水準である。

固原県上堡集落では洗濯機、バイクを所有するのが当たり前の状況になりつつある。電話に関しても、7年前と比較すると大幅に増加し、普及率も固定で90%を超え、携帯電話で70%を超えている。

以上のように、この7年間において3つの地域の農家経済にはかなりの変化が生じている。特に同心県小山村集落では、他地域との競争の激化によって「庭園経済」が崩壊し、所得が伸び悩んでいる。これに対して、固原県上堡集落では兼業所得が増加して、耐久消費財の普及が目覚しい。他方、海原県白河集落でも農家所得は増加している。ここでは農産物販売額、兼業収入ともに増加している。しかし灌漑設備の進展が進まないこともあってか、所得の水準としては3つの地域で一番低い状態に留まっている。そこで耐久消費財の普及も3つの地域の中では一番遅れている。

それにもかかわらず、3つの地域に共通しているのが「家計支出」の増加である。すなわち商品経済が3つの地域に確実に浸透している。中国では東部地域、すなわち沿岸地域における経済発展が目覚しいが、経済発展の影響は開発の後れた西部地域の一部であるこの寧夏回族自治

区内の貧困地域である南部の山間地域にも確実に及んでいると考えられる。商品経済化は確実に進展しているが、それは家計費支出の増加に表れている。それは兼業所得の増加とも関わっている。ただし、兼業は今のところいわゆる「雑業」と呼ぶべきものが主流である。製造業での従事者はほとんどいない。多くは、建設業において臨時の従事者として従事していたり、さまざまな移動手段を利用して、さまざまなものを輸送する運輸業に従事している。

ところで、ここではあまり触れなかったが、この南部山区においては、自治区政府が貧困撲滅のために人口抑制策を実施してきた。しかし、現実には98年調査と05年調査とを比較すると、3つの調査地域ともに、人口は増加し続けている。以上から、この南部山区においてはどうしても農林業以外の雇用の場を創出する必要性がある。その場合、いかなる産業が成立可能であろうか。

まず、中国において今後、国民の所得の上昇が確実に見込まれることから、グリーン・ツーリズム、すなわち農家での農業体験、農家民宿が考えられる。これは持続可能な発展、すなわち環境保護をしながら発展するということであるので望ましいであろう。

もう一つ可能性としてあげられるのが、この自治区に豊富にあるといわれる地下資源を利用した地域振興策である。中国のインターネットのウエッブの資料によれば[4]、石膏、石油、天然ガスはかなりの埋蔵量があるという。その他にも、りん、火打石、金、銅、鉄、賀藍石などの埋蔵物が確認されている。これらの地下資源を、環境破壊を伴うことなく採掘し、自治区内で利用すれば、地域振興の大きな可能性が開ける。

注

1) ウエッブページのフリー百科事典『ウィキペディア (Wikipedia)』の「西部大開発」の項を参照。
2) 参照参考文献 (5) 西川潤・蔡艶芝・潘季。
3) 参照参考文献 (4) 中林吉幸、41-78 頁。
4) China Internet Information Center.

http://www.china.org.cn/japanese/ri-difang/ningxia.htm

参考文献

(1) 長谷川功「中国・黄土高原の砂漠緑化」アジア人口・開発協会『人口と開発』No.60,1997.7.1。

(2) 胡霞『中国寧夏回族自治区における農林業開発に関する研究』京都大学博士論文、1993年。

(3) 片岡直樹「中国の退耕還林製作の法制度」東京経済大学現代法学会誌『現代法学』第7号、2004年3月。

(4) 中林吉幸「中国寧夏回族自治区における農業生産の発展」島根大学法文学部紀要『経済科学論集』第26号、2000年3月。

(5) 西川潤・蔡艶芝・潘季編著『中国の西部開発と持続可能な発展―開発と環境保全の両立をめざして』同友館、2006年10月。

第8章

寧夏の「生態建設」と畜産
──退耕還林・還草施行後のヒツジの栄養状態

藤原　勉
伴　智美
謝　応忠
林田まき

封山禁牧政策後の舎飼いの羊（彭陽県 2003 年）

はじめに

　畜産(畜牧)業はその国の風土と密接な関わりをもって成立している。960万平方キロメートルという広大な国土面積を持ち、地理的・地形学的気候条件も様々であるため、中華人民共和国（中国）における畜産の一般的な状況を一言で語ることは不可能である。
　中国は農牧業に関して長い歴史を持つ国家の一つであり、畜牧業は国民経済にとって重要で、とりわけ農業生産における主要な部門でもある。畜産の基盤である飼料資源、とりわけ草資源（草地）には恵まれており、草地面積は国土総面積の33％を占め、草食家畜生産に相応しい優れた条件を備えている。世界的に見ても中国は家畜の飼養頭羽数の多い国の一つであり、特に豚、馬およびヤギは世界で最も多く、ヒツジおよび牛の飼養頭数でも上位に位置している。また、家畜の飼養管理方式で見ても、広大な国土面積を持ち地理的および気候的条件も様々であることから農耕の近くに位置する舎飼型から放牧型、さらには遊牧方式のものまで様々である。
　中国の畜産状況に関する従前の調査報告の多くは、南西部の水田地帯でのものが主体であり、北部の砂漠地帯や黄河流域を含めたいわゆる北西部の半乾燥地域を対象にしたものは極めて少ない。特に今回の調査対象地域である黄土高原地域は長く未開放地域であったことも原因の一つであるが、畜産のみならず農業生産そのものに関する情報も多くはない現状である。
　今回の調査研究対象である寧夏回族自治区については、十数年前に筆者等の行った放牧ヒツジの栄養状況に関する調査報告のみである（北川ら、1991）。筆者らは、乾燥地農業の中における代表的な草食家畜であるヒツジの位置付けを確認し、それらの農業生産に対する貢献度について検討することを目的に、特にそれらの飼養状況と栄養生理的状態、中でも無機物栄養の状態を把握するため、乾季・雨季における同自治区内での主たる給与粗飼料およびヒツジの血液中無機物含量につい

て調査した（Fujiharaら、1995）。その結果、飼料については全般にモリブデンおよび鉄の含量が比較的高く、リン、亜鉛および銅の含量が不足気味であることが示された。また、ヒツジの血液中では鉄およびマグネシウム含量が若干高い値であったが、全般には標準的な濃度範囲内（McDowell, 1985）であり、特に大きな問題点は見当たらない状況であった。

我々の調査目的は、次のようであった。

中国においては、環境改善と経済発展の同時実現を目指した"西部大開発と退耕還林・還草政策"が1999年に試験実施がなされ、2000年からは全面的に施行された。そのため寧夏回族自治区においても、家畜生産、特に牛・ヒツジの飼養形態が従来の放牧一辺倒から舎内飼育へと大きく転換した。このような行政指導による農業生産体系における急激な変換に先立ち、家畜生産に対する十分な技術的指導が行われていなかったことから、家畜頭数の減少とその生産性の低下が予側される。

筆者等は、1990年代初頭に二度（乾季・雨季）にわたり寧夏回族自治区の南部山区におけるヒツジの栄養状態（特に無機物栄養）および給与飼料の栄養素含量などについて調査を行い、その時点では特に大きな問題は無いことを既に公表した。今回の調査では、放牧から舎内飼育へと飼養形態が大きく転換したことによる、ヒツジの栄養状態への影響を調査した。なお、調査地の詳細については省略するが、概ね前回（北川ら、1991）と同様である。

1 調査の時期および方法

（1）調査の時期
第1回目調査（訪中時期）
　2003年8月25日（月）～9月3日（水）
　（2003年8月27日（水）～9月1日（月）：寧夏回族自治区内滞在）
第2回目調査（訪中時期）

2004年8月8日（日）〜8月18日（水）
（2004年8月10日（火）〜8月16日（月）：寧夏回族自治区内滞在）
第3回目調査（訪中時期）
2005年9月17日（土）〜9月27日（火）（2005年9月19日（月）〜9月25日（日）：寧夏回族自治区内滞在）

（2）調査方法

　全体の調査方法としては前回（1990年）と同様で、自治区内南部山区の既に予備調査の行われている農村を訪問して対象農家の経営内容などの聞き取り調査を行った後、ヒツジの栄養状態に関する調査に協力的な農家において主な給与飼料と血液の試料を採取した。今回も相手側研究者に畜産学（畜牧）の専門家は含まれていないため、通訳者を通して調査研究の内容について農家に理解してもらうという状況であった。飼料はその時点において各農家で給与されている代表的なものを試料として採集し、血液採取は1回の調査で100頭前後を目処に実施した。

　調査用の器具等の搬入については前回と同様であったが、第2回目調査時にはヒツジの無機物栄養の外に血中の代謝物を測定するため、ドライアイスを用いて鮮血試料の日本への持ち込を可能にした。なお、第3回目調査（2005年度）は先方の社会的な状況変化のため、血液試料の国外持ち出し禁止ということから調査は不調に終わり、地域内全般の畜牧の状況あるいは将来の発展方向を目指した施設などを視察したに留まった。

（3）血液・飼料の試料採取場所および日時
　①血液試料の採取
　採血日時・場所
＜2003年8月＞
1．塩地　　：10頭前後飼養の2戸の農家から雌10頭（8月28日午前）
　　　　　　（品種はタンヨウ）
2．塩地　　：20〜30頭飼養の2戸の農家から雌20頭（8月29日午前）

(品種はタンヨウ・カンヨウの雑種)

3．塩地　：20頭飼養の農家から雌10頭（8月29日午後）（品種はタンヨウ・シンキョウの雑種）
4．草苗　：15頭（肉用）飼養の農家から雄7頭、雌3頭；繁殖用15頭飼養農家から若齢（10ヶ月齢以下）雌9頭、雄1頭；5～6頭飼養農家から若齢（3～6ヶ月齢）雌5頭（8月30日午前）（品種はタンヨウ・カンヨウの雑種）
5．王珪　：25頭前後（繁殖用）飼養の農家からカンヨウ種の雌3頭、雄4頭、タンヨウ種の雌5頭、雄3頭（8月30日午後）（品種はタンヨウ・カンヨウ）
6．白陽鎮：30頭前後（繁殖用）飼養の農家から、若齢（10ヶ月齢以下）雌4頭、雄11頭（8月30日午後）（品種はカンヨウ種）

＜2004年8月＞
1．中衛県：20頭前後飼養農家から、成雌8頭、成雄2頭（8月12日午前）（品種は（長染鎮）タンヨウ）
2．同心県：20頭前後（繁殖用）飼養の農家から、成雌9頭、成雄1頭（8月12日午後）（品種タンヨウ種）
3．同心県：20頭前後（肉用）飼養の農家から、成雌10頭（8月12日午後）（品種タンヨウ種）
4．海原県：25頭前後飼養の農家から、明け2～3歳の雌8頭、雄1頭、3ヶ月（清水河）齢雌1頭（8月13日午前）（品種はタンヨウ種）
5．海原県：20頭前後飼養の農家から、3～4ヶ月齢の雄3頭、1～3歳の雌6頭、3ヶ月齢の雄1頭、（8月13日午前）（品種は高産羊（俗名）：タンヨウ種・山東産のヒツジの雑種）
6．海原県：15頭前後飼養の農家から、成雌3頭、若齢雌5頭、若齢雄2頭（8月13日午後）（品種はタンヨウ種・山東産のヒツジの雑種）
7．海原県：15頭前後(繁殖用)飼養の農家から、成雌7頭、成雄3頭、(8月13日午後)（品種はタンヨウ種・山東産のヒツジの雑種）

8．固原市：15頭前後（繁殖用）飼養の農家から、成雌5頭、成雄2頭、3ヶ月齢雌2頭、3ヶ月齢雄1頭（8月14日午前）（品種はタンヨウ種・混山東産のヒツジの雑種）
9．固原市：10頭前後（繁殖用）飼養の農家から、成雌7頭（雑種6頭、タンヨウ種1頭）、成雄3頭（タンヨウ種1頭、雑種2頭）（雑種はタンヨウ種・混山東産のヒツジの雑種）
10．固原市：10頭前後（繁殖用）飼養の農家から、雑種成雌6頭（1頭妊娠中）、若齢雑種雄2頭、若齢雑種1頭、タンヨウ種成雄1頭、（雑種はタンヨウ種・混山東産のヒツジの雑種）

②飼料の試料採取

　今回の調査では、前回と違ってヒツジの飼育農家を訪問して、簡単な聞き取り調査の後、飼養されているヒツジの中から大体各農家から10頭を目処に採血を行った。餌の試料として、その時点で給与されている粗飼料（青草、乾草、ワラ類）と濃厚飼料（雑穀、糠類等）を採取した。

③体重測定・採血方法

　採血対象の各個体を保定した後、体重はバネ計りを用いて0.1キログラム単位で測定した。血液は頚静脈より真空採血管（凝固防止剤溶）を用いて約10ミリリットル採取した。血液試料は採取後直ちに冷蔵状態（アイスボックス内）で血漿分離まで保存した。

④試料の処理および分析方法

　血液は毛細管法によりヘマトクリット値を測定した後、全血1ミリリットルをセレン分析用として10ミリリットル容試験管に採り砂浴(電熱器上で160～180℃に熱した砂)して乾固させ灰化まで保存した。一方、その外の無機物分析用には全血を3,000Gで15分間遠心して得られた血漿1ミリリットルを10ミリリットル容試験管に採取して、セレン分析の場合と同様に乾固した。また、2004年度は無機物以外にホルモンなどの代謝物測定のために鮮血試料を分析に供するため、前年

と同様の容量を全血及び血漿ともにプラスチック製容器に分注した後ドライアイスを用いて凍結状態で日本に持ちかえり、その後も分析まで−80℃で保存した。セレンは濃硝酸および過塩素酸で湿式灰化した後、蛍光光度法（Watkinson, 1999）により全血中濃度を測定した。また、その他の無機物はセレンと同様に湿式灰化した後、高周波誘導プラズマ発光装置（ICPS-2000、島津製作所、京都市）によって血漿中濃度を測定した。分析までの処理・保存方法は2003年度と2004年度で異なったが、分析方法は同様であった。

　なお、血漿中ホルモンや代謝物の測定については、血漿中レプチン濃度をDelavaudら（2000）の方法により、またインスリン濃度をInsulin RIA kit（LINCO　Research Inc.）を用いて行なった。血漿中グルコース、総コレステロール、トリグリセライドおよび尿素態窒素濃度はそれぞれグルコースCⅡテストワコー、コレステロールEテストワコー、トリグリセライドEテストワコーおよび尿素態窒素Bテストワコー（和光純薬株式会社、大阪）を用いて測定を行なった。

　全てのデータについて、統計処理はSAS（Stat View, 1999）を用い、Tukeyの多重比較検定によって有意差検定を行なった。

　飼料サンプルは乾燥してウイレー式ミルにより粉砕後、一般成分についてAOAC法（1990）によって分析した。また、無機物含量については血漿の場合と同様の手順で測定した。

2　調査結果の概要

(1)　聞き取り調査から

　前回（1990年）の調査では、寧夏回族自治区における農業経営の中でのヒツジの地位は、畑作（穀物）主体の農家の副業的なものであるという感じを受けたが、今回は、場合によっては農業生産の主要な部分になりつつあるという印象であった。いわゆる退耕還林・草政策により従来の放牧一辺倒の飼養状態から、全て舎飼いによるヒツジの生産に方向転換したため、それぞれの目的（繁殖・肥育など）に向けた半ば専業的

な飼養状況が見て取れた。このような急激な方向転換は行政指導であるため、羊舎を集落の一定の場所に建設して半ば集団的な飼養状況の地域もあった。そのような場合には、分散した農家の所有する動物を1ヶ所に集めた状況であるため、飼養のための各農家の負担が大きくなり、ヒツジ所有をあきらめたケースも多々あると聞かされた。したがって、以前と比べた確かな統計資料に基づくわけではないが、自治区全体でのヒツジの頭数は明らかに減少しているものと思われる。一方、ヒツジ飼養に好都合な状況にある農家では、肥育などの専業的な方向を目指して積極的に取り組んでいる場合も見られた。このように寧夏回族自治区における現状では、基本的には耕種農業とヒツジの飼養が密接に関連している状況であるが、将来はヒツジ飼養が農業生産の主要な部門として発展し、さらには地域条件を上手く活用した専業的な大規模経営へと成長して行く可能性は十分ある。

（2）飼料の一般成分および無機物含量

飼料のサンプル採取の項で述べたように、今回の調査では血液サンプルを採取した各農家で、その時点で給与されている飼料を採取したが、農家ごとに示すのは煩雑であるので対象とした地域でまとめて示した（表8-1）。

粗飼料の種類を見ると各地域でアルファルファ（生草・乾草）が中心であり、その他ではワラ類（稲・麦）やトウモロコシなど雑穀類の収穫残さ（葉、莢など）と畑の畦畔雑草が多く利用されている状況である。一般成分では、タンパク含量など生育する土壌の肥沃度の差異に起因して若干の変動は見られるが、概して種の特徴は変わらず、教科書的な標準値の範囲内にあることがわかる（表8-2）。補助飼料として給与されている濃厚飼料はトウモロコシおよび雑穀類を粉砕して混合した物が主体である。したがって、成分的には様々で、一般の成分表で見られる標準値とは必ずしも一致しない値も見られる。

飼料中（粗飼料・濃厚飼料）の無機物含量は、地域ごとにまとめて平

第8章 寧夏の「生態建設」と畜産

表8-1 採血した羊の頭数と採取飼料

年	地域		戸数	頭数	飼料
2003	A	東部	4	39	雑草、粉砕トウモロコシ
	B	南部	3	25	雑草、アルファルファ、エンバク
	C	南部	1	14	雑草、アルファルファ、トウモロコシ茎、カラスムギ
	D	南部	1	14	麦ワラ、アルファルファ
2004	E	南部	4	30	雑草、アルファルファ、キビ、麦ワラ、トウモロコシ、ヒマワリ枝
	F	南西部	3	40	アルファルファ、トウモロコシ、アワ、キビ、麦皮、ヒエ
	G	西部	3	30	コーリャン、アルファルファ、ワラ粉砕、麦、トウモロコシ、稲ワラ

A:塩地県　東
B:ソウビョウ　南
C:王洼　南
D:白陽　南
E:固原県　南
F:中衛県　西
G:海原県　南西

表8-2 給与飼料の一般成分含有

	DM(%)	OM(%DM)	CP(%DM)	EE(%DM)
塩地	92.9	87.7	9.2	2.3
ソウビョウ	92.4	90.1	14.6	1.3
王洼	92.8	91.5	12.2	2.7
白陽	93.0	91.8	10.9	1.0
固原	86.4	88.9	14.1	2.0
中衛	85.4	86.7	11.2	1.9
海原	86.6	90.7	21.5	2.8

表8-3 給与飼料中のミネラル濃度

元素名	S	Ca	P	Mg	Cu	Zn	Se
単位	(%DM)				(μg/gDM)		(ng/gDM)
要求量*	0.16-0.32	0.21-0.52	0.16-0.37	0.05-0.25	4.0-10	35.0-50	50-300
A	0.2	1.11	0.19	0.39	16.7	31.1	69
B	0.27	1.58	0.23	0.39	23.4	50.3	150
C	0.23	0.87	0.21	0.24	23	34.1	111
D	0.21	1.42	0.11	0.2	14.9	18.9	76
E	0.24	1.2	0.2	0.34	13	35.5	76
F	0.32	0.99	0.56	0.4	17.3	69.9	125
G	0.38	0.72	0.31	0.59	10.7	44.2	97
平均	0.26	1.13	0.26	0.36	17	40.6	101
標準誤差	0.02	0.11	0.05	0.05	1.8	6.2	11

＊：McDowell (1985)

均値として表8-3に示した。

　表中に要求量（推奨値）として、反芻動物に給与される飼料中に含まれていることが望ましい各無機物の量（範囲：乾物当たり%）を示した。多量元素では、硫黄（S）と燐（P）の含量はほとんどの地域の飼料中で要求量を満たしており、極端な過不足の状況は見られなかった。一方、カルシウム（Ca）含量は全ての地域で要求量の2倍以上の値であり、マグネシウム（Mg）含量はD地区で要求量を下回り、F地区ではやや要求量を上回っていた。微量元素では、銅（Cu）含量は全ての地区において推奨値を上回っていた。亜鉛（Zn）含量は、BおよびF地区では要求量を若干上回り、A、CおよびD地区では要求量を下回る値であった。セレニウム（Se）含量は、要求量としての範囲が広いということもあるが、調査した全地区でその範囲内の値であった。これらの結果から、標準的な要求量の範囲を全ての地区で上回っていたCaとCuについても著しい生理的な障害が現われるほどではなく、全体的に給与飼料中の無機物含量としては特段の問題はないことが明らかである。しかし、Cuについては、それぞれの地区において全ての草種・穀類の含量が高濃度であることは考えられず、さらに、それぞれの牧草や穀類について細かい調査が必要であろう。前回の調査で得られた結果では、マメ科(エンドウ殻)飼料や原野草では、それだけを与えつづけると中毒症状を引き起こす可能性のあるほど、高濃度のCaを含んでいたが、麦ワラ類のCa含量は推奨値を下回っており、雑穀類の茎葉の濃度はそれほど高くないものと思われる。また、Cu含量もワラ類や原野草でいずれも推奨値を下回る値であり、今回得られた高濃度は濃厚飼料（穀類）の値を含めた平均値であることによるものであろうと思われる。

（3）ヒツジの血中ホルモン・代謝物濃度

　血液試料を採取した3地域におけるヒツジの平均年齢はほぼ同じ値になり、固原県で2.16、中衛県で2.05、海原県で1.70であった（表8-4）。

　調査したヒツジの体重は12〜72キログラムの範囲にあり、固原県

のヒツジが中衛県に比べて有意に高かったが（p＜0.05）、海原県のヒツジは固原県および中衛県のそれらと比べて有意な差は認められなかった。ヘマトクリット値も体重と同様に固原県のヒツジが最も高く、中衛県のヒツジが最も低かった。表8-5に示したように体重が45キログラム以上のヒツジはそれ以下のヒツジに比べて有意に高い値（p＜0.05）を示しており、ヒツジの体重や年齢がヘマトクリット値に影響しているかもしれない。しかし、調査を行ったすべてのヒツジでヘマトクリット値に異常値は認められず、正常範囲内であった。また、寧夏回族自治区において1990年に、放牧しているヒツジのヘマトクリット値が報告されているが、それらと今回得られた値は同様であった（Fujiharaら、1995）。

　血漿中のレプチン濃度は、固原県と海原県のヒツジと比べて中衛県のヒツジは低い値を示したが、有意な差は認められなかった。血漿中レプチン濃度は1.3〜9.4 ng/mlの範囲にあった。レプチンは主に脂肪細胞から分泌されるホルモンであり（Andrews, 1998）、血漿中のレプチン濃度は体脂肪量や体重と正の相関を示すことが報告されている（Considineら、1997）。本調査においても、表8-2に示したように体重が重い個体ほど血漿中レプチン濃度は高くなり、体重と有意な正の相関（p＜0.0001, r=0.48）を示した。また、我々のこれまでの研究では、交雑種（サフォーク種×コリデール種）ヒツジの生後2〜6ヶ月齢時での血漿中レプチン濃度は5〜10 ng/mlであった（Tokudaら、2003）。しかし、本調査での血漿中レプチン濃度は1歳未満のヒツジで平均値は2.79±0.78 ng/mlを示し、日本のヒツジと比べて低い値であった。寧夏回族自治区のヒツジの飼料は雑草やアルファルファなどの粗飼料や麦ワラ、稲ワラ、ヒマワリの茎部などの農業副産物を主として給与しているため、飼料中のエネルギー含量が低い可能性があり、その結果体脂肪の蓄積が低いことが考えられる。血漿中のインスリン濃度は中衛県が最も低く、固原県と海原県とはほぼ同じ値であったが、地域間に有意な差は認められなかった。また、測定限界値以下のヒツジも何頭かみられ、全体的に濃度は低かった。血漿中レプチン濃度と同様にイ

表8-4 固原県、中衛県および海原県における血液を採取したヒツジの年齢、体重、ヘマトクリット値、血漿中のホルモンおよび代謝性物質濃度

地域	固原		中衛		海原	
年齢(才)	2.16	± 0.42 [1]	2.05	± 0.11	1.70	± 0.25
体重(kg)	39.00 [a]	± 2.83	28.20 [b]	± 0.84	34.18 [ab]	± 1.84
ヘマトクリット値(%)	34.83 [a]	± 0.69	31.73 [b]	± 0.55	33.38 [ab]	± 0.54
血漿中レプチン濃度(ng/ml)	3.50	± 0.31	3.15	± 0.2	4.08	± 0.41
血漿中インスリン濃度(ng/ml)	0.41	± 0.07	0.19	± 0.02	0.39	± 0.06
血漿中総コレステロール濃度(mg/dl)	62.57 [a]	± 2.67	52.37 [b]	± 1.97	56.98 [ab]	± 2.26
血漿中トリグリセライド濃度(mg/dl)	21.25 [b]	± 1.44	18.23 [b]	± 1.13	26.81 [a]	± 1.49
血漿中グルコース濃度(mg/dl)	67.01 [ab]	± 1.62	62.28 [b]	± 1.37	71.40 [a]	± 1.38
血漿中尿素窒素濃度(mg/dl)	22.53 [a]	± 0.87	21.45 [a]	± 0.72	27.55 [b]	± 1.73

1:平均値±標準誤差
a, b:異符号間に有意差

表8-5 採血したヒツジを5kgごとの体重で分けた時の年齢、ヘマトクリット値、血漿中のホルモンおよび代謝性物質濃度

体重(kg)	20以下	21～25	26～30	31～35	36～40	41～45	45以上	SEM
年齢(才)	0.36 [a1]	1.36 [b]	1.80 [b]	1.47 [b]	1.69 [bc]	2.67 [cd]	4.25 [d]	0.16
ヘマトクリット値(%)	31.43 [b]	32.40 [b]	32.13 [b]	33.60 [b]	33.78 [ab]	33.83 [b]	36.67 [a]	0.36
血漿中レプチン濃度(ng/ml)	2.41 [c]	3.10 [c]	2.92 [c]	3.30 [bc]	3.81 [bc]	4.49 [b]	5.97 [a]	0.20
血漿中インスリン濃度(ng/ml)	0.17 [b]	0.20 [b]	0.42 [ab]	0.28 [b]	0.41 [ab]	0.37 [ab]	0.60 [a]	0.03
血漿中TC濃度 [2] (mg/dl)	51.40	52.84	54.28	59.18	60.56	58.50	65.88	1.39
血漿中TG濃度 [3] (mg/dl)	28.49	21.66	19.49	22.40	21.36	22.21	27.86	0.88
血漿中グルコース濃度(mg/dl)	74.18	66.49	66.48	67.09	66.34	70.60	64.15	0.92
血漿中尿素窒素濃度(mg/dl)	22.95	22.93	22.56	24.09	25.06	29.47	24.24	0.81

1:平均値
2:血漿中総コレステロール濃度
3:血漿中トリグリセライド濃度
a, b, c:異符号間に有意差

ンスリン濃度も、栄養状態や体脂肪率と相関することが報告されており（Gregory ら、1982; Trenkle ら、1978）、血漿中インスリン濃度からも寧夏回族自治区のヒツジはエネルギー摂取量や体脂肪率が低い可能性がある。

　血漿中総コレステロール濃度は固原県のヒツジが最も高く、次いで海原県、中衛県となった。固原県のヒツジは中衛県のそれらと比べて有意に高い値（$p < 0.05$）であった。これまでの研究から、生後 8 ヶ月齢のヒツジを用いて 6 ヶ月間の肥育試験を行なうと、肥育試験を行なう前の血漿中総コレステロール濃度は約 60 mg/dl であったが、体重の増加に伴って、約 120 mg/dl まで上昇した。本調査で、体重を 5 キログラムずつのグループに分けて比較したとき、有意差は認められなかったが体重の重い個体ほど平均総コレステロール濃度は高くなる傾向が見られ、地域間の差は体重の違いによると考えられる。しかし、体重が重い個体でも軽い個体と比べて血漿中の総コレステロール濃度はそれほど高い値を示さなかった。そのため、これらの地域のヒツジは成長しても体脂肪はあまり蓄積されていないと考えられる。血漿中トリグリセライド濃度は、海原県のヒツジが固原県および中衛県のヒツジと比べて高い値を示した。しかし、血漿中トリグリセライド濃度は体重による影響は認められなかった。血漿中のトリグリセライド濃度は、飼料中のトリグリセライド含量が多いと高くなるので、地域や農家による飼料の違いが影響しているかもしれない。

　血漿中のグルコース濃度は海原県のヒツジが最も高く、次いで固原県のヒツジ、中衛県のヒツジの順となった。海原県のヒツジは中衛県のヒツジに比べて有意に高い値（$p > 0.05$）を示した。反芻動物であるヒツジはヒトのようには、グルコースを直接エネルギー源として利用せず、摂取した飼料は第一胃内の微生物によって分解・発酵され、その際に生じる揮発性脂肪酸から糖新生によって得られたグルコースをエネルギー源としている。そのため、成熟したヒツジの血漿中グルコース濃度はヒトなどの単胃動物よりも低く、飼料の摂取によって濃度は急激に上昇しない。しかし、生まれたばかりの仔ヒツジは第一胃が発達しておらず、

摂取したミルクは直接第4胃（真胃）に運ばれるため、単胃動物と同様の消化様式を示し、生後すぐのヒツジのグルコース濃度は成ヒツジよりも高く、第一胃が発達するまで徐々に血漿中のグルコース濃度は減少する。本調査においても体重が20キログラムまでのヒツジの血漿中グルコース濃度は高く、地域間の差はヒツジの年齢が関係していると考えられる。

血漿中の尿素態窒素は、海原県のヒツジが固原県と中衛県のヒツジと比べて有意に高かった。血漿中の尿素態窒素は高たんぱく質の過剰供給によって増加する。また、腎臓の機能が悪化して老廃物を排泄する能力が落ちると尿素が体の中に残ることになり増加する。本調査で、海原県の4農家中1農家のヒツジ（10頭）は、海原県の他の農家や固原県および中衛県の農家のヒツジと比べて、約2倍高い値を示した。この海原県の農家では、おそらく他の農家と比べてたんぱく質含量の高い飼料を給与されていると考えられる。また、たんぱく質は過剰に給与されているが、エネルギーが不足して飼料の栄養バランスが取れていない可能性も考えられる。血漿中の尿素態窒素において体重による濃度の差は認められなかった。

本調査により、寧夏回族自治区の固原県、中衛県および海原県の3地域で血液を採取したヒツジは血漿中の代謝物濃度などから健康上の問題は見られなかったが、体脂肪率が低いことが推測された。中華人民共和国の中でも寧夏回族自治区のヒツジの肉は臭みがなく、おいしいといわれている。日本のように濃厚飼料を多給せず、この地域で給与飼料として用いられている雑草や牧草がおいしい肉を作ることに貢献していると考えられるが、退耕環林・草政策の実施により、放牧飼育から舎飼いへの飼育様式の変換は、季節（乾季・雨季）の影響による飼料中エネルギー不足やたんぱく質不足、あるいは飼料中のエネルギーとたんぱく質割合の不均衡等を生ずることが考えられ、給与する飼料の種類や給与量に関する注意を怠らないようにする必要がある。

（4）ヒツジの血中無機物濃度

1. 多量元素

今回の調査では、自治区の南部山区を中心に2年間で7地域において総計21戸の農家で飼養されていた、200頭のヒツジから血液試料を採取した。給与飼料の項で述べたように、飼養方法は地域ごとで大きく差は無いことから、データは農家ごとでまとめると煩雑になるため、対象ヒツジの数に若干の違いはあるが、地域ごとに集計し、その平均値を比較する形で考察した（表8-6）。

ヒツジの血漿中S濃度は、今回調査したいずれの地域においても、生理的正常値の範囲内にあり、全般的にやや高い傾向にあった。血漿中Ca濃度は、今回調査した全ての地域では全般的に高い値を示しており、前項で述べた摂取飼料中のCa含量が比較的高めであったことを反映したものと推察される。前回の調査結果と比較すると、前回は一般的な血中濃度範囲を下回る個体がかなり見られたが、今回はそのような個体は観察されず、マメ科飼料であるアルファルファ給与による効果と濃厚飼料補給の効果を示していると思われる。血漿中P濃度は、全体に2003年の調査対象4地域におけるヒツジで高い傾向にあったが、2004年度の調査における値も正常範囲内にあり、濃厚飼料補給の効果の現われであろう。血漿中Mg濃度も調査地域間での差はあるが、欠乏・過剰の症状が発生する状況ではなく、正常値の範囲内であった。

表8-6 血中ミネラル濃度

地域	体重	Ht値	Ca(70)*	Mg(18)	P(40)	S(500)	Cu(0.6)	Zn(1.0)	Se(20)
単位	(kg)				(μg/ml)				(ng/ml)
塩地	36.4	33.9	122.9	28.1	112.2	928.1	1.2	1.6	60.0
ソウビョウ	27.7	31.1	138.1	26.9	89.5	945.5	1.4	2.2	74.9
王洼	25.3	34.3	125.1	27.4	103.1	938.6	1.4	1.3	57.0
白陽	29.7	33.4	135.2	29.1	111.2	980.2	1.2	1.5	18.5
固原	39.0	34.8	116.5	29.5	91.7	1158.2	1.1	1.1	43.7
中衛	28.2	31.7	116.6	28.9	88.5	1247.1	1.0	1.2	126.8
海原	34.2	33.4	121.9	27.3	93.5	1170.6	1.0	1.0	53.0

＊：括弧内の数字は、McDowell (1985) と Underwood and Suttle (1999) による欠乏値を示す

2. 微量元素

　各調査地域におけるヒツジの血漿中微量元素の平均値を示した。血漿中 Cu 濃度は、調査地域間での差はあるが、全体には許容範囲内にあり、欠乏状態にある個体も見られず、許容範囲の高いレベルにあることがわかる。前項で述べた飼料中の Cu 含量との関係を見ると、各地域で飼料中の含量も高くその状況を反映しているものと思われる。血漿中 Zn の含量は、2004 年度の調査時の値が低いことが明らかであるが、F 地点（海原県）のヒツジでは、前項で述べた飼料中 Zn 含量が高いにもかかわらず全体に欠乏レベルを下回る状況であった。しかし、その外の地域ではほぼ一般的な許容量の範囲内にあった。ヒツジの全血中 Se 濃度は、飼料中含量は要求量の範囲内であったにも関わらず、D 地点（膨陽県）での平均値が欠乏レベルを下回る結果であった。その他の地域における平均値では欠乏レベル以上であり、一般的な許容範囲内にあった。血漿中 Fe 濃度は全体に高い値であり、全地域で欠乏レベルの 2 〜 5 倍の濃度であったが、Fe の場合生理的な許容範囲が広く過剰障害の現れるほどではない状況であった。

まとめ

　今回の 2 年間にわたる調査では、中華人民共和国における退耕還林・草政策の実施により、飼養様式が放牧から舎飼いに大きく転換したヒツジの栄養生理状態の変化について、特に無機物栄養の状態を把握することが目的であった。また、今回は単年度（2004 年）ではあるが、血液試料を凍結した状態で日本国内に搬入することが可能であったので、血漿中のホルモンや各種代謝物の測定も可能となり、前回（放牧ヒツジ）より更に詳しい栄養状況を把握することが可能であった。

　反芻動物の脂質代謝に関連の深いホルモン（レプチン・インスリン）や代謝物（コレステロール・グルコース・トリグリセライド）の血漿中濃度のレベルから、今回の調査対象地域のヒツジは総じてエネルギー摂取量が若干少ない状況がうかがえ、結果として体脂肪の蓄積が少ないこ

とが観察された。したがって、舎飼いによるヒツジ飼育の技術的改善によって、従来の放牧による十分な栄養摂取量に劣らない、年間を通した飼料確保が必要であろう。

　無機物栄養に関しては、地域間差はあるものの、飼料中の含量ではCa、MgおよびCu含量は若干高めであり、Zn含量は低めの傾向があることが明らかになった。ヒツジの血中無機物濃度では、飼料と同じように地域間差および個体差があるが、多量元素では特に問題は無いが、微量元素ではZnおよびSe濃度のやや低い傾向にあった。しかし、全般的には欠乏・過剰の症状が見られるほどではなく、前回の調査結果と比較しても夏季の飼養状況としては大きな問題点は見当たらなかった。今後、機会を得て冬季の栄養状態を把握して、年間を通しての経済的なヒツジの飼養技術を確立する必要があろう。

　謝辞
　今回の調査では、寧夏大学及び寧夏回族自治区の多くの方々にお世話になったが、特に突然の訪問であったにもかかわらず、快く血液及び飼料サンプル採集にご協力頂いた農家の皆さんに心から感謝します。

参考文献・図書

1．Andrews, J.F., 1998. Leptin: energy regulation and beyond to a hormone with pan-physiological function. Proc. Nutr. Soc-Engl Scot. 57: 409-411.

2．Considine, R.V. and J.F. Caro, 1997. Leptin and the regulation of body weight. International Journal of Biochemistry and Cell Biology, 29: 1255-1272.

3．Delavaud, C., Bocquier, F., Chilliard, Y., Keisler, D. H., Gertler, A. and Kann, G. 2000. Plasma leptin determination in ruminants: effect of nutritional status and body fatness on plasma leptin concentration assessed by specific RIA in sheep. Journal of Endocrinology 165: 519-526.

4．Fujihara, T., Hosoda, C. and Matsui, T. 1995. Mineral status of grazing sheep in the dry area of midland China. Asian-Australian Animal Science

8:179-186.

5. Gregory, N.G., T.G. Truscott and J.D. Wood, 1982. Insulin secretion in relation to fatness in cattle. Journal of Science Food and Agriculture, 33: 276-282.

6. 北川　泉、1991. 中国の低開発地域における地域開発に関する研究－黄土高原地域の第一次産業開発-、平成2年度科学研究費補助金（国際学術研究）実績報告書、島根大学農学部、pp.10〜25。

7. McDowell, L. R. 1985. Nutrition of grazing ruminants in warm climate. Academic Press Inc. New York.

8. SAS. 1999. Stat View, 3rd edn. SAS Institute, Cary, NC.

9. Tokuda, T., C. Delavaud and Y. Chilliard, 2003. Plasma leptin concentration in pre- and post-weaning lambs. Anim. Sci. (76:221-227)

10. Trenkle, A. and D.G. Topel, 1978. Relationships of some endocrine measurements to growth and carcass composition of cattle. J. Anim. Sci. 46: 1604-1609.

11. Watkinson, J. H. 1999. Fluorometric detemination od selenium in biological material with 2, 3 diaminonaphthalene. Analytical Chemistry, 38: 92-97.

第9章

園芸植物資源の探索とその利用方法
—— 特にワインの品質について

小林伸雄
伴　琢也

都市からの援助による食用サボテンの温室栽培（固原県 2003 年）

はじめに

　寧夏回族自治区は、黄土高原に代表される中国西部の黄河中上流地域に位置し、北緯34度14分と39度23分、東経104度17分と107度39分の間にあり、南北456キロメートル、東西50〜250キロメートル、総面積66,400平方キロメートルの中国最小の省・自治区の一つである（図9-1）。本自治区の南及び東部は内陸の中国中央部と面し、西部は西域地方に通じ、北部は広大な砂漠と接し、悠久の歴史のなかで各民族が頻繁に往来を続けてきた地域である。内陸部にあるこの自治区は温帯大陸性気候に属し、海抜は1,090〜2,000メートルである[1]。黄河の灌漑水の利用可能な区都銀川を中心とする北部地域や中部地域は比較的豊かな農耕地域を有するが、年間降水量が300〜500ミリメートルと非常に少ない南部山区地域は砂漠化が進む貧困地域であり、中国政府の西部大開発の一つの施策として、退耕還林・還草政策が行われている[2]。

図9-1　寧夏回族自治区における調査地点（●）

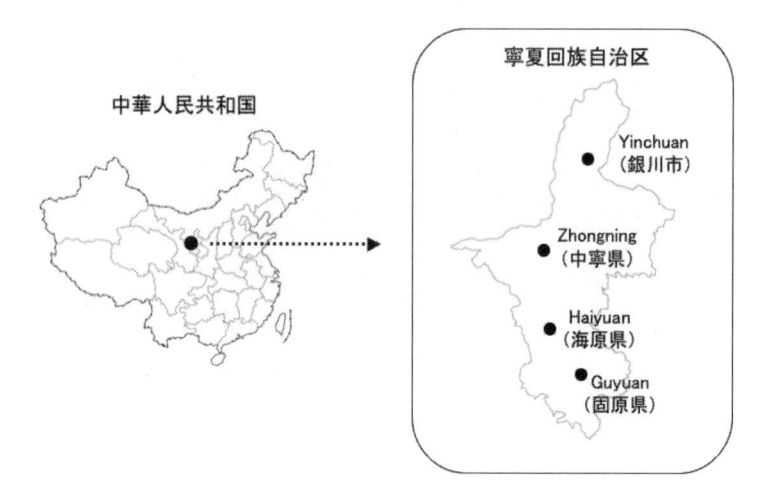

第9章　園芸植物資源の探索とその利用方法

　島根大学では、これまで20年近くにおよぶ中国・寧夏大学との共同研究、学術交流の実績を踏まえ、2005年に島根大学・寧夏大学国際共同研究所を設立し、条件不利な中山間地域の活性化、開発と環境問題等をはじめとする共同研究成果のアジア世界への発信を目指している。

　我々はこれらの研究プロジェクトに関連した2005年9月の農村社会調査に同行し、地域の花き、野菜および果樹類に関する植物資源とその利用についての基礎的な情報収集を行うことができた。これまで寧夏回族自治区では、クコ及び甘草をはじめとする特産の薬用植物の積極的な研究が実施されてきたが[2]、自生植物を含む地域の園芸植物遺伝資源について、その評価や利用に関する学術的な調査はほとんど実施されていない。本研究では、自生花き・緑化植物、野菜および果樹類の遺伝資源に関する報告と、本自治区における主要特産品の一つであるワインの品質評価を行い、今後の研究の方向性について検討した。

1　寧夏回族自治区の園芸植物資源の探索とその利用方法

（1）調査地点及び方法

　調査は2005年9月17日から27日にかけて実施した。自生の花き・緑化植物の遺伝資源については、南部山区（海原及び固原県）における農村社会調査に同行し、その移動経路での数地点および調査農家の農耕地周辺において、観察・調査した（図9－1）。野菜に関する遺伝資源については、銀川市及び海原県の市場、また、固原県七営の農家数戸の家庭用菜園を踏査した。果樹に関する遺伝資源の調査は、寧夏回族自治区内の農業試験場、銀川市植物園、各地の市場を訪問することにより実施した。

（2）結果及び考察

１．自生花き・緑化植物遺伝資源

　トウモロコシの収穫期を迎えた9月中旬、他の雑草が夏枯れしてい

る環境の中で、黄色小型の花冠を無数につけるスターチス（*Limonium* sp.、図9-2左）や薄紫の花でわい性の草姿を呈するアスター（*Aster* sp.、図9-2右）が観察された。乾燥地に自生し、高温乾燥期に開花習性をもつこのような自生植物は耐乾燥性植物遺伝資源として有用なものである。現在、銀川市周辺地域では一般道路及び高速道路網の整備が急速に進められているが、銀川市植物園ではその路側帯等の植栽として、これら数種の自生植物を利用するための栽培試験を開始していた。地域の自生植物を地域社会の緑化事業に用いることは、当自治区のような特殊な気候での環境耐性の面からも非常に合理的であり、野生植物遺伝資源の有効活用の推進が期待される。また、これらの活用事業においては、基礎的な育種技術の導入により、原種レベルでは一定の範囲しか観察されない花色等の多様性を比較的簡単に増大することが可能であり、その利用価値をより高めることが出来るであろう。

　以上は、ごく一部の地域の自生植物とその活用の取り組みであり、当自治区の自生花き・緑化植物遺伝資源の氷山の一角を垣間見たに過ぎない。当自治区には乾燥帯から最南部の六盤山地域の森林帯までの幅広い植生区を有しているが、これらの各地域において花きや緑化植物としての活用を目的とした本格的な植物遺伝資源調査はこれまでほとんど行われていない。したがって、今後の調査研究より得られる成果は計り知れないと思われる。

2．野菜遺伝資源

　9月中旬の時点で、銀川市内の市場やスーパーマーケットでは、収穫期を迎えた果物とともに豊富な種類の野菜が流通し、消費されていることが観察された（図9-3）。また、その多くは、中国国内の他地域から導入された品種が自治区内で栽培されたものと思われた。一方、地方の市場では在来種も数多く販売されていた。野菜の種類及び品種の季節変動や民族の違いによる選択消費の傾向は調査地点ごとに大きく異なった。

　南部山区の漢民族農家では、屋敷内で豚を飼養し、その堆肥を耕地や

図9-2 Haiyuan（海原県）で観察されたスターチス（左）とアスター（右）

図9-3 Yinchuan(銀川)市内の青果市場の店頭.

A：インゲンマメ
B：エダマメ
C：ダイコン
D：ニガウリ
E：ヘチマ

菜園に循環させるシステムが各戸でみられた。さらに、菜園で栽培される野菜類についても、自家採種により毎年維持されている昔ながらの農家形態が観察された。しかしながら、ある農家では副業の運送業によって経済状況が向上し、種苗を手間のかかる自家採種から商業種子へ依存するように変化する事例がみられた。急速に経済発展しつつある当自治区内において、地方品種の遺伝資源調査・保護を早急に行わなければ、

長年維持されてきた遺伝資源が失われる可能性が高い。また、社会状況が急速に変化しつつある地域社会では、地方の野菜遺伝資源は地方の食文化とともに保護していく必要があると思われる。日本の野菜類の多くの種類には、その昔、ヨーロッパからシルクロードを経て中国に伝わり、わが国に入ってきたものが数多い[3]。当自治区はこのシルクロードの経由地点でもあり、わが国で現在栽培されている野菜の原種が残っている可能性がある点からも、多角的な学術研究・調査の拡がりが期待される。

3．果樹遺伝資源

寧夏回族自治区内では、ブドウ、リンゴ、モモ、ナシ、アンズ、クコ、ナツメ、Sea buckthorn 等の果樹が栽培されているが、主要果樹に関しては在来種ではなく、海外から導入された品種が栽培されていた（ブドウでは生食用として"レッドグローブ"、リンゴでは"ふじ"が導入されていた）。いずれの果樹も基本的には袋掛け、整枝・剪定等を実施しない放任栽培であり、比較的高密度の植栽を実施し、単位面積あたりの収量を確保していた。銀川市内の市場では、主に外来品種の果樹が豊富に販売されていたが、南部山区の市場では、在来種のブドウ、ナシも販売されており、遺伝資源として非常に興味がもたれた。

クコ、ナツメ、Sea buckthorn は寧夏回族自治区の特産果樹であるが、これらの果樹には、多種の地方品種、野生種が存在し、生産地の栽培環境に適したものが導入されていた。寧夏回族自治区における特産果樹の育種に関する研究トピックスとしては、クコでは大粒系品種の育種を目的とした3倍体品種の作出、ナツメでは大粒系品種の特性調査（図9-4）、Sea buckthorn では優れた耐乾性を有する品種の作出が挙げられる。これらの果樹は生食用途以外にも乾果やサプリメントの原料としても利用されていた。

果樹全般に関して、果実の高付加価値化を目的として、ワイン、サプリメント等の加工品の生産が非常に盛んであった。これらの生産をさらに振興するためには、生体機能性成分を高含有する野生種の利用や品種の固定、さらには改良の必要がある。その実現のためにも、一刻も早く

図9-4 Zhongning（中寧県）で収穫されたナツメ

在来種・系統群のデータベースを構築し、在来遺伝資源の積極的な利用と保護を行う必要がある。

2　寧夏回族自治区産ワインの品質とその機能性

　寧夏回族自治区の北部に位置する賀蘭山の東麓は、黄河により形成された沖積平原であり、銀川平原と呼ばれる。本地域の気候は、乾燥しており少雨である、日照条件が良い、昼夜温格差が大きい、などの特徴をもち、その土壌は排水性に富むことが知られている。一般的に、このような気候・土壌条件を有する地域はブドウの栽培適地であり、実際、銀川平原では約3,330ヘクタールの耕地でブドウが栽培されている[2]。本地域には、生食用として"レッドグローブ"や"巨峰"、醸造用として"Cabernet sauvignon"や"Merlot"が導入されており、近年ではワインの製造も盛んである。将来、これらのワインは現在以上に当該地域における主要な農業品目、さらには重要な輸出品目の一つを担う製品になるものと考えられる。実際、平成12年度には、当該地域のワインをわが国へ輸出する「寧夏ワインプロジェクト」が日本貿易振興機構の「ミニLL事業」に採択され、平成14年度より輸出が開始されている。

しかし、わが国においてこれらのワインに関する詳細な情報は皆無であり、また、その内成分を調査した例はほとんどない。そこで本研究では、寧夏回族自治区産のワインの品質及びその生体機能性に関する基礎的知見を収集することを目的とし、ワインの可溶性固形物含量（糖度）、色調、滴定酸含量、総フェノール含量、抗酸化能を測定した。さらに、同一品種を醸造して米国、オーストラリア、チリ、フランスで生産されたワインとその内成分を比較した。

（1）材料及び方法
1．供試材料
　材料として、わが国で市販されているワイン7種類及び寧夏回族自治区産ワイン2種類(2003及び2004年度製造)を1本ずつ供試した(表9-1)。全てのワインは、'Cabernet Sauvignon'の果実を用いて醸造したものであり、入手後は分析まで4℃で保存した。

2．分析方法
　可溶性固形物含量は糖度計(IPR-101, Iuchi Co.)を用いて測定した。滴定酸含量はワイン1ミリリットルに蒸留水10ミリリットルを添加し、0.1規定の水酸化ナトリウム水溶液（f：1.003）を用いて中和滴定することにより算出し、酒石酸含量として表示した。ワインの色調は岩屋ら[4]の方法に従い測定した。すなわち、MacIlvein緩衝液（pH 3.0）で2

表9-1　調査したワインの生産国と製造年度

ワイン番号	生産国	製造年度
1	アメリカ合衆国	1999
2	アメリカ合衆国	1998
3	オーストラリア	2002
4	中華人民共和国(寧夏回族自治区)	2003
5	中華人民共和国(寧夏回族自治区)	2004
6	チリ	2002
7	チリ	2003
8	チリ	2004
9	フランス	2004

倍に希釈したワインについて、530ナノメートルの吸光度を測定して色調の指標とした（赤色度）。

総フェノール含量はFolin-Denis法に従い測定した[5]。全てのワインは分析直前に12％エタノール水溶液で30倍に希釈した。5ミリリットルの希釈試料に対し、5ミリリットルの1規定フェノール試薬を添加し、3分間静置した。さらに5ミリリットルの10％炭酸ナトリウム水溶液を添加し、60分後に760ナノメートルの吸光度を測定した。別に没食子酸を標準物質として検量線を作成し、測定値を没食子酸含量に換算した。

ワインの抗酸化能は1,1-Diphenyl-2-picrylhydrazyl（以下DPPH）ラジカル消去能を測定することにより評価した[6]。全てのワインは分析直前に100％メタノールで11倍に希釈した。25マイクロリットルの試料に対し、975マイクロリットルの60マイクロモルDPPHメタノール溶液を添加し、添加0分及び30分後の515ナノメートルの吸光度を測定した。DPPHラジカル消去能はα-トコフェノールであるTrolox含量に換算する次式で算出した。

DPPHラジカル消去能 = 0.018 × [（A515（0）-A515（30））/A515（0）] × 100+0.017

（2）結果及び考察

調査したワインの可溶性固形物含量は6.8～8.6の範囲にあり、寧夏回族自治区産のワイン（ワイン番号4及び5）は8.0及び6.8であった（表9-2）。

ワインの赤色度は1.020～3.010の範囲にあり、本測定値が高いものほど濃い赤色を呈することが報告されている[4]。寧夏回族自治区産のワインは1.901及び1.129と他のものと比較して低かった。寧夏回族自治区産のワインの総フェノール含量とDPPHラジカル消去能は他のものと比較して低かった。供試したワインの赤色度と総フェノール含量、DPPHラジカル消去能と赤色度、そしてDPPHラジカル消去能と総フェノール含量の間には高い正の相関が認められた（図9-5）。

表9-2 調査したワインの可溶性固形物含量、色調、滴定酸度、フェノール含量及び抗酸化能

ワイン番号	可溶性固形物含量 (Brix°)	ワインカラー[z]	滴定酸度 (%)[y]	フェノール含量 (g/L)[x]	抗酸化能[w]
1	8.0	1.020	0.68	2.655	0.91
2	7.9	1.346	0.60	2.801	1.08
3	8.6	2.322	0.75	2.760	1.02
4	8.0	1.901	0.68	2.545	0.89
5	6.8	1.129	0.53	2.159	0.65
6	8.6	2.027	0.60	2.901	1.25
7	8.4	2.834	0.60	3.172	1.21
8	8.4	3.010	0.60	3.101	1.20
9	7.8	2.333	0.60	3.059	1.16

z：530nm の吸光度　y：酒石酸当量　x：没食子酸当量　w：Trolox 当量（mM）

図9-5 ワインの色調とフェノール含量及び抗酸化能の関係

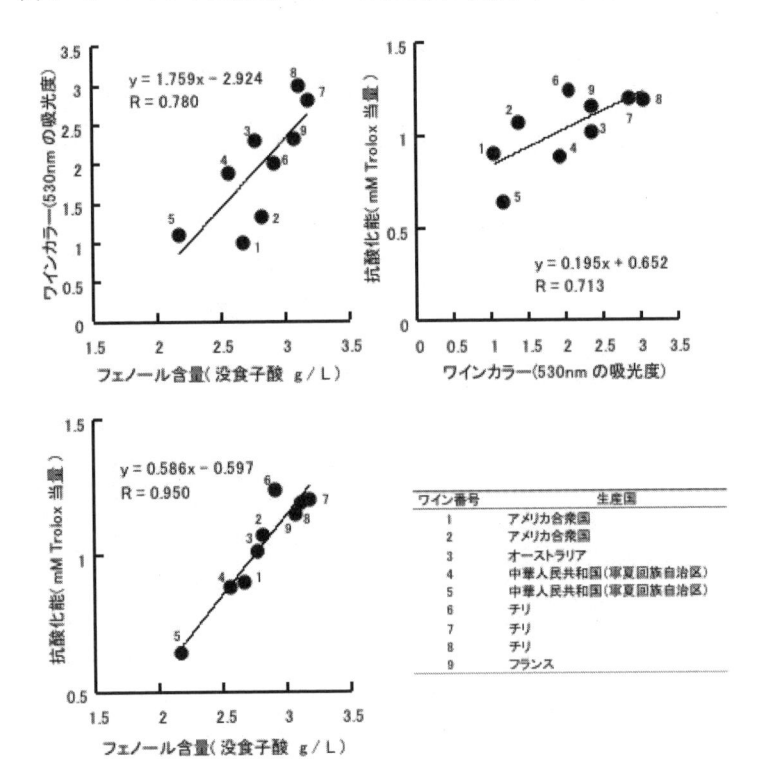

ワイン番号	生産国
1	アメリカ合衆国
2	アメリカ合衆国
3	オーストラリア
4	中華人民共和国(寧夏回族自治区)
5	中華人民共和国(寧夏回族自治区)
6	チリ
7	チリ
8	チリ
9	フランス

第9章　園芸植物資源の探索とその利用方法

　これは、赤ワインが呈する赤色は、主に抗酸化能を有するアントシアニン由来のものであり、また、アントシアニンはワイン中の主要なフェノール物質の一つであるためと考えられる[7]。滴定酸含量については、調査したワインの間にほとんど差がなかった。

　以上のように、寧夏回族自治区産のワインは他の地域で生産されたものと比較して、赤色度、総フェノール含量、DPPHラジカル消去能が低いことが明らかになった。寧夏回族自治区産のワインは、同一醸造所において生産されたものであり、その醸造条件はほぼ同じである。そのなかで、2003年度産（ワイン番号4）よりも2004年度産（ワイン番号5）のワインで赤色度、総フェノール含量、DPPHラジカル消去能が低かったことから、醸造後の貯蔵期間における品質劣化よりも、原料果実の生産もしくは醸造工程において問題が発生したものと推測される。寧夏回族自治区における果樹の生産は基本的には無整枝・剪定で実施されている。醸造用ブドウの生産に種々の経済栽培技術が導入されているか否かは明らかではないが、ワインの赤色度及び抗酸化能を上昇させるためには、原料果実の着色を改善することが必要になると考えられる。

終わりに

　本研究は、2005年度に実施した中国寧夏回族自治区における園芸植物資源の探索とその利用・加工に関する調査の結果をまとめたものである。当該地域の園芸植物資源とその利用方法を総合的に評価する上では、本報告は地域的にも、また季節的にも断片的なものであることは否めない。しかし、これまでに当該地域の園芸植物資源に関する現状をわが国へ紹介した事例はないことから、本報告が速報的な事例として位置付けられ、今後の当該研究の基礎的情報や足がかりとなれば幸いである。

引用文献

1）沈　克尼・楊　旭紅・馬　紅薇、1994、固原地区志、p. 85-89、寧夏人民出版社、銀川。

2）朱　鵬雲・張　雋華・蒋　文齢・楊　学農・荘　電一・孟　永輝・許　昆・羅　維傑・張　治軍、2002、中国西部―寧夏回族自治区、p. 45-59、五洲伝播出版社、北京。
3）青葉　高、1981、『野菜』、p.309-325、法政大学出版局、東京。
4）岩屋あまね・瀬戸口真治・亀澤浩幸・下野かおり・間世田春作、1999、さつまいもワインの抗酸化活性、平成11年度鹿児島県工業技術センター研究成果発表予稿集。
5）真部孝明、2003、食品分析の実際、p.79-88、幸書房、東京。
6）Arnous,A.,D.P. Markis and P.Kefalas.2001.Effect of principal polyphenolic components in relation to antioxidant characteristics of aged red wines. J.Agric.Food Chem.49:5736-5742.
7）大庭理一郎・五十嵐喜治・津久井亜紀夫、2000、アントシアニン―食品の色と健康―、p.106-123、建帛社、東京。

第10章

中国および寧夏における廃棄物政策の展望
—— 「処理」と「管理」をめぐる日本の政策的教訓

関　耕平

自動車の増加と国道沿いの露店市（固原県 2004 年）

はじめに

　2005（平成17）年度の日本において公共部門が負担している廃棄関連の費用（市町村の清掃費：いわゆる一般廃棄物（家庭ごみ）の処理費用）は2兆2,844億円にものぼる。このうち約5,000億円弱が焼却処理施設などの施設整備費である。これまでの増減の推移から、2000（平成12）年前後に焼却処理施設の更新のピークを終えているが、施設整備費は現在も高い水準が維持されている。処理施設の整備を中心として展開されてきたわが国の廃棄物政策は、「処理能力拡大主義」や「処理・処分型」政策と呼ばれてきた。

　なぜこれだけの施設整備費をはじめとした高コスト構造が定着したのであろうか。第一に、焼却処理を中心とした処理技術が中心に据えられてきたためである。焼却による衛生面での改善を政策目的としていたこと、また、狭い国土の中で処理する必要があったため、廃棄物の減容化が必要となったことなどから、焼却処理技術が定着し、これが施設建設費用の高コスト化を招いた。第二に、廃棄物の削減・発生抑制の失敗である。わが国における一般廃棄物処理は地方自治体・納税者の負担によって担われたため、廃棄物の発生について責任があり、本来的に廃棄費用を負担すべき生産者へと負担が転嫁されなかった。そのため廃棄物の削減・発生抑制が進まなかったのである。第三に、処理施設建設の需要に依存したプラントメーカー・企業群が成立、既得権益化したことである。これら企業が公共部門による施設整備事業を重要な市場として位置づけ、処理費用の高コスト状態が維持された。このことは、廃棄物処理施設建設事業にまつわる談合などが後を絶たない背景でもある。

　以上のように、日本の廃棄物政策は、廃棄物の発生・増大を与件とし、処理能力の拡大をひたすら追求するという意味で、廃棄物「処理」政策であったといえよう。このため、高い処理コストを支払い続けなければならない社会構造が定着してしまった。それだけでなく、焼却処理過程から化学汚染物質が副生物として排出され、環境汚染を引き起こしてい

るのである。

　以上のような日本の廃棄物「処理」政策における失敗から学ぶのであれば、中国および寧夏回族自治区においては、廃棄物「管理」政策——廃棄物の発生抑制の実現や有害物質の管理を主眼に置き、既存の技術を活かした廃棄物の処理技術の導入・開発を追求すること——が必要となる。

　しかしながら一方で、日本のプラントメーカーは焼却処理施設の中国への導入と普及を推進しつつある。こうした流れに乗って日本の焼却処理技術を導入するならば、日本の廃棄物「処理」政策と同様の失敗——社会的コストの増大と環境汚染の拡大——を繰り返す恐れがある。

　いまこそ中国および寧夏回族自治区における廃棄物「管理」政策や廃棄物処理に関連する「適正技術」の模索と選択へ向けた取り組みが重要になっている。

　本稿では、はじめに日本における廃棄物「処理」政策の教訓、とくに処理施設の建設費が膨張した状況について概観したうえで、中国での廃棄物政策の展開および日本のプラントメーカーの進出にむけた動向を明らかにする。さらに、寧夏回族自治区における廃棄物処理の状況や特質を明らかにし、家畜糞尿を原料としたメタンガスの活用など、すでに胎動しつつある「適正技術」の重要性を指摘する。最後に、中国および寧夏回族自治区における廃棄物「管理」政策への展望について述べることとする。

1　日本における廃棄物処理政策の教訓

　わが国の2005（平成17）年における一般廃棄物の排出量は、年間5,273万トンであり、地方自治体によって処理されている。その処理費用は、年間2兆2,844億円にものぼり、このうち約2割の約5,000億円弱が施設建設にかかる費用である。

　わが国の廃棄物政策の特質はいかなるものであろうか。植田和弘は日本の廃棄物政策について次のように述べている。

「排出される廃棄物の質と量を与件として、排出された廃棄物を適正処理することを基本原則にしてきた。(中略)生産者・流通業者・及び消費者の行動には干渉せず、最終的に排出された廃棄物の適正処理に専念していた」[1]。

こうした評価は多くの論者によって共有されており、処理施設の建設を中心に据えた廃棄物政策であったと指摘されてきた。たとえば、1990（平成2）年の一般廃棄物の排出量は13.8万トン/日であり、1997（平成9）年には14.0万トン/日とさほど増加していない一方で、焼却処理能力は17.3万トン/日から19.2万トン/日と7年間で約2万トン/日分が拡充されている。

以上のように日本の廃棄物政策は、廃棄物の発生・増大を与件とし、これを適正処理するため、あるいは発生量を大幅に上回るまでの「処理能力」（廃棄物処理・処分施設）の確保・拡大にもっぱら力を注いできたといえる。その帰結として、地方財政の負担を累増させてきたのである。

廃棄物処理施設の建設のために発行された地方債（一般廃棄物処理事業債）の現在高の推移をみると、1991（平成3）年に1兆4,815億円であったが、2004（平成16）年には4兆2,705億円にのぼっている。これは、小中学校の建設のための地方債（義務教育施設整備事業債）や公営住宅建設事業債の発行額に匹敵する。

こうした財政負担のみならず、焼却施設からの環境汚染の拡大や最終処分場による自然破壊の拡大といった事態も深刻化している。

以上のように、焼却処理を基調とし、施設建設中心に据えてきた日本の廃棄物「処理」政策は、財政負担の増大と廃棄物焼却施設からの環境汚染の深刻化に直面しているのである[2]。

2　中国の廃棄政策の展開と日本のプラントメーカーの進出

前節では、もっぱら廃棄物の処理能力を高めるという廃棄物「処理」政策が、日本において失敗に終わっている点を明らかにした。この教訓を踏まえた廃棄物「管理」政策が重要である。こうした視点を念頭に、中国における廃棄物政策の展開と中国の廃棄物処理市場進出を狙う日本のプラントメーカーの動向をみていこう。

（1）中国における廃棄物問題の位置づけ

中国においては、三廃問題（廃水【水質汚染】、廃気【大気汚染】、廃棄物）として廃棄物問題が位置づけられている。廃棄物が量的に増大しているだけでなく、廃棄物の組成の質的多様化も進行しており、深刻化しているといってよい。たとえば、「白いごみ」といわれるプラスティック系の包装廃棄物の増大などが挙げられる。全国660都市のうち200の都市において「ごみが都市を包囲する」といった表現がなされ、廃棄物問題の深刻化に対する認識が広がっている[3]。

2004年の数字で概観すると、中国全土で固形産業廃棄物は10億8,368万トンが産出され、このうち6億3,356万トンが再利用などされ、2億1,464万トンが処理されたとしている[4]。盧他（2005）によれば、これまでに蓄積された固形産業廃棄物の量は66億4,000万トンであり、5万5,000ヘクタールの土地に積み上げられ、農地や土壌の汚染を引き起こしているという。

都市における生活系廃棄物1億5,509.3万トンのうち処理されているのは52.1％である[5]。都市生活から排出されるごみは年率6-8％のペースで増加しており、都市周辺部に投機されている[6]。この結果、環境汚染は都市部から農村部に急速に広がり、河川の2/3、1,000万ヘクタール以上の土地が汚染されており、汚染防止対策を講じることが緊急な課題になっているという[7]。

（2）政策対応

　中国における廃棄物問題への対応はどのようなものであろうか。

　最も基本的な法律の枠組みは、「固体廃棄物汚染環境防治法（1996年施行）」によって定められている。固体廃棄物は工業などの生産活動から産出される工業固定廃棄物、都市の日常生活と関連して発生する都市生活ごみ、国家が定めた危険な特性を持つ危険廃棄物の三つに大別され、農村と農業からの廃棄物は対象とされていない[8]。また、1996年より「三化処分」がスローガンとして掲げられ、無害化・資源化・減量化が推進されてきた[9]。2004年12月に同法が一部改正され、廃棄物の定義が広くとられ、①環境汚染性及び利用価値の有無によらず廃棄・放棄されたもの、②固体・半固体に容器中の気体物品、③特定の法律、行政法規の規定によるもの、の三点が追加された[10]。

　工業固定廃棄物については、環境保護基準に合致した貯蔵施設や処理施設での貯蔵・処理が規定され、適合しない場合は排汚費（課徴金）とリンクさせて改善させると定められている[11]。

　都市生活ごみについては、法整備以前から都市ごみの管理方法（1992年）というガイドラインがあり、埋立・堆肥化・焼却処理についてそれぞれ基準が決められている[12]。全国にある処理施設の概要（2004年時点）は、埋立施設444ヵ所、堆肥化施設61ヵ所、焼却施設54ヵ所となっている[13]。ごみの組成は地域ごとに異なっており、そのため東部では焼却処理技術が、西部では堆肥化技術にそれぞれ力を入れて研究・導入をすすめている[14]。

　危険廃棄物についてはとくに新型肺炎（SARS）問題の発生を契機に医療廃棄物の適正処理の確保が課題とされ、処理施設の建設促進が目指されている[15]。

　このほか重要になってくるのは、2004年の「固体廃棄物汚染環境防治法」改正により導入された「循環経済」の考え方である。「循環経済」は、日本における「循環型社会」よりも広義なものとして位置づけられている。中国における「循環経済」の意味は、従来の「資源→製品→廃棄物」という一方通行型の経済方式ではなく、「資源→製品→廃棄物→

再生資源」という循環型の経済方式を意味し、効率的資源利用、環境保全を実現しようとするものである。中国における「循環経済」では環境保全面だけではなく、経済的な面が重視されている。つまり、資源の有効利用によって経済的な利益が生じることが強調される[16]。この循環経済は「資源節約型社会」建設の手段として位置づけられており、経済性の追求も一部含み、「複合型環境汚染問題の解決、小康社会（ゆとりのある生活状態）の実現」を目標においている[17]。

(3) 課題および問題点

ここでは、すでにみた中国における廃棄物問題への対応について、課題や問題点について指摘する。

第一に、処理技術が未熟であるため、汚染問題が解決に向かっておらず、処理技術の高度化が求められる。盧他（2000）によれば、中国の最終処分場は、埋立後の処分場内においてガス抜き管理などが行われておらず、メタンガスによる爆発事故が起きる例があり、そのほかにも滲出水による汚染問題が生じているという。さらに、今後、用地の選定について荒地を利用するといった配慮をするとともに、設計・施工や運転管理についての高度化が必要であると指摘している。また、医療廃棄物が処理されずにそのまま直接埋立処理されている事態がSARSをきっかけに問題化し、焼却処理施設の導入が課題として挙げられている。2004年以降、3年間で149億2,000万元（約2200億円）の投資を見込み、全国31ヵ所で有害廃棄物・医療廃棄物の処理施設の建設を目指しているという[18]。

第二に、廃棄物政策に関して縦割行政の是正が必要である。廃棄物政策を担当している部署は、建設部、環境保護局、経済貿易委員会の3部門にわかれている。それぞれ都市ごみの管理・監督、産業廃棄物のリサイクル・回収などの資源再利用全般、産業廃棄物および有害廃棄物の管理・監督を担当することとなっている[19]。こうした政策主体の分立は非効率であり、総合的な政策の遂行を妨げることすら考えられる。

第三に、「循環経済」の概念についてである。資源節約型社会の構築

のための手段として「循環経済」が位置づけられているが、環境保全よりも経済成長に重点が置かれつつあるという問題点が指摘されている[20]。

　第四に、処理技術の高度化に際して、莫大な資金が必要とされる点である。すでに医療廃棄物の処理について挙げたが、それ以外の廃棄物処理施設の建設費用も合わせると、「第10次5カ年計画」（2001-2005の処理施設整備計画を達成するため900億元（約1兆3,200億円）が必要であるとされている[21]。

　第五に、上記の指摘と関連するが、廃棄物処理について産業化・市場化の試みが近年急激に進められているという点が指摘できる。国家発展計画委員会、財務部、国家環境保護総局による「都市生活ごみ処理費の徴収制度およびごみ処理産業化の促進に関する通達」（2002年6月）や、国務院による「都市における下水処理及びごみ処理の産業化推進に関する通達」（2002年9月）が立て続けに出され、産業化・市場化の動きが慌しくなっている。また、生活ごみの収集運搬・処理に関する費用を市民から徴収している都市は123にのぼるという[22]。こうした動きは、廃棄物処理施設の建設及び運営を含めた処理事業の運営が市場経済で成り立つメカニズムを構築し、海外資金や私営企業の資金投資を引き入れることを狙いとしている[23]。

（4）日本のプラントメーカーの中国進出戦略

　以上指摘したような中国における廃棄物処理の高度化の必要性と産業化・市場化の進展を背景に、日本のプラントメーカーが中国へと進出する動きが活発化している。

　中国において初めて導入された焼却処理施設は、1985年、広東省の深圳市の三菱重工製の焼却炉であった[24]。2004年時点での焼却処理施設は、中国全土で54基、1万6,907トン/日であり、日本の一日の処理能力の8％弱に止まる[25]。こうした状況下で、医療廃棄物処理の必要性などから焼却処理施設の整備が推進されてきているが、これに対応して日本のプラントメーカーの進出も活発化しつつある。

日本の環境プラント・装置メーカー上位30社の経営戦略についてレポートによれば、

「公共投資の大幅な縮減、ダイオキシン特需の終息に伴い、環境プラント・装置市場を取り巻く環境は厳しさを増し、関連企業各社は大きく売上高を落とす結果となっている。しかし従来からの主力であった官公需のごみ処理施設から、民需へのシフト、海外需要への進出、リサイクル施設やバイオマス発電を中心とした新エネルギーまで幅広くすそ野広げるなど、その対応に新しい動きがみられる。」[26)]（傍点—筆者）

とされており、とくに海外需要で重要視されているのが中国や東南アジアであるという。たとえば、荏原製作所は、中国においてODA案件で5件程の焼却場の納入実績があり、三菱重工ではごみ発電システムを中国で受注し、今後とも中国中心の営業展開を図るとしている。

こうした日本のプラントメーカーによる中国市場への進出の可能性については多くの論者が指摘している。たとえば、

「埋立だけでは対応できず、焼却処理施設の建設が必要であり、外国からの借款・投資、企業の技術援助が重要となる。」[27)]（傍点—筆者）。

「大型ごみ焼却炉の建設コストは膨大であるため、中国の地方都市では実現が困難である。そこで、中国における中小都市における小型・中型ごみ焼却炉に関する需要は根強く、これらの基準値（ダイオキシン規制）をクリアできる焼却炉を現地製造できれば、とても大きなビジネスチャンスになると考えられる。」[28)]

といった指摘である。

また、1998年に中国初のごみ発電施設が導入され、エネルギー不足の中国にとって需要は大きく、税免除などの優遇措置、貸付利子補給、開発資金・資本金への優遇策もとられつつあり、

「2020年にはごみ発電事業は、1,938億元に達すると見込まれている。日本の各メーカーも……受注活動を強化している」[29)]

という。

金（2004）は、中国における45ヵ所のごみ焼却炉において欧米企業が16、地場企業21、日系企業が8ヵ所の受注をそれぞれ受けているが、

利益はあまり期待できないという日系企業の声を紹介した上で、その要因として、既存技術の売込みのみで現地市場にあったスペックを用意せず高コスト体質になる点やパートナー戦略の不在などを挙げている。しかしながら、支払能力のある地域（北京、上海、広東省）へのアプローチの強化、単に焼却処理だけに止めずに発電や供熱といった他のサービスも付加するといったビジネス戦略によって市場開拓の余地はあり、中国は魅力的な市場になりうると指摘している。さらに、ODAやNEDOに頼っていたこれまでの焼却炉の技術移転のあり方を転換し、中国において進められている「廃棄物処理の産業化や市場化」に対応した現地市場の開拓の視点が重要になっていると指摘している[30]。

以上のように、中国における廃棄物処理の市場化・産業化に呼応して、日本のプラントメーカーの進出の動きが急速に進展しつつある。医療廃棄物の適正処理が公衆衛生上急務とされ、また、焼却処理施設の整備が重要な課題となっており、この点での貢献が期待される。

しかしながら、すでに述べたような日本の教訓を振り返るならば、焼却処理を中心に据えたことによる処理費用の高コスト化とその定着や、環境汚染の更なる拡大といった事態が危惧される。今後、中国において日本と同様に焼却技術が導入・普及されるならば、まったく同じ失敗を繰り返すことになりかねない。焼却処理技術の導入は、医療廃棄物といった限定的な局面・部門に限定すべきである。

今後、中国において必要なのは、これまで培われてきた資源回収・分別の経路や伝統的技術を生かした廃棄物「管理」政策である。これについては後述の第4節において述べたい。

3　寧夏回族自治区における廃棄物処理の現状

ここでは、寧夏回族自治区における工業系固定廃棄物と生活系の都市廃棄物の処理について、中国統計年鑑や現地の報道、ヒアリング調査の結果から明らかにする。

（1）寧夏回族自治区における工業系廃棄物の現状

　寧夏回族自治区における工業生産高はきわめて低位であり、それと同様に工業系の固定廃棄物の発生量も、全中国の水準から見てきわめて少ないといえる。表10-1は寧夏回族自治区における工業固定廃棄物の排出量を示したものであり、全国の排出量と比較した場合の特色を示したものである。

　ここで「排出量との対比指数」とは、中国全土における「廃棄物排出量」と「リサイクル量」や「ストック量」等との割合を、寧夏回族自治区内のそれと比較した数値である。例えば、2003年のストック量の対比指数は1.59となっているが、これは、寧夏回族自治区内で排出される廃棄物のうち、処理されずにストックされている廃棄物の割合が、全国平均から見て1.5倍ほどにのぼることを示している。

　この表から、寧夏回族自治区における工業固定廃棄物処理の特色は第一に、2002－2003年の間にストック（保管）されていた廃棄物量が、全国平均と比較した場合、廃棄物排出量との比から考えると大きい値を示している。第二に、2004年のストック量が激減していることから、貯め込まれた廃棄物が、2004年に一挙に処理がすすんでいる。これはこの年に工業系固定廃棄物の大部分がセメントの製造工程に再利用されるようになったためと見られる。第三に、「放出量」は廃棄物の排出量

表10-1　全中国の平均から見た寧夏の廃棄物処理の特質

（単位：万トン）

(2002年)	大規模事業所数	廃棄物排出量	うち危険廃棄物	再利用・リサイクル量	廃棄物ストック量	処理量	放出量	うち危険廃棄物	リサイクルや再利用などによる収入（万元）
全国	70831	94509	1000	50061	30040	16618	2635.21	1.7	3856330
寧夏	274	466	-	221	185	80	8.26	-	30678.9
排出量との対比指数	0.78	1.00		0.90	1.25	0.98	0.64		1.61
(2003年)									
全国	-	100428	1170	56040	27667	17751	1940.91	0.2798	4410121
寧夏	-	582	-	289	255	98	6.29	-	21062.1
排出量との対比指数		1.00		0.89	1.59	0.95	0.56		0.82
(2004年)									
全国	-	120030	995	67796	26012	26635	1761.951	1.146	5733246
寧夏	-	645	-	335	71	236	3.41	-	26852.8
排出量との対比指数		1.00		0.92	0.51	1.65	0.36		0.87

中国統計年鑑各年度版より筆者作成

に比して全国的にみても少ないといえ、野積みや放置は少ないとみられる。

(2) 生活系都市廃棄物の処理

　寧夏回族自治区内では現在、国際基準を満たす埋立施設が3基稼動している。全区内に11基を整備する予定があり、このうち完成して稼動しているものもいくつかあるが、3基以外は国際レベルの建設基準を満たしていない。計画通りの11基が整備された場合、処理能力は一日当たり3,020トンとなる。現在稼動している3基の処理能力は、1,660トン／日であり、銀川市1,000トン、呉忠市330トン、固原市330トンとなっている。ここでの数値は、輸送や圧縮工程での処理能力である。

　運搬や管理はそれぞれの市が行うことになっており、この点は日本と同様である。スカベンジャーによる自主的な回収・分別経路が確立していることから、埋立施設の収容量は余裕があるという。銀川市の埋立処分場は黄河の東側に立地しており、市街地からは30キロ離れている。黄河に近い場所に埋立施設を立地することは、水質汚染を招く危険もあり、今後の立地については工夫する必要があるように思われる。呉忠市の埋立処分場は市街地から10キロほど離れた場所に立地しているという。

　海原県では年間2万1,900トンの生活系廃棄物が排出されており、汚染も目立ってきたため、1,116.2万元（約1億6,000万円）を投資して21万立方メートルの処分場を建設しているという。

　遮水シートを敷き詰めるといった最終処分場の建設に際しての費用は、おもに市財政が負担しているが、銀川市では2004年1月より市民からの処理料金の徴収がはじまり、この収入も建設費用に充てているという。自治区内では、今後5基の埋立施設の建設に3億元（約44億円）が予定されている。

　また、2005年度の中国統計年鑑によると、堆肥化施設が自治区内に一つ整備されている。銀川市の都市住民一人当たり1.44キロ／日で、そのうち70％が食品廃棄物であるとされており、今後、堆肥化による

処理が課題になるであろう。

　中国環境保護総局によると、2004年時点で危険廃棄物の処理率が低い、もしくは医療廃棄物処理施設などの整備が進んでいない都市として、北京、上海とともに、寧夏回族自治区の銀川市が挙げられている。医療系廃棄物の焼却処理は、「銀川栄潔」という民間会社が請け負っており、一年間に43トンの実績がある。自治区政府では1億166万元（約15億円）をかけて医療廃棄物の処理施設を整備する予定であり、このうち2005年度内に6,600万元の投資を実施し、このうち5,300万元を国債によって資金調達するという。

4　今後の展望と課題：適正技術の導入と物質フローの観点

　前節では、寧夏回族自治区における廃棄物処理の現状を概観した。公衆衛生の観点から医療廃棄物処理について焼却処理技術の導入が必要であるが、こうした技術が求められている部分は極めて限定的である。都市廃棄物のなかで食品廃棄物の割合が高いことなどから、堆肥化技術をはじめとした既存の技術や資源回収・分別の経路を活かした廃棄物管理のあり方を模索していくことが社会的なコストを抑制し、汚染コントロールを可能にする。

（1）適正技術の導入・開発の必要性

　E.F. シューマッハ（E.F.Schumacher）は「土着技術よりもはるかに生産性が高いが、一方、現代工業における複雑で高度に資本集約的な技術と比べるとずっと安上がり」で、地域の特性に適合的な「中間技術」の導入を提唱している[31]。

　寧夏地域におきかえて考えた場合、「複雑で高度に資本集約的な技術」が、高度焼却処理プラントということになろう。今後、「伝統的技術」に根ざしながらも、公衆衛生の向上と環境保全が可能となる「中間技術」の技術移転や技術開発への協力こそが重要な国際貢献となる。具体的にはすでに西部で主流になっている堆肥化技術や、家畜糞尿を原料とした

バイオエネルギーの活用[32]などが最も重要になってくるであろう。寧夏大学資源環境学院においてコンポスト・堆肥化技術についての研究や実用化へ向けた産学共同が模索されており、日本との研究・技術交流も期待される。

(2) 資源回収経路の維持・拡大の重要性

前節で見たように、寧夏における都市の生活廃棄物処理のなかで大きな課題とされていたのは、焼却処理施設ではなく、埋立処分場の建設・運営であった。埋立については、汚染水の遮断といった技術的対応ではなく、有害な物質を持ち込みや埋め立てを行わないようにすることが最も重要である。この点で、分別・回収経路の確立が最も重要になる。

中国における分別・回収経路について、著名な環境経済学者であるK.W.カップ（K.W.Kapp）は、1974（昭和49）年に著した「現代中国における環境対策の一側面：物質の回収運動」において、中国において発達していた廃物の系統的回収（農業によるし尿回収）や工業における回収・再利用について高く評価している[33]。こうした伝統的な回収経路や再利用のあり方が、中国国内および寧夏地域において、どのように変容あるいは弱体化しているのかについての検証が必要である。これらを今後明らかにした上で、この回収・分別経路を活かした形での廃棄物「管理」システム、廃棄物管理政策の構築が求められている。

日本のような焼却中心の処理技術を安易に導入するのではなく、分別・回収経路を活かした廃棄物「管理」政策こそが必要である。そのための直近の研究課題となるのが、廃棄物の回収・分別経路、つまり都市の生活系廃棄物の組成、埋立処分の現状や工業固定廃棄物の再利用の現状などの解明であるといえる。

(3) 物質フローを含めた長期的展望

図10-1は、わが国における物質フローを示したものである。この図で明らかなとおり、わが国の天然資源投入量の3分の1は輸入によるものである。こうした物質フロー構造をそのままにして自然還元や循

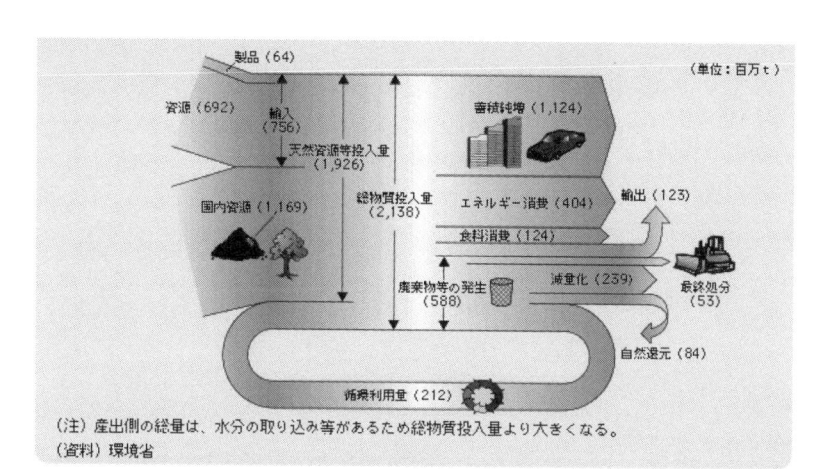

図 10-1 日本における物質フロー

『環境・循環型社会白書 2007 年度版』より引用

環利用を増加させ、廃棄物処理をいかに適正に行おうとしても、物理的に早晩困難にぶつかることは明らかである。

中国西部地域、寧夏回族自治区において物質循環を無理なく長期的に持続させる（循環型地域社会の形成）ためには、こうした物質フローの観点からみて適正な経済構造(域内からの資源調達を旨とする経済構造)を目指さなければならない。今後展開すべき廃棄物「管理」政策においては、以上のような物質フローの視点を導入し、この視点から評価・点検しなければならないのである。

以上、日本の廃棄物「処理」政策の失敗を繰り返すことなく、中国および寧夏回族自治区における廃棄物「管理」政策の確立に向けた課題について述べてきた。既存の回収・分別経路、再利用システムを活かすこと、堆肥化をはじめとした地域に適合的な技術の導入の重要性などが指摘できる。今後は、廃棄物の回収・分別経路の現状把握と評価、適正技術や伝統的技術の現状把握と支援の可能性についての検討が必要となる。今後の研究課題としたい。

謝辞：銀川市及び寧夏回族自治区の廃棄物処理の現状について資料提供いただいた寧夏大学資源環境学院李功氏に心より感謝申し上げる。

1) 植田（1992）27〜28頁。
2) 関（2003）。
3) 吉田・小島（2004）102頁。
4) 中国統計年鑑（2005）。
5) 同上。
6) 盧他（2005）。
7) 同上。
8) 中国環境問題研究会（2004）。
9) 盧他（2005）。
10) 染野（2005a）。
11) 中国環境問題研究会（2004）。
12) 山田（2003）。
13) 中国統計年鑑（2005）。
14) 全（2003）108頁。
15) 中国環境問題研究会（2004）。
16) 染谷（2005b）。
17) 吉田・小島（2004）99頁。
18) 同上、101頁。
19) 寺園他（2004）。
20) 染野（2005a）。
21) 全（2003）。
22) 盧他（2005）。
23) 吉田・小島（2004）。
24) 染野（2005a）。
25) 中国統計年鑑（2005）。
26) 富士経済研究所（2004）。

27）梶田（2000）。
28）山田（2003）。
29）吉田・小島（2004）。
30）金（2004）。
31）E.F. シューマッハ（1986）236〜237頁。
32）沖村（2007）。
33）K.W. カップ（1974）。

参考文献

1．植田和弘（1992）『廃棄物とリサイクルの経済学』有斐閣。
2．K.W. カップ（1975）「中国における環境対策の一側面：物質の回収運動」『環境と公害』第4巻3号。
3．沖村理史（2007）「中国農村部における再生可能エネルギーの可能性：畜産バイオガスを中心に」環境経済・政策学会2007年度大会報告要旨集。
4．尾崎弘憲（2005）「海外事情 中国における産業廃棄物の現状」『日廃振センター情報』5 (2)。
5．梶田幸雄（2000）「中国レポート 中国の環境対策、工業固体廃棄物が重点」『Asia market review』12 (20)（通号329）。
6．金堅敏（2004）「中国環境ビジネスの市場性と日系企業」『Economic Review』第8巻3号。
7．E・F・シューマッハ、小島訳（1986）『スモール イズ ビューティフル』講談社学術文庫（Schumacher,E.F. (1973) "Small is Beautiful: A Study of Economics as if People Mattered",Frederick Muller Ltd.）。
8．全浩（2003）「中国における廃棄物問題の現状と展望」資源環境対策．39 (1)（通号526）。
9．関耕平（2003）「廃棄物政策と地方財政：処理能力拡大主義の構造分析」『公共事業と環境保全：環境経済・政策学会年報 第8号』東洋経済新報社。
10．染野憲治（2005a）「中国の廃棄物を巡る状況」『環境管理』41 (11)。
11．染野憲治（2005b）「中国循環経済政策の動向」『環境研究』136号。
12．中国環境問題研究会編（2004）『中国環境ハンドブック 2005-2006』蒼蒼社。

13. 中国環境問題研究会編（2007）『中国環境ハンドブック 2007-2008』 蒼蒼社。
14. 寺園淳・酒井伸一・森口祐一他（2004）「アジア地域における資源循環・廃棄の構造解析」（平成 15 年度廃棄物処理等科学研究 研究報告書）。
15. 盧少波・横田勇・仁田義孝（2000）「中国のごみ埋立処分場の現状及び課題」『第 11 回廃棄物学会研究発表会講演論文集』廃棄物学会。
16. 盧少波・仁田義孝・横田勇（2005）「中国における廃棄物計画の動向」『廃棄物学会論文誌』16（3）。
17. 富士経済研究所（2004）「2004 年版　環境企業事業戦略総覧＜廃棄物処理編＞」（https://www.fuji-keizai.co.jp/market/04043.html）。
18. 山田國廣（2003）「中国環境ビジネスの新展開：中国における廃棄物関連法規と処理技術」『月刊廃棄物』29（7）（通号 341）。
19. 山田國廣（2005）「中国における循環経済構築と日本の役割」『月刊廃棄物』31（8）（通号 385）。
20. 吉田綾・小島道一（2004）「廃棄物リサイクル：産業化と市場化、その拡大と展望」『中国環境ハンドブック 2005-2006』蒼蒼社。

第11章

シルクロードの文化交流が中国寧夏地域に及ぼした影響

陳　育寧

南部山区の農村風景（固原県 2003 年）

はじめに

　中国は、漢の時代よりも前から、陸路交通を通して、南アジア、中央アジア、西アジア、アフリカ及びヨーロッパ等と絹の貿易や文化交流を行っていた。漢の武帝は、紀元前138年、張騫という使者を西域に派遣して大月氏と同盟を結び、共同で匈奴を攻撃した。武帝は、紀元前119年に再び、金、銀、絹を持たせて張騫を西域に派遣した。張賽とその部下達は、大宛、康居、大月氏やインドに赴き、中国と西域との経済文化交流に新時代を切り開いた。それ以降、中国の歴代王朝は、この経済と文化の道によって、天竺、アラビア、ペルシャ、東ローマ帝国との密接な交流関係を樹立してきた。この交流は、7〜10世紀の唐の時代に、隆盛を極めた。

　ヨーロッパ、アジア、アフリカ大陸の結びつきに極めて大きな歴史的役割を果たした交通ルートが、有名な「シルクロード」である。「シルクロード」という名称を最初に使ったのは、ドイツの著名な地理学者リヒトホーフェン（1833〜1905）である。彼は、1877年、ベルリンで出版した『中国』という書物の中で、西トルキスタンと中国を結ぶ中央アジアの絹の貿易路を「シルクロード」(Seidenstr-dessen)と名付けた。それ以降、「シルクロード」という名称は、この交通路を調査した西洋の探検家や多くの東洋の学者たちによって広く使われてきた。

　今日、「シルクロード」という名称は、中国から出発して中央アジア、西アジアを経てイスタンブール及びローマに至る貿易路全体を指している。この用語法でいう「シルクロード」には、ヨーロッパ、アジア大陸を貫く北方の草原地帯を通る草原シルクロードと、南方の海上シルクロードの双方が含まれている。

　長安から涼州（現在の甘粛省武威）に至るシルクロードの主要路は、現在の寧夏南部の固原地区を通っていた。寧夏地域内の道程はあまり長くないとはいえ、長い歴史を持つシルクロードの東西文化交流が、寧夏地域に強い影響をもたらすこととなった。

第11章　シルクロードの文化交流が中国寧夏地域に及ぼした影響

1　寧夏における「シルクロード」の変遷

　寧夏南部の固原地区は、既に先秦時代に、中原から西域への交通道路の主要な通過地になっていた。春秋戦国時代の『穆天子伝』は、中原が西域と往来したことを書いた最初の記録だと考えられる。この書物は、周の穆王が西方へ回遊したことを記すとともに、春秋戦国時代に中原の商人が西方へ交易に出かけた情景を描いている（『穆天子伝』第一巻）。そこには、"天子北征、乃絶漳水、・・・至于鉶山之下、・・・北循滹沱之陽、・・・乃絶隃之隥、・・・至于焉居禺知之平"の一節がある。現在の学者の考証によれば、その時の経路は、長安を出発して、秦漢時代の長水（漳水）、歴鉶山（今の寧夏涇源県の東南）、涇水を通り、隃（今の寧夏固原県の南部）、焉居（今の甘粛省武威の東部地域）を経由して、最後に中央アジアのキルギスに着くルートであったという。この記録は、春秋戦国時代に使われた中国と西域の交通ルートの中に寧夏の固原地区があること、そして、そのルートはシルクロードの道程と全く同じであることを示している。

　シルクロードは東部、中部、西部の三つに分けられ、東部と中部の一部である約4,000キロメートル余りが中国の国境内を通っている。ここでいう東部とは、長安から河西（今の甘粛省河西回廊）に至るルートであるが、漢、魏時代、東部には、南道、北道、中道という、次のような三つのルートがあった。

　南道は、渭河に沿って西へ行き、安彝関を経て、今の甘粛の天水、臨洮を過ぎて、槍罕（今の臨夏）経由で北上して蘭州に至り、そこから黄河を渡るルートである。あるいは、西へ黄河を渡って青海に至り、それから扁都口を経て、河西に至るルートである。中道は、長安から隴県に至り、そこから西へ行くルートである。隴関または大震関から隴山を越して北西に進み、略陽（今の甘粛省の秦安東北）、平襄（今の甘粛省の通渭西）を経て、金城（今の蘭州）に至る。そこから黄河を渡り、河西に入るルートである。また、北道は、涇水に沿って、固原、海原、靖遠

の北を経て河西に至るルートである。その具体的な行路としては、西安から涇河の西北に沿って陝西の乾県、永寿、彬県及び甘粛の涇川、平涼を経て、寧夏の固原に入り、三関口、瓦亭、開城を過ぎて固原に至る。さらに、三営、黒成を経て、莧麻河に沿って、海原県の鄭旗、賈垧に行き、海原城、西安州、乾塩池を過ぎて、再び甘粛に入り、靖遠県の東北にある石門の近くから黄河を渡り、景泰県を経て武威（古涼州）に着くルートである。

　固原地区を通る北道は、寧夏地域内は200キロメートルであって距離は余り長くないが、平坦で歩きやすい。このルートが開かれた時期は南道や中道よりも早く、秦時代には長安から河西に至る主要な交通路になっていた。東部のシルクロードのうちでは、最良のルートであった。

　シルクロードが開かれたのは、漢の武帝が安定郡を視察して有利な交通条件をつくったことによる。安定郡は、漢民族が匈奴の侵入を防ぐための西北の重要な町であり、その役所は高平県（今の固原）におかれた。史料よれば、漢の武帝は、北方の匈奴を武力で抑え込むために、6回も安定郡に来ている。

　漢の武帝は、元鼎5年（紀元前112年）10月、数万騎を引き連れて、初の視察に出た。西の隴山を視察したり、崆峒山を登ったりして、北から蕭関を出て固原地方にやってきた。漢の武帝は再び、元封4年（紀元前107年）10月に西方を視察し、「回中道を整備、開通せよ」との命令を下している。こうして、南道が、回中から蕭関を経て安定に至り、関中から安定までの幹線道として開かれた。シルクロードが開かれ、政府が北部辺境の守備をますます重視するにつれて、高平（今の固原県）がシルクロードの重要な町となってきたのである。

　東漢の時代には、高平は地勢が急峻で交通を厳しく取り締まることができたために、「天下第一城」と呼ばれていた。建武8年（西暦32年）の夏、光武帝の家臣、劉秀が隗囂を征伐するために洛陽を出発して、長安、漆県の道を通って高平に到着した。劉秀の軍事行動に協力するために、河西太守の竇融が数万人の騎馬兵を率い、5,000余台の貨物車を出して、今の甘粛省景泰、靖遠、寧夏海原を通って固原に到着し、高平で

第11章　シルクロードの文化交流が中国寧夏地域に及ぼした影響

劉秀の友軍と合流している。その時に行軍したルートが、シルクロード東段の北道であった。このことからも、当時既に北道が、大勢の人や車馬を通せる広い道路になっていたことが理解される。

南北朝時代には、西域の各国からの使節、商人や僧侶が絶え間なく中国にやって来たので、高平鎮（正光5年、西暦524年に原州と改称）は、引きつづき中国と西域を結ぶ交通ルートの重要な町であり続けた。北魏の正光年時代（西暦520〜528年）、高平で一揆を起こした指導者の万俟丑奴が皇帝になり、高平を通っている嚈噠国（今の新彊と四川の西の中央アジア地区）の使者と宮廷に貢上する北魏の一匹の獅子を捕え、年号を神獣元年（528年）と改めている。このことから分かることは、高平に行くには万里余の道を歩くばかりでなく、篭と車馬も必要であるため広い道でなければ絶対無理だということである。

隋、唐の時代、シルクロードの東西貿易と文化交流は、かつてなく発展した。唐代の駅伝制度はさらに整備され、長安から西北を貫いて西域各国につながる大規模な駅道、「シルクロード」は、当時の駅道の筆頭格であった。

唐代には、15キロメートルごとに駅が設けられ、駅長が選任されていた。仕事の忙しさによって6等級にランク付けされ、それに応じた頭数の駅馬が準備されていた。駅所は、公文書や手紙等を送るほか、役人や国内外使節の送迎の義務を負っていた。寧夏地域内を通った唐代の駅道のうち、規模が一番大きく、地位が最も高かったのは、長安・涼州間の原州経由の北道であった。その道は、今の寧夏地域内の固原、海原両県を通る約385里（192キロメートル）であり、道が平坦で、水路の近くにあり、利用しやすかった。この駅道は蕭関（西漢時代、今の固原に建った西域への著名な蕭路関）を通るので、「蕭関道」とも呼ばれていた。唐代の詩人、王維、盧照隣や王昌齢等が「蕭関道」を通った時に詠んだ詩が残されている。例えば、"回中道路険、蕭関烽候多"（盧照隣）、"蕭関逢候騎、都護在燕然"（王維）、"蝉鳴桑樹間、八月蕭関道"（王昌齢）など、「蕭関道」での見聞と風光である。

唐末から五代までの時代には、吐蕃が河西、隴右地域を占領したため、

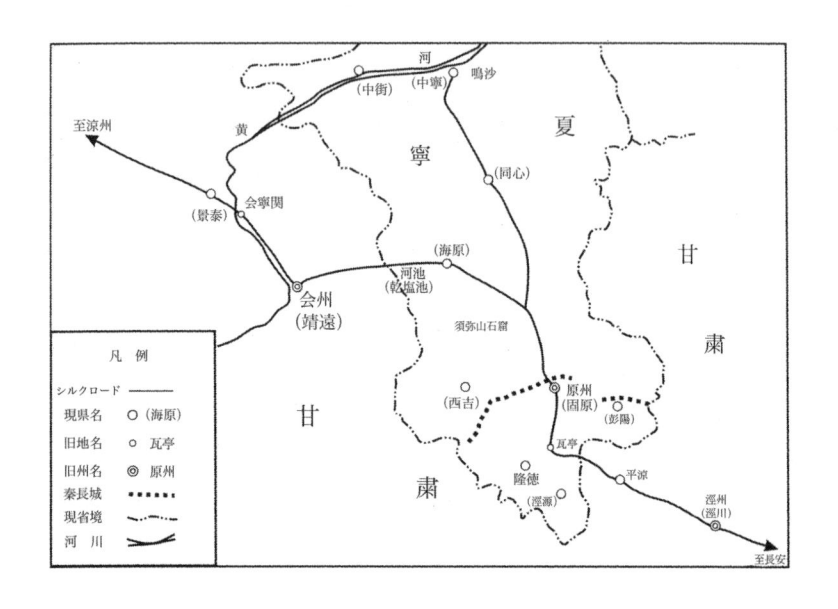

涼州の東にあった古くからのシルクロードが中断された。大中年間(847〜860年)、張義潮が河西ルートを回復して、長安から河西までの古くからの道を再開させた。ところが、寧夏地域内のルートは、原州を通らないで、靈州（今の寧夏靈武）を経て西に向かうことになった。即ち、今の青銅峡から黄河を渡り、中衛を経て甘粛の武威に出るか、または、今の銀川を経て西へ賀蘭山を越して、今の内モンゴル阿拉善左旗区域内から涼州か粛州（今の甘粛酒泉）に出るルートとなった。

　五代時代から北宋初期までは、靈州を経る西域の道は順調に通行できた。しかし、西夏が靈州及び河西ルートを占領した後は、宋朝と西域との往来には河西ルートを通らずに、北からタタール草地を通るか、南から青海湖を通るようになった。

　元時代の初め、固原に新しい道が開かれた。それは、長安から涼州への北道を経て瓦亭（今の固原県の南）に行き、六盤山を西に越して、現在の隆徳県と甘粛の会寧、定西を経て蘭州に出る道であった。この新し

いルートがつくられてからは、もとの北道は使用されなくなり、六盤山が東西交通の要所となり、大量の軍用車両が六盤山を通行していた。そのため、元の太祖（ジンギスハン）、憲宗（蒙哥）、世祖（フビライ）の三人の皇帝は、六盤山で滞在したり、避暑をしたりしている。元、明、清の時代にあっては、陝西、甘粛の駅道は、みなこの新しいルートを使用した。

2　北周の李賢の墓から出土した西方手工芸品とその意義

　1983年9月から12月にかけて、寧夏の固原県南郊にある村落の南で、北周時代の李賢夫妻の合併墳墓が発掘された。この発掘は、南北朝時代の墓葬、及びそれ以後の隋唐墓葬制度の発展変化を研究する上で新しい資料を提供した。中でも、ここから出土した西方の手工芸品は、中国と西域との交通と文化交流を研究する上で、貴重な実物資料を提供することとなった。

　李賢夫妻の墓から出土した770余個の副葬品のうち、女の棺の右側から発見されたメッキの銀壺、ガラス碗と金の指輪は、「西方から輸入した手工芸品」と認定された。それらは、墓の発掘の中で最も重要な収穫であった。

　この三つの特殊な出土品について、中国の著名な考古学者である宿白先生は、次のように説明している。

　「メッキした銀壺は、高さが37.5センチメートル、アヒルのような口、細い首、上は小さく下は大きく中央は腹のような形、単柄、腰に丹を飾り、高い台座、口には蓋があったがなくなっている。その形は、ソ連のレニングラード博物館に保存されている聖獣銀壺や、フランスのパリ国立図書館に保存されている聖樹ライオン銀壺に似て、典型的なササーン朝時代の器物であり、唐の時代には『胡瓶』と言われていたものである。注目に値するのはその彫り飾りであり、特に注目されるのは腹の回りに打って彫った三組の人物像である。特に男女の服装はギリシアの風格を備えている」。

そこで、ある学者は「それはササーン工匠によってギリシアの影像をまねて作られたものだ」とか、「ササーン朝の支配の下で、ギリシアの強い影響を受けたササーン工匠の手で作られたものであろう」と指摘している。もしもこの指摘が正しければ、この銀の壺の歴史的価値は、知られているササーン銀壺をはるかに追い抜くことができるし、その芸術的意義としては、一番手の込んだササーン銀壺であり、イランのテヘラン国立考古芸術館に保存されている王女神の銀壺よりも、もっと気迫がみられることである。つまるところ、それが東西文化交流を物語る一つの極めて重要な遺物である、ということは疑う余地がない。
　「ガラス碗は、青緑色、直口低い丹足、高さ8センチメートル、口径9.5センチメートル、最大径は胴の下部で9.8センチメートル、外側に膨れ上がった二つの円形の飾り物」。1960年代に、その飾りと同じようなガラス容器とその破片が、イラン北部のカスピ海南岸のGildn（吉蘭）州で多く発見され、その制作時期はおよそ、5、6世紀であるとされている。このことから見れば、このガラス碗がササーン王朝から来たことが分かる。また、それと同じようなガラス容器の破片が新疆巴楚脱庫孜薩来依遺跡で発見されているし、日本では九州沖ノ島の8号祭祀遺跡でも出土している。それは中国大陸を経て、日本に伝わったものである。
　「金の指輪は、リング中央の円形部分に円い青金石がはめ込んであり、石の上に両手で弧型の円を挙げたものが彫ってあり、弧型の円の両端に袋のような物が一つずつ垂れている」。青金石はアフガニスタンで多く産出され、青金石の飾り物が昔から葱嶺の西で流行した。青金石の飾り物は葱石から来たものだと見られている。
　この他、李賢の墓から出土した副葬品の中に、鉄の刀がある。『発掘簡報』に、「鉄の刀は、長さ86センチメートル、鉄の環、刀の柄は銀に包まれ、片面刃、刀が錆びついて、刀の鞘をはらうことができない。刀の鞘は木製で、その上に褐色の漆が塗ってあり、下の部分は銀に包まれている。銀で作った双附耳（二つの耳）、銅で作った刀鐺（鞘下部の飾り物）」と記している。その刀は棺桶の外にかぶせた大きな棺の右側

から出土したもので、李賢が帯びた刀である。この鉄環長刀は、漢代以来の伝統的な形を踏襲し、刀の環は平たい円形のものを使用している。しかし、注目に値するのは鉄の刀の帯び方である。既に漢代以来の伝統的な帯で、璲を貫いた帯び方ではなく、刀の鞘側の上下に双附耳を縦に取り付け、耳の上に膨れ上がった円い釘が一つずつあり、それを細く短い刀の帯に固め、刀の帯を腰の広い帯に締め、刀をバンドの下に斜めにして掛ける。耳を用いるその方法は、西アジアから来たものである。ペルシャのササーン王朝の中期、末期の銀の皿の中に、双附耳を取り付けた長刀の影像がある。6世紀ごろに、その双附耳の方法が中国に伝えられた。随唐の時代以後、伝統的な帯びかたに取って代わって、その方法が中国刀を帯びる際の主流になった。その双附耳の帯びかたは、随・唐の時代に日本に伝わり、今でも、日本の正倉院に完全無欠な双附耳付きの金と銀で精緻に飾った唐の大刀が保存されている。著名な高松塚古墳でも、銀の刀の耳が出土されている。

　説明を要するのは、西方のガラス製品がシルクロードを通って中国に伝わり、さらに、中国から朝鮮と日本に運ばれたことである。

　日本と朝鮮で発見されたものには、李賢の墓から出土したガラス碗と同じようなガラス容器がある。つまり、日本では橿原新沢千塚126号墓で出土したガラス碗は5世紀のもの、福岡県宗像神社沖ノ島祭祀遺跡で出土したガラス容器の2枚の破片は5～6世紀のものであった。安南陵で出土したガラス碗は6世紀頃のもの、正倉院に保存してあるガラス碗は4～7世紀頃のものと確認されている。また、京都の上賀茂縄文遺跡で採集したガラスの破片とか、朝鮮半島では慶州の皇南洞98号古墳で出土したガラス碗等もある。これらのガラス碗とその破片には、共通して列になった円形の飾りがあり、飾りの加工の仕方も李賢の墓のガラス碗と同じで、どれも磨いて尖らせたものである。これらのガラス碗が全て、寺、王墓と神社の祭祀遺跡で発見されたことは、これが、その時代には珍しくて大切な物であったことを示している。

　また、1981年10月、固原城東雷祖廟にある北魏の古墳で、一つの彩色した漆棺と一枚のペルシャ銀貨と細首瓶という宴会用具が出土し

た。ペルシャ銀貨はササーン王朝のピルスＢ式銀貨に属し、457～483年のものである。漆棺絵に描かれた墓の主は、鮮卑族の衣装を着て、ベッドに座って、右手でコップを挙げて、左手で小さな扇子を持った姿であるので、ある学者はまったく嚈噠国作風だと思われるといった。その座った姿は、その時代にガンダーラ、中央アジアから現在の新彊にかけて流行した座り方である。このことからも、中央アジア地区の絵画やササーン王朝の工芸品が、シルクロードを通じて、寧夏固原地区に広く伝わったことが分かる。

　西暦226年に成立したイランのササーン王朝は、5世紀にはアジア西部の大帝国に発展し、その国土は、イラン高原とカスピ海南岸（今のイランとアフガニスタン）、メソポタミアの南部（今のイラク）及びアルメニアとグルジアの大部分を含むものとなった。ササーン王朝の商人達は、地中海から中央アジア、インド、中国の交通路を使って、5～7世紀の頃には、国際貿易で重要な役割を果たした。ササーン王朝の銀貨は国際貨幣として、中国西部と中央アジア一帯の貿易の中で広く使用され、シルクロードの重要な貿易地でも発見されている。『隋書』には「河西諸郡、或用西域銀之幣（硬貨の意味）而官不禁」と書かれている。したがって固原地区の多くの所から、ササーン銀器や銀貨等が発見されたことは決して偶然ではない。このことは、長い間、特に中国北方の北魏、北周の時代に、中原が西域と中央アジアの各地と友好往来の関係を保って、固原のシルクロードの北道を経由する中西貿易を頻繁に行った時代に、固原が、その交通路の重要な町であったことを表している。

　メッキした銀の壺が李賢の墓から出土したことは、当然、李賢の身分と地位に深い関係がある。李賢は北魏孝庄帝の永安3年（530年）に、原州主簿の任に就いてから、原州長史、行原州事、原州刺史となり、北周武帝の保定2年（562年）に瓜州刺史、4年（564年）に再び河州刺史となり、天和4年（569年）に彼が死んだ時には、原、涇、秦、河、渭、夏、隴、成、幽、靈という10州の軍事を担当して、北周の西域辺境の全ての領土をほとんど支配していた。彼が支配した州、郡はいずれも、中西貿易の交通ルートにあった。特に原州、瓜州、河州の任に就いた時期は、

第11章　シルクロードの文化交流が中国寧夏地域に及ぼした影響

シルクロードで関所の権力を一手に掌握し、貿易を直接管理して、胡商や外国使者から贈られたメッキした銀の壺等のような珍しい物を手に入れたことも十分に考えられる。シルクロードを順調に通行できたことや中西貿易が盛んになったことは、李賢が西方の美術品を入手し収蔵することに、極めて有利に作用した。

3　須弥山石窟——仏教文化の芸術的結晶

「アジアを横断する偉大な道路で輸送した商品の中に、絹よりも大きな意義を持つ物があった。それは中国に対してばかりでなく、東方の芸術と思想の全体に対しても革命的な役割を演じた。それは、紀元前6世紀にインド東北部に生まれた仏教文化である」。西暦1世紀頃の東漢時代に、仏教はシルクロードから西域に伝わり、再び、西域から中国に伝わった。仏教の伝来は、中国に新しい宗教を伝えただけでなく、新しい西域芸術をもたらした。シルクロードが残したものの中で、最も持久的で朽ちることのないものは仏教芸術である。仏教とその芸術の伝播は、北魏から隋、唐の時代以前にも、徐々にではあるが着々と、深層において進んでいたが、唐の時代に入ると、シルクロードの繁栄とともに、その伝播の黄金時代を迎えた。

現在の固原県の西北50余キロメートルの所に、須弥山石窟がある。石窟は、長さが約2キロメートル、幅が約1キロメートルあり、五つの山の峰の八つの崖に分布している。現在、その石窟群の中で比較的完全に保存されているのは、北朝から唐代に作られた132座の洞窟、315基の大小の彫像、113基の仏壇、16本の中心塔柱のほか、唐、宋、明時代の彩色壁画、建築遺跡、漢・蔵・西夏文字で書かれた題字と碑文等である。須弥山石窟が造られた時代は北魏であるが、西魏、北周時代にも造り続けられ、唐の時代には石窟造りが盛んに行われた。明成化12年（1476年）の『重修圓光寺大仏楼記』に、「唐代には須弥山石窟は景雲寺と称され、その名称が五代、宋、元、明の初期を通して使われてきた。五統8年（1443年）、景雲寺が修繕され、明の英宗によって円

光寺という名称に改められた」と書かれている。須弥山石窟は、インド仏教芸術の精華を取り入れるとともに、中国漢文化の芸術伝統をも受け継いで発展した、1400年余の歴史を持つ仏教芸術の宝庫である。1984年から5年をかけて、須弥山石窟の大規模な修繕が行われた。1988年の秋、日本仏教視察団が須弥山石窟を視察したとき、山田一真団長が筆をとって「寧夏の敦煌」と揮毫し、須弥山石窟に高い評価を与えている。

「須弥」とは、梵語のsumeruの音訳で「聖地」「中心」「高善」「積善」等といった意味である。それは、インド神話に出てくる名山であり、仏教に採用されて、多くの仏教造像や絵画に、須弥山を題材とした天国の景色が表されている。敦煌石窟の題辞の中にも、須弥山を題材にしたものが沢山ある。須弥山という名称は、仏教が東へ伝わって仏教経典の翻訳、石窟の開削、仏陀の物語りや壁画の出現に伴って生まれたのである。

漢の時代には、固原須弥山は逢義山と言われていた。ある学者の考証によれば、「須弥山」という名称は唐の時代、第5窟の大仏の開削後から使用され始めたとされている。大仏の開削と完成は、須弥山石窟の歴史的な転換であり、須弥山石窟の仏教芸術の興隆を象徴するものとなったが、それは唐代の帝王の仏教に対する支持と崇拝、審美眼を反映するものといえる。その時に、仏教文化の多種類の要素が込められた「須弥山」の名称が、いかなる仏教的色彩も持たない「逢義山」に取って代わったのも自然なことであった。唐の時代を経て、須弥山という名称が通称となった。

最も早く造られた須弥山石窟は、通称「子孫宮」の第14窟である。窟門の上には明りとりの窓があり、窟室は方形であり、窟内に彫りつけた三重の方形塔柱は直接に塔を突き上げ、四辺に単一の仏壇と独自の釈迦多宝仏が彫られている。その像は、豊満、自然で、鼻が高く、耳が垂れ、眉が細く、目が大きく、肩が広く、腰が細く、彫刻と描写が結び付けられていて、色彩と格調が古く、素朴で、その風格と手法は、雲崗石窟にある北魏初頭の造形像と同様に、ガンダーラ芸術の風格を体現している。須弥山石窟の中で最も壮大かつ華麗で、一番多くの石窟があるのは、円光寺の裏手にある第45号、第46号窟と、相国寺の裏手にある

第11章　シルクロードの文化交流が中国寧夏地域に及ぼした影響

第51号、第57号、第70号の洞窟である。北周時代に造られたその石窟は規模が大きく、ある洞窟には造像が40余基もある。仏壇ごとに立った仏があり、一般に一仏、二菩薩である。仏像は慈悲深くて端正である。菩薩は宝冠をかぶり、華麗な装飾で、両側に脇侍が立っており、姿態が雅やかで実感がこもっている。北周時代の造形像は、写実に傾いた風格もガンダーラ美術式の彫刻芸術から移り変わったものである。

須弥山で一番大きい石窟は第5洞窟で、唐宣宗大中3年（849年）に造られたもので、俗称「大仏楼」という。一つの弥勒大仏は体形が高くて堂々としており、高さが20.6メートルある。比率が適度に釣り合い、顔立ちが端正で、体付きが豊満で、袈裟を掛けた姿は非常に壮観である。この彫像は、須弥山のシンボルである。それは、ガンダーラ芸術の拘束から逃れて、多くの中国化した彫塑手法を使うなど、唐代の仏教と芸術が次第に大衆化、民族化する傾向を反映している。しかも、唐時代の芸術的風格を十分に体現しており、雄大で偉大な気迫と彫塑芸術の高い到達水準を現している。これらの異なる時代の仏像彫塑の芸術作品は、古代の労働人民の創造的才能を反映しているだけでなく、中国と西域との文化交流を歴史的に証明している。

仏教石窟が分布している集散の特徴から見ると、西安の西に位置する数千キロメートルに及ぶ石窟帯はシルクロードにぴたりと一致し、仏窟の場所として選択された位置は、例えば敦煌石窟等では町の郊外や山の麓など、川岸が多い。須弥山石窟も同じように、シルクロード東段の北道の通過地に位置し、原州（今の固原県）から50余キロメートルも離れていない。それは、仏教芸術の伝播路線とぴたりと重なっており、僧侶たちに必要な生活条件を満たす一方で、世俗の邪魔を避ける必要性をも満たしていた。それが、須弥山石窟に関する空間的な特徴である。須弥山石窟が造られた時代の文化的背景も、仏教の伝播であった。それよりかなり前の十六国時代の前趙（304～329年）の時代に初めて、仏教が今の固原一帯で見られるようになったが、後趙（319～350年）の時代に、仏教発展の勢いが既に現われ、しかも素早く普及していった。後趙の咸康3年（377年）、安定人の候子光は"自称仏太子、云従大秦

来、当王小秦国"と記している。史書によれば、著名な名僧だった仏図澄（231〜348 年、西域の人）は、自分の弟子とともに後趙の地域で、仏教の寺を 893 基ほど建てている。前秦（350〜431 年）、後秦の時代に、須弥山石窟の造形像の開削工事が既に始まっていた可能性が極めて高いと見られている。十六国時代に、関中地域は、中国北方における仏教の中心地の一つになり、安定地方にも影響を与えていた。高僧の竺仏念僧は、安定地方に仏教を伝えに行っている。経典を翻訳する大師の嶋摩羅什の弟子の中には、安定から来た道温、僧契がいた。安定と須弥山とは距離的に近く、関中と西域との往来には、必ずこの道を通らなければならなかった。十六国時代における仏教伝播の基礎があったからこそ、北魏の時代に、須弥山の開削による大型かつ雄大な石窟ができたのである。

4　シルクロードと西夏の繁栄

西暦 11〜13 世紀に、タングート族が活躍し、西夏を建国し、都を興慶府（今の銀川市）に定めた。西夏の範囲は、寧夏の大部分の地域（固原地区を除く）、甘粛の河西ルート等の地域を含んだ。西夏を建国する前の長い間、遊牧を主としたタングート族には農業、手工業、商売が不足しており、その上に、黄土高原の西部とモンゴル砂漠の南にその支配地域が位置していたので、自然条件が悪く、馬と青塩で宋朝からの食糧、茶、絹と交換する以外に方法がなかった。ところが、その「交易」は、時として宋朝からの制限と禁止の圧力を受けていたので、この制約条件を取り除くために、李継遷から、彼の息子の李徳明、孫の李元昊までの三代、50 余年をかけて、経済が豊かなシルクロードの通過地である河西ルートを奪取することに全力をつくした。こうして東西貿易交流の利益を西夏にもたらすことによって西夏の経済は発展し、政治と軍事の実力を強化して、宋と遼との間にあって、これらと対峙する関係をつくり、元昊から乾順の時代にわたる最盛期をつくりあげた。

五代から宋の時代の初めまでは、シルクロード東段の秦州（今の甘粛

第 11 章　シルクロードの文化交流が中国寧夏地域に及ぼした影響

天水）から涼州（今の甘粛地域）に至る地域は吐蕃に占領されていて、自由に通行できなかった。中原は河西、西域との往来のために回り道をして、北へ行って靈州（今の寧夏靈武）を通過したため、靈州はその時代のシルクロード東段における重要な町になった。その当時、タングート族の首領である李継遷は、宋朝によって、池塩を辺境に持つことを厳禁され、交易を阻害され、食糧、絹、茶の生活必需品の全てを宋朝に頼らなければならなかった。この情況下で、李継遷は、宋朝が支配する地域内の農耕地区と河西シルクロードに目を付け始めた。李継遷は、先ず矛先を宋朝の西側の重要な町である靈州に向け、兵士を送って、咸平 5 年（1002 年）3 月に靈州を奪取し、州知事の裴済を殺して、その州を西平府と改めた。その後、彼は矛先を、シルクロードのもう一つの重要な町である涼州に直接向けた。涼州は、河西ルートの東端に位置し、シルクロードの中西貿易と文化交流の中心であり、唐朝の時代に西域の軍政を主管した隴石が、河西節度使として長期にわたって駐在していた重要拠点であった。安史の乱の後に、吐蕃が涼州を占領した。咸通 2 年（861 年）、河西の帰義軍節度使の張義潮が涼州を攻め取り、そして朝廷に兵士を派遣して、ここを守るよう要請した。

宋時代の当初、涼州の刺史は宋朝の役人であったが、吐蕃の「六谷藩部」が遍く涼州城の内外に置かれていた。そこで、李継遷は何回も涼州に向けて進撃したが、景徳元年（1004 年）に六谷藩部によって殺された。次いで、その息子の李徳明が後を継ぎ、大中祥符 8 年（1015 年）までに遂に涼州を攻め落した。天聖 6 年（1028 年）、李徳明の遺児の李元昊が甘州、抜之を攻撃した。李元昊が後を継いでから、継遷と徳明のシルクロードを管理するという方針にしたがって、引き続き景祐 3 年（1036 年）、瓜、沙、粛という三州の兵士を派遣し、これを占領した。西夏を正式に建国する前に、継遷、徳明、元昊という三代の奮闘によって、シルクロードの通路の支配に遂に成功したのである。

こうして西夏は、靈州の西に位置する広い河西地区を占領し、支配領域を 4、5 倍に拡大した。西夏は、経済が繁栄している半農半牧の河西地区を占領した後、畜産だけに依存する貧困経済から脱却して、大きな

図11-2　西夏期の寧夏地域内シルクロード経路図

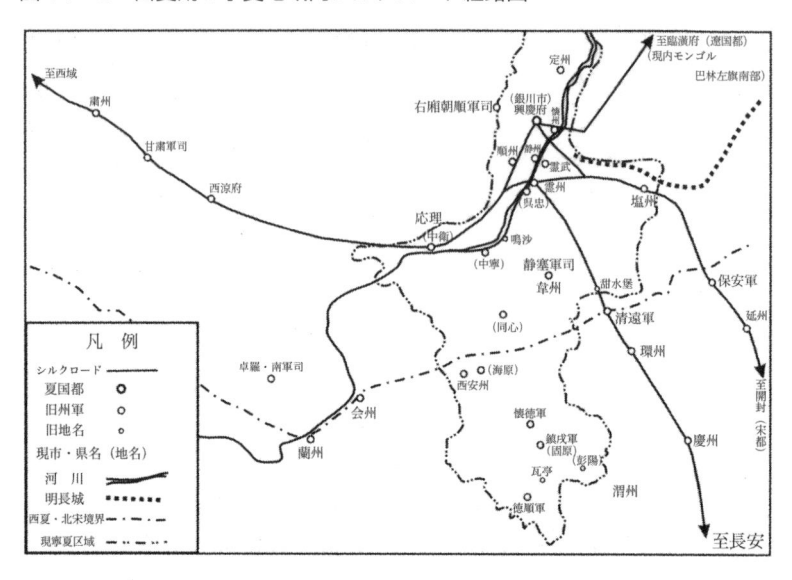

発展を遂げることとなった。西夏がシルクロードの支配によって得た最大の利益は、東西双方との貿易から上がる税金収入であった。高昌回鶻、亀茲回鶻、于闐、喀喇汗王朝、大食等の西域の諸民族と国は、遼との貿易往来のためには、必ず西夏を通過しなければならなかった。これらの諸国が宋朝との貿易往来にあたって、険しい青海道を通らないのであれば、西夏国境を通過する以外にルートはなかった。"夏人率十而指一、必得其最上品者、賈人苦之"という記載がある。そこで西夏は、シルクロードの支配者として関税を徴収して利益を得るほか、西夏は役所と中間という二種類の貿易形式を通じて国際市場に参入したのである。西夏の商人は、東の遼・宋と西の西域に、土産品の販売、絹や珍しい物品の輸送によって巨額の利潤を獲得した。西夏から西域へ転送する商品には、宋朝から得た絹のほか、利益の大きい茶があった。西域で一番人気の商品は、西夏の漢方薬・大黄であった。

　元昊から乾順までの百余年の間、西夏は、敢えて宋・遼国の支配に抵抗し、諸勢力が対立しあう中で強国の位置を確保した。シルクロード貿

第 11 章　シルクロードの文化交流が中国寧夏地域に及ぼした影響

易によって強化した経済力は、西夏の政治と軍事力を支える重要な柱であった。それによって、西夏はシルクロードにおける国際的地位を大きく高めた。李元昊が建国して、皇帝になった 2 年目 (1039 年)、宋朝に送った表文のなかで自らこう語っている。"吐蕃、塔塔 (即ち韃靼), 張掖 (滅ぼしたばかりの甘州の回鶻国を指す)、交河 (高昌回鶻国)、莫不従服"。

シルクロードは、西夏に極めて大きな経済的な利益をもたらした以外に、仏教文化の西夏への伝播と発展を大きく促進した。タングート族人民は、長い間、苦労と戦争の動揺、被抑圧民族としての辛酸をなめながら生活の安定に努めたが、その苦難から脱出する道を見つけることができなかった。その状況は、仏教の「人生無常」と、「仏教を信じ、善を行えば、"極楽世界"に入れる」という教えに一致すると同時に、仏教をして民衆を精神的に支配する重要な柱としようとする、西夏の支配者の要求にも合致した。

西夏の建国前、李徳明は、宋の仁宗天聖 8 年 (1030 年) に、正式に宋朝から仏典を与えられるように要請した。西夏建国の後には、初代皇帝の李元昊が、仏教と漢文化に対して理解を持ち、その吸収に努めるとともに、可能なかぎり条件を整えて、西夏地区での流布と発展を行った。彼は、宋朝から漢字の仏典を輸入したばかりでなく、西方からの梵字、藏字の仏典も輸入した。学識の高い僧を組織して、それを西夏文字の仏教に訳し、刻印して境内に布施した。また、自ら重要な発願文を書いて、民衆への仏教教理の普及に努め、西夏仏教を急速に発展させ、仏教の地位向上を行った。特に西夏文字に翻訳した仏典は、西夏仏教の伝播に対してだけでなく、西夏文化全体の発展に対しても特別な貢献をした。西夏の前期に翻訳された西夏文字の仏典は 3570 余巻にもなった。中国の漢文、藏文を系統的に少数民族の文字に翻訳したのは、西夏大藏経が始めてであると言ってよい。現在、国内の各地に収蔵された西夏文字の仏典には、名前が確定できたのが 20 種類、130 余巻ある。その他にまた部分的な仏経典の残片もある。国外ではロシアに収集されたものが一番多く、各国に収蔵された西夏文の仏典は約 300 余種類ある。

西夏は仏教を大いに発展させ、規模の大きな塔や寺院の建立に力を尽

くした。元昊の建国当初、土木工事を大いに興し、舎利塔を建造した。天授礼法延祚10年（1047年）、規模が非常に大きい高台寺を建てた。"俱高数十丈、貯中国賜大蔵経、広延回鶻僧居之、演繹経文、易為藩字。"銀川市の東に残る高い土台は、高台寺の遺跡であるかも知れない。今も銀川市内にある西夏の著名な承天寺と承天寺塔とは、諒祚母後没蔵氏倡建で福聖承道3年（1055年）に造られたものである。文献の記載と遺跡の考察によって、西夏の寺院が西夏の至る所で発見されており、明確に西夏時代の寺院として数えられるのが20余件あり、興慶府の回りには大小の寺院が10余件もあることが分かっている。西夏王陵の陵台は、唐、宋の皇帝陵のような丘山の形と同じではなく、八面形の七階の実体塔式の建築である。その塔式建築の陵台は、仏教建築風であり、西夏帝王が仏教を信じたことと切り離せない。

　仏教の繁栄と発展は、各種芸術の形を通しての宣伝を求められたため、西夏における芸術の進歩をも推し進めた。仏教伝播が有する重要性は、西夏文字の創造と普及を促進する重要な一因となったことである。西夏の仏教芸術は、絵画、彫塑、書道、建築等の分野で開花した。唐の最盛期の仏教芸術は、唐末五代時代の戦争によって落ち目になり、多くの芸術品が破壊されたが、西夏時代には仏教が振興され、破壊された仏教芸術に生気を取り戻させ、さらに発展させられ、独特の仏教芸術の特長を形成した。シルクロードにある莫高窟と楡林窟の西夏壁画と彩塑は、唐・宋時代の遺風と影響もあるが、明らかな西夏の特長を持つ西夏仏教絵画と造形芸術の高い水準を集中的に反映している。

　西夏が仏教を重視して、大いに発展させたことと比べ、唐末五代以後、中国の仏教発展の中心地域であった中原一帯では、仏教が既に衰退をはじめており、仏教発展のもう一つの地域であったチベット地域でも、仏教が排斥され、仏教の発展は低調であった。しかし、西北にある西夏では、仏教が盛んになり、わが国の仏教の発展にかなりの影響を及ぼした。それは、シルクロード、西夏に支配された河西ルートと深い関係があることは言うまでもない。西夏の建国前に、河西、隴右等の地域における仏教は、既に一定の社会基礎を持っていた。河西ルートは西域から中原

に入る通過地であり、漢、魏時代から隋唐時代を通して、仏教がこの地域で600〜700年も栄えたので、この地域の仏教が大隆盛を極めただけでなく、中原における仏教発展に対する重要な橋かけの役割を果たした。

　唐末五代の時代に、この一帯は、前後して吐蕃、回鶻（ウイグル）、張義潮、曹氏等の政権に支配されたが、それらの政権は仏教を大いに提唱、助成して、仏教の勢力を更に発展させた。特に西部のウイグルは、西域と内地との間の仏教伝播の重要な媒介役を果たした。西域のウイグル僧人は、仏教を西夏に宣伝する上で特別な先導役を果たした。西夏における仏教文化を繁栄させた重要な前提こそ、シルクロードである。

第12章

日本の中山間地域における農業経済発展の中国へのヒント
——日本島根県の農村問題への一考察

陳　育寧

石見銀山近辺の神社（島根県）を訪問した中国研究者（1990年）

はじめに

　本章では、日本の農業統計上の地帯区分である「中山間地域」と称される地域の発展について考察する。「中山間地域」の発展促進のために採用された政策及び措置を紹介しながら、発展途上に存在した顕著な問題点について取り上げる。
　日本と中国では経済発展のレベルも国情も異なるが、日本が農村の発展問題解決のために採った政策及び措置は、我国（中国）の三農問題（農業・農村・農民問題）の解決に、依然として現実的な意義と参考価値を有するものと考えられる。

1　島根県の農村問題から日本の農業が抱える顕著な問題点を考察

　日本には、地帯区分上「中山間地域」という概念がある。いわゆる中山間地域とは、1988年に日本の農業白書が発表した「平野の周辺部から山間地に至る、まとまった平坦な耕地の少ない地域」という概念に由来していて、平野の外縁から山間地にかけての広大な地域を指している。この概念区分によると、日本の国土の約70％が中山間地域に属することになる。中山間地域は、水資源が豊富で食糧生産および生態バランスの保護にとって重要なエリアであり、日本の総人口の13.7％がこの地域に居住している。
　中山間地域という概念が生まれたのは、日本経済の発展において、都市部の発展に相対する地域として、この地域では長期にわたり異なる政策及び計画が実施されてきたからである。関東、関西等の都市経済が急速な発展を遂げた時期、日本政府は中山間地域の発展も重視し、大・中都市の発展が農村および山間部の発展をもたらす、つまり中山間地域の発展にもつながると再三にわたり主張してきた。しかし実際には、大・中都市の発展、特に東京、大阪といった大都市周辺には大規模な工業地

域が形成されたものの、中山間地域の発展はこれに比して後れをとり、大都市との格差が一層広がる結果となった。こうした状況に政府、経済界が注目し、ここ10年来、中山間地域の発展が常に政策として、また経済問題として重要な研究課題となってきたのである[1]。

西日本に位置する島根県は、その大部分が中山間地域に属する。島根県は中国地方（本州の西部）の北側にあり、東は鳥取県、西は山口県、南は広島県に隣接し、北は日本海に面し、総面積は6707.32平方キロキロメートル、日本全体の1.8％にあたる面積を有している。県内は12の郡から構成され、8市、41町、10村の計59の行政単位を管轄している（編者注：数値は2003年現在。その後の市町村合併により、8市、12町、1村の計21の行政単位となった。）。島根県で中山間地域にあたる面積は全体の84.3％にも及ぶため、ここ島根県は中山間地域の代表的エリアだと言えよう。山地は北東から南西にかけて細長く伸び、西部地域の山並みはずっと海岸線まで続いている。島根県の総面積に占める森林面積の割合は77.9％で、全国第3位の森林県である。農業用地は全体の7％、うち水田が78％を占めている。

1955年の国勢調査によると、島根県の人口は929,066人、過去最高を記録した。しかしその後は工業経済の急速な発展につれて人口は絶えず工業地域へ流出し、2001年には761,503人へ減少した。特に顕著なのは、中山間地域の人口が1980年の354,679人から2001年には309,621人へ減ったことである。島根県の人口の減少、特に中山間地域の人口の減少は、日本が戦後の高度経済成長期を経て以降、農村に現われた最も顕著な問題点となった。

工業の急速な発展と同時に大量の農村人口が都市に向かって集中し、都市人口の過密集中を生み、逆に農村は過疎化したことで、一連の社会問題が起こったのである。例えば農村労働力の減少、田畑の荒廃、人口の高齢化（日本の老人年齢の基準は65歳以上だが、島根では1970年65歳以上人口が55,000人、しかし1980年には67,000人、1995年には96,000人に達し、1990年には1965年より74.30％増加した。）といった問題である。島根県中山間地域研究センターの専門家は、県内

の中山間地域でランダムに抽出した4つの町村で2000年から2005年の間に、人口は平均29.7%、最も深刻な地域では34.1%減少すると予測する。こうした問題が日々深刻化することにより、農業経済の発展は阻害され、社会に重くのしかかる。

　日本は1990年代以降、バブル崩壊で不景気となり、特に1997年には一層深刻な状況となった。1999年から景気はやや持ち直し始めたものの、依然不景気感は払拭できない状態だった。この間、島根県では「1994〜2010年長期計画」を立てている。これには産業、交通情報通信システムをサポートするシステムの構築、都市と農漁村をリンクさせた新エリアの形成、高付加価値工業の振興といったような内容が盛り込まれていた。これにより、第一次産業の生産高はやや落ち込んだものの、建設、水道ガス電気事業等産業の生産高は増加し、実質プラス成長を維持した。1999年島根県のＧＤＰは2兆4107億円で前年比成長はみられなかったが、1990年の基準時点の価格と比較すると1.6%の伸びを示した。島根県では1999年以降、第一次産業の生産高は減少したが、第二次、第三次産業の生産高は増加し、就業率も前年比2.1%アップした。一人あたりＧＤＰも2001年、2,464,000円に達し、前年より0.5%伸びて、過去3年間で初のプラス成長を記録した。

　島根県は日本の典型的な農村の一つといえる。その発展の後れは、いわゆる中山間地域のもつ問題を如実に反映している。つまり大都市の急速な発展と拡大が、農村人口を大量に都市へ流出させたことによって、農村の過疎化が進み、第一次産業の発展の後れ、土地の荒廃化など一連の問題を引き起こさせたのである。

2　新しい活路の探求——中央省庁から地方自治体への強力な支援と産業構造の再編

　日本政府が2000年より実施している中山間地域活性化の重要政策は「直接支払制度」である。この制度は中国地方の5県（島根、鳥取、岡山、広島、山口）でも実施されていて、政府が直接交付金を支給するこ

とによって、これら5県の中山間地域の農業経済発展を支援するものである。具体的目標としては、5県の中山間地域25万ヘクタールの農家に対し、農業インフラの改善、農機具の追加、加工業の発展と流通拡大を通して、農家の収入を増加させ活性化を図ることにある。政府は5万ヘクタールの耕地の農民に対し、5年連続で毎年76億円を投入する。こうした活性化政策は農家の関心を惹き、土地の荒廃防止、耕作の質の引き上げ、第三次産業及び公益施設の増設に効果的な役割を果たした。こうした政策の出現は、日本政府による中山間地域の農業問題の取り組みへの重視と支援力強化のあらわれである。島根の農村でのここ3年あまりにおける最大の変化は、政府実施の農業活性化政策に成果が現われ始めたことである。農村での構造再編が促され、過疎化の進む農村での建設、活性化問題解決のための様々な経験が蓄積され始めている[2]。

取組みの事例として、主に以下のようなものがある。

(1) インフラ建設への補助

島根県の農村は日本では比較的発達の後れた地域に属するが、町村道路は政府の補助により造られている。路面の質は比較的高く、四方八方に張り巡らされていて、便利で素早い移動が可能だ。山間部であるため道幅は広くはないが、交通設備が整備され秩序もあり、道路建設にはそれなりの投資がなされていると言えよう。整備発達した道路網の構築は、農村で使用する小型車普及のためには格好の基礎を固めたことになる。政府による農村の道路建設への投資は、実は農業経済の産業保障措置の一つである。

これ以外にもここ3年来、仁多町（現奥出雲町）、横田町（現奥出雲町）、赤来町（現飯南町）では、例えば農産物加工場、惣菜副食加工施設、直送米加工場、リハビリセンター、リハビリ公園、温泉施設、公共下水道、病院、学校といったような量産可能な生産インフラおよび公共施設が建設されている。その結果、米の単作栽培構造に変化が生じたことで加工業、第三次産業及び公益事業の発展につながり、さらには農家の収入も増加し、ひいては雇用機会の創出により人口流出も阻止される等、顕著

な成果が現れている。

(2) 教育への補助

仁多町が3億円出資して開学した「島根リハビリテーション学院」は、4年制の医療学校で、理学療法学科と作業療法学科が設置されている。校舎はまだ新築で静かで落ち着いた学習環境を誇る、医療と保健の両機能を兼ね備えた専門学校である。人口1万人にも満たない仁多町だが、このほかにも中学1校、小学校7校、幼稚園5校があるほか、さらに農民のための研修センターも設立され、専門の指導員の下、村民はここで技術訓練や研究実験などを受講できる。こういった補助を通して、農民の専門技術、生涯教育といった課題が解決されているのである。

(3) 医療への補助

仁多町出資の仁多町立仁多病院（介護療養型医療施設併設）は設備の整った医療施設である。農家の人々は地元の病院で診てもらえる上に医療費も都市部より安い。こうした医療補助を通して、過疎地における医療難が解決され、村民生活の質的向上が図られている。

(4) 就業機会の提供

仁多町の出資した玉峰山荘は、設備の整ったハイレベルの温泉施設である。地元民へ新たな雇用チャンスを創出したことで、専門教育を受けた若者が高給の待遇に魅力を感じ、都市から地方へUターンしてこの山荘で就職しているという。環境的にも静かでサービスも良く、訪れる観光客は非常に多い。仁多町内の80数世帯程が居住する地区では、仁多町出資の小型食品加工施設が設立され、伝統的な漬物や寿司の加工を行い、消費者に直接販売されている。この加工場でも19人が就職し、この地区だけで様々な形で100人以上もの就業チャンスが創出されたという。

(5) 流通サービスへの補助

栽培、加工、観光の生産と消費一貫型で企業と農家をリンクさせて流通経路を拡大し、農民の収入アップにつなげていく、というのが現在島根県の農村で一般に行われている方法である。過疎地域の農家の農産物販売を容易にするため、仁多町は公道近くの農村集落に農産物や特産品の直売所を設け、観光客に新鮮な地元特産品を市価の約3分の2の安値で提供している。

　農産品の販路拡大のため、栽培、加工、観光をリンクさせている所も多い。その典型的なのは大社町(現出雲市)の「島根ワイナリー」である。ここは比較的規模の大きいワイン醸造基地で、出雲大社（日本最大規模の神社）近くの、松江に通じる交通要所に位置している。観光客はこのワイナリーでブドウの栽培について理解できるし、ワインの醸造過程も見学可能な上、ホールではここで醸造された各種ブランドのワインを思う存分試飲できる。さらには地元産の特産物や様々な食べ物を試食しながら購入することも可能なので、こうしたショッピング環境の下、手ぶらで何も買わずに帰る人はほとんどいないという。ここでは品位ある企業文化を強く感じ取ることができる。落ち着いた環境に様々な宣伝方法を組み合わせて、例えばワイン醸造の歴史、醸造技術、各種ワインの効能、日本と世界のワインの発展状況からさらにはワインの小売価格、卸価格、輸送距離ごとの配送価格等、いろいろな知識を習得することができる。横田町奥出雲にあるワインミニ工房でも栽培、加工、観光を一体化して、伝統的方式により少量のワインを醸造し、その醸造技術を紹介した小規模展示館を設けている。さらには試飲・販売ができる小さなショップも併設されていて、美術作品の展示と併せて、多くの観光客を惹きつけている[3]。

　年間2,500トンの精米を行っている「仁多郡カントリーエレベーター」(仁多精米加工場)は、政府の直接支払制度の援助の下に建設された加工場で、地元農家の50％がそのネットワークに参加している。

　サービス業関連の典型的な例としては、仁多町の出資で建設された「仁多堆肥センター」がある。かつて仁多町ではほとんど化学肥料が使用されていたが、農産物の質の向上とシェア拡大を目的に2000年、中山間

地域の直接支払制度を活用して仁多堆肥センターが設立された。この堆肥センターのおかげで、周辺 52 集落の計 93 ヘクタールの耕地の需用を満たすだけの堆肥の生産が可能になり、およそ 80％の地元農家が堆肥を使用している。似たような例として赤来町に作られた「農機サービスステーション」があるが、ここでは農家の繁忙期に安価で農家への農業機械作業サービスを提供している。

　こうした事例からわかるように、日本の中央省庁、地方自治体は、中山間地域の農業経済回復にむけて強力な支援措置を打ち出し、様々な方法で農家収入を増加させることで、過疎化、労働力不足、農業経済下落といった問題の解決を図ってきた。こうした措置の中でも、農村インフラ、農村教育、農村医療、農民の就業機会の創出、流通の開拓などといった分野への国家補助は、実際には一種の公共の産物への補助なのである。農民のこうした費用の負担をなくする、あるいは少なくすることで、本当の意味で利益があがり、農民収入の引き上げや農村人口の安定、ひいては農村の産業構造の再編成に寄与していくのである。

3　新たな発展推進のための重要施策

　3 年前と比べると島根県では目下のところ経済発展の速度は落ちているが、現在、新しい措置によってそれを突破し、新たな活性化を目指そうとする動きがある。その主な措置には、次のものがある。

（1）地域産業高度化促進のためのハイテクによる企業支援、企業への情報・技術提供
　島根県は日本でも比較的立ち後れた地域の一つであり、伝統産業はやはり農業であって、産業構造のレベルも低かった。こうした過去の枠組みを突破するために、ハイテクにより産業構造のレベルアップを図ろうという計画が提案されている。
　その重要な措置の一つが「ビジネスパーク」の設立である。松江市の

第 12 章　日本の中山間地域における農業経済発展の中国へのヒント

国立島根大学北側の丘陵地に位置し、政府の巨額投資で建設されたこの「ソフトビジネスパーク島根」では、各種のハイテク研究が行われ、充実した試験設備の中でハイレベルの管理を誇り、企業がここで研究開発を行うのに完璧な条件を備えている。ここでは、島根大学およびその他科学研究機関の人材を使って、その科学技術的に優位な立場を活用することができる。こうした環境の下、このビジネスパークでは企業活動の活性化、新産業の創出を推進し、情報・技術・産業支援機構等がパーク内に結集する優位な立地条件を活用して、新しい活力あるハイテク企業を成長させ、新産業の発展を促進させると同時に、企業家と学者、政府職員の交流を促すことを目的としている。つまりここは、「産」「官」「学」結合の産物ともいえるのである。

ソフトビジネスパークの建設に投入された 330 億円は、全て島根県が出資している。敷地面積 78.2 万平方メートルには、広々とした建物、行き届いたサービスと先進的設備が配置され、よりよい研究開発環境を形成している。ビジネスパーク内の設備は、オープンスタイルが採用され、ソフト事業や企業関係者の参入を促すため、パーク内にはクオリティの高い光ファイバーケーブル網が構築されていて、立地企業は無料でこれを利用できる。パーク内の事業所建物も安値な賃貸料で参入企業へ貸し出され、ビジネスパーク内の研究開発条件を活用して地元企業の技術的レベルアップとマネージメント力の向上が図れるようサポートしている。

（2）科学的調査研究で政府の政策決定に寄与

「島根県中山間地域研究センター」は、1998 年、中山間地域の発展を研究対象として、他県に先駆けて設立された専門の総合研究機関である。研究内容には、近隣 4 県の中山間地域も含まれていて、センター設立費用 60 億円は、島根県が全額出資している。

このセンター設立の基本構想には、中山間地域の保護・振興・活性化を主旨として、農業、林業、畜産業が総合一体化した技術研究の推進、各種技術の総合的実施をはじめ、その成果活用のための研究、および地

域づくり支援事業研究の推進、連携・共同研究を通して県民の求める各種研究の実施、県外の関連地域との共同研究の推進、さらに21世紀に向けた持続可能な中山間地域発展事業の推進が挙げられる。つまり、まとめて言えば、研究、支援、情報がこの基本構想の3大柱なのである。例えば、中山間地域の社会問題、農業の総合的開発や林業、畜産業等の研究について、積極的に研究成果を発表したり、中山間地域の地元住民参加の研修会を開いたり、人材育成に努めたり、中山間地域と他地域との交流を推進したり、調査、収集を通して中山間地域の状況を整理、発表したり、関連書物の出版や各種地域情報を紹介することで、中山間地域におけるより広範囲な事業の振興が図れると考えられているのである。

（3）人的資源の積極的開発、人材育成への積極的取組

　現在、島根県には国立島根大学、国立島根医科大学、国立松江工業高等専門学校をはじめ、島根県立大学、県立看護短期大学など高等教育施設があり、県全体で高校進学率は97.1％、（全国平均96.7％）、大学進学率は36.9％（全国平均37.6％）に達している（編者注：国立島根大学と国立島根医科大学は2003年10月に統合した）。農村でも既に比較的整った普通教育システムが確立されていて、幼稚園から中学教育まで基礎教育は需要を満たしており、人的資源開発のための基礎が確立されている。先に述べたように旧仁多町では既に高等教育施設が、旧横田町でも農業のための人材育成センターが設立されていて、農民が生涯教育や技術訓練を受講するための環境が整っている。

　こうした施策に共通している特徴は、中山間地域問題の解決において、科学技術の果たす役割を重視している点である。政府が高額投資を行い、すぐれた環境と整った施設を提供することで人的資源が引きつけられ開発されて、生産活動における科学技術の占める割合が向上し、資源開発型から科学技術開発型へと転換する。これこそ中山間地域の経済全体の向上及び継続可能な発展の基礎固めのための成功の秘訣なのである。

4　島根県経済発展のための考え方と中国へのヒント

　第一に、日本と我が国（中国）の経済は異なる発展段階にあり、農村の発展が直面する課題にも相違がある。しかし、日本の島根県の農村発展のための支援策およびその具体的措置は、我々にとっても参考にすべき重要な価値があると思われる。

　特に農村のインフラ建設の強化、農産品加工業及び流通サービス業の発展、農民への雇用機会の創出、教育の普及、人的資源の開発、農村での医療保健機関の設立、農民の医療費補助といった措置は、我が国が「三農」問題を解決し全面的に小康社会（編者注：ゆとりのある社会）を確立する上で、比較的強力な現実的意義と参考にする価値があると思われる。加えてこうした措置は、ＷＴＯ貿易協定で国内の支持条項である「緑」の政策（グリーンボックス）とも符合している。

　第二に、農業経済研究は島根大学が得意とする学科であり、この分野の専門家が、中山間地域の発展における深刻な問題について、しっかりと真剣に取り組んできた。彼らは研究機関や課題を設けて長期にわたって実地調査や課題研究を行い、多くのデータを蓄積して一連の価値ある成果を上げ、中山間地域発展への考察および基本的成果の取得に重要な役割を果たしてきた。

　島根大学は人材・研究面での有利な条件を発揮して、ソフトビジネスパーク内に「島根大学地域共同研究センター」を設置している。ここはオープンスタイルの研究機関で、社会のニーズに応えるべく地域発展問題について社会の力を結集して課題研究に取り組んでいて、ハイレベルの専門知識と科学技術を社会へフィードバックしつつ、同時に豊富な実践経験で専門研究や教学内容をさらに充実したものにしている。

　第三に、地域の積極的な活性化を推進すると同時に、伝統を重んじ伝統文化を高め、これを新しい経済成長ポイントとした点である。

　日本は既開発国であり近代化のレベルも高く、一人当たりの収入額も世界的に上位レベルに位置し、科学技術の水準も世界的に高い地位に

あって、近代化が既に社会生活のあらゆる面に浸透している。しかし島根県で見聞きしたものから思うに、島根県民は同時に伝統を尊重し、伝統文化を重視していると感じた。彼らはある一定レベルにおいて、近代化と伝統の交点を見出しているのだ。例えば松江市では、400年以上前に築城された松江城の保護に努め、濠沿いは昔のままのたたずまいが残されているし、小泉八雲の旧居も完全な形で保存されている。城を取り囲む堀川は松江の「変わらぬ風情、変わらぬ情緒」と称される地区で、小船に乗って緩やかな風を受けながら水鳥をお伴に堀川を遊覧すると、特徴ある古橋を通り抜け、完全な形で保存されている古い建造物をうかがい知ることができ、爽やかな気分になる。こうした観光資源はすでに松江経済の成長に一役買っている。

　伝統を尊重するといってもその範囲は非常に広いが、出雲民俗博物館では、地元の伝統茶道に加えて出雲蕎麦という食文化の伝統がかなり完全な形で保護されていて、人々はこうした継承が文化であり芸術であり、同時に実在する伝統的ライフスタイルなのだと感じている。伝統的な日本の造園芸術を継承、発展させた島根の「足立美術館」では、その独特の庭園美に人々は魅せられ、今日では魅力ある観光スポットとなっている。

　第四に、資源の積極的保護と開発を行い、持続可能な発展を保持していることである。

　日本は天然資源の不足している国家なので、自身の資源保護には非常に注意を払う。日本は山間部が国土の大部分を占めていて、ほとんどの山並みが森林に覆われている。日本へ足を踏み入れるとまず目に入るのは緑である。このことは、日本人が長きにわたって環境保護を重視してきた姿勢と関係がある。環境保護のため、日本の農村家庭では1965年以降、これまでの薪を燃料にしていた習慣を改め、輸入の液化天然ガスを使用するようになった。さらには環境への積極的な保護策の採用だけでなく、環境保護教育も重視しはじめた。島根県が23億円を投じて設立した「県立宍道湖自然館」は、敷地面積9,506平方メートルに、県内の野生動植物170種類、6,000点余りを展示していて、生物研究、

環境教育、そして観光を総合し一体化した大型施設となっている。開館僅か1年2か月で既に30万人がここを見学に訪れているという。

　但し、注意しておくべき問題もある。例えば建設プロジェクトで短期的には理想的な成果が上がらない場合がある。政策の影響で明確な目標に欠けて実践とかけ離れてしまった課題研究もある。山間部の発展においては、地元自治体の指導者の影響といったような非経済的要素も存在する。これらは目下のところ免れ難い問題のようである。

参考文献：
(1) 北川泉編著『中山間地域経営論』お茶の水書房、1995
(2) 永田恵十郎・岩谷三四郎編著『過疎山村の再生』お茶の水書房、1989
(3) 原剛著『日本の農業』岩波書店、1994

第13章

日本の環境保全に関する経験

張　小盟

退耕還林後の里山の風景（固原県 2001 年）

はじめに

　筆者は、2005年の8月5日から8月7日までと8月24日から8月26日までの日程で、島根大学法文学部の上園昌武先生に同行して、富山県の神岡鉱業、倉敷水島工業地域および大阪の西淀川などにおいて実地調査研究活動を行なった。この調査研究は、これら地域における環境保全について認識を深めさせてくれた。

　富山県は日本の中部地方に位置し、肥沃な富山平野には神通川が流れ、富山平野を貫いて富山湾に注いでいる。神通川は、流域に住む人々にとっては、先祖代々からの飲用水源であったばかりでなく、両岸の肥沃な土地を灌漑し、日本の主要な食糧生産基地とするための水源でもあった。

　20世紀初頭から、人々はこの地域の水稲がおおむね発育不良であることに気付いていた。1931年になると、奇妙な病気が発見された。患者の大部分は女性で、症状には腰、手、足などの関節の痛みがみられた。病症は数年間も続き、患者の全身の各部位には神経痛、骨の痛みなどが現われ、動くことも困難になり、症状がひどくなると呼吸をするにも耐え難い苦痛が伴うようになる。病気が末期になると、患者の骨格は軟化、萎縮し、四肢湾曲、脊柱変形、骨質の粗鬆化がおこり、咳をしただけで骨折することもある。患者は食事を摂れず、その痛みはすさまじく、常に大声で「イタイ！」「イタイ！」と叫ぶ。痛みに耐えられず自殺してしまう人もいる。この病気が「骨の癌」或いは「イタイイタイ病」(Itai-Itai Disease) と呼ばれるのはこのためである。

　1946年から1960年にかけて、日本の医学界の総合臨床、病理、伝染病理学、動物実験や分析化学の従事者が長期にわたる研究を行った結果、イタイイタイ病とは神通川の上流の鉱山会社が排出した廃水によって引き起こされるカドミウム（Cd）中毒であることがわかった。カドミウムは重金属で、人体に有害な物質である。人の体内のカドミウムは主に、汚染された水や食べ物、空気などから、消化器官と呼吸器官を通して体内に摂取されたものである。これが大量に蓄積されるとカドミウ

第13章　日本の環境保全に関する経験

ム中毒を引き起こすのである。

　1890年頃、三井金属神岡鉱業所は神通川の上流域で採鉱・製錬を開始した。神岡鉱業の鉱山は次第に、日本のアルミニウム鉱物、亜鉛鉱物の生産基地となっていった。当時の採鉱・製錬においては、環境保全の措置が一切講じられていなかったため、カドミウムを含んだ未処理のままの廃水が谷から神通川へと流れ込み、高濃度のカドミウム含有廃水が水源を汚染し、神通川の下流地域にも広範囲にわたって汚染を発生させた。下流の農民はこのカドミウムを含んだ川の水を使って農地を灌漑したために、水稲は発育が悪く、生産された米は「カドミウム米」となってしまった。「カドミウム水」と「カドミウム米」は、神通川両岸に住む人々をイタイイタイ病の暗雲の中へと引き入れることになったのである。イタイイタイ病は、鉱山での製錬過程において排出されるカドミウムを含有する廃水が、周囲の耕地と水源を汚染したために引き起こされたのである。1910年頃、神通川流域にはイタイイタイ病の患者が現われはじめた。

　富山県は、1962年、イタイイタイ病の発病原因を調査するため、イタイイタイ病対策連絡協議会を結成した。厚生省（現厚生労働省）、文部省（現文部科学省）および医療研究機関が、1963年6月、国家レベルでの調査研究を開始した。研究グループは、1968年3月27日、イタイイタイ病は三井金属神岡鉱業所から排出されたカドミウムを含有する廃水によるものである、との最終調査結果を発表した。

　1968年1月、イタイイタイ病訴訟弁護団が結成され、イタイイタイ病患者とその家族は、三井金属神岡鉱業所を相手取り、民事訴訟を提訴した。イタイイタイ病訴訟は、1971年6月30日、富山地裁の判決において、被害住民側の勝訴となった。三井金属神岡鉱業所は判決を不服として控訴したが、1972年8月9日に再度、住民側勝訴の判決が下された。

　この判決の後に、三つの重要な決定がなされた。「イタイイタイ病の賠償に関する誓約書」、「土壌汚染問題に関する誓約書」と「公害防止協定」の締結である。この三つの文書は非常に具体的に作成されており、実用

性も高く、その後の神通川流域の公害予防と公害管理に対して、重要な役割を果たした。また「汚染原因者負担」という環境保護経済の原則をはっきりと示すこととなった。

　1972年11月、神通川流域カドミウム被害団体連絡協議会、イタイイタイ病弁護団、専門の科学研究者と三井金属神岡鉱業所とによって共同の連合体が組織され、鉱山の排水システム、鉱業所内外の浮遊粉塵、古い沈殿池、堆積場、高原川などに対しても実地調査と監督が実施された。これは鉱区内の汚染処理を目標基準に確実に到達させるためのもので、2005年の8月5日まで、当該連合体は連続34年間、この調査を継続して行った。

　西淀川地域は、大阪市内の西北部に位置し、周囲を淀川、神崎川と左門殿川に囲まれている。この地域は、大阪府と兵庫県が接する要衝であるが、当初は漁業と農業を行う村落として繁栄していた。西淀川区の誕生は、1925（大正14）年4月1日である。明治、大正から昭和の初期にかけて、鉄道、道路と橋梁などのインフラの急速な整備に伴って、紡織、機械、金属、鋼鉄、化学などの近代工業が密集するようになり、西淀川区とその周囲に一大工業地帯が形成された。工業企業の密集と、生産過程で排出される各種廃棄物の増加に伴い、この地域に深刻な公害問題が発生するようになり、特に大気汚染公害が深刻となった。こうして大阪は、有名な「煙の都」として、政府が指定する公害地域となったのである。

　1970年代、日本の工鉱業の継続的な発展と、新たな産業政策（編者注：事業所の地方分散政策と国際化など。）の出現に伴い、西淀川地区にあった紡織、鋼鉄、化学工業の企業経営にも比較的大きな変化がもたらされた。一部の企業は、相次いで他の地域や発展途上国への移転を行い、汚染源が国内および海外にひそかに場所を移したのである。発展途上国では汚染に対する規制が欠如していることが原因となって、国際間における汚染源の移動は増える一方である。

　大阪市は、住民からの強烈な呼びかけもあり、地域の汚染の特徴に合わせて、すぐさま汚染発生地域に対する対策を推進し、環境保全は一定

の成果を収めることができた。昔日の「煙の都」は今その姿を消し、かつてのドブ川が今では並木道に変わっている。西淀川の活気あふれる産業活動は、今もなお続いている。大阪の西淀川は交通の要所として、国道 2 号線、国道 43 号線、淀川通のほかにも、阪神高速池田線、神戸線、湾岸線などがここを経由することから、交通機関の発達に伴い、自動車の排気ガスが新たな大気汚染を引き起こしている。いまや、大阪西淀川の空気は、かつての工業排気ガス汚染から自動車の排気ガス汚染へと形を変へ、子どもの喘息発症率が高い。

　環境整備は、経済の問題でもあり、また世界の問題でもある。汚染源は経済発展に伴って異なる特徴を呈するものだ。この対策のためには、全世界が共同して努力することが必要であり、先進国と発展途上国との共同作戦が必須である。環境保全の道は、長く険しいものである。

1　高度工業化・産業化に伴う環境の汚染と破壊

　先進国であろうが発展途上国であろうが、日本でも中国でも、環境問題は、工業が高度の発展を遂げる過程において、常に悩みの種となる。環境問題と経済発展とは切り離すことができないのである。

　日本経済の発展の歴史を概観してみると、太平洋戦争後、第 2 次世界大戦で荒廃した国土を再建するために、そして世界の先進国に追いつき追い越すために、国をあげて産業復興に尽力し、一心不乱に経済の増強を目指した。1955 年以降、日本経済は戦後復興期から高度成長期へと突入し、日本は 1950 年代から 1960 年代末に至るおよそ 20 年の間、急成長の時期にあり、年平均で 10％以上の急速な経済成長率を維持した。この期間、日本の重工業と化学工業は飛躍的な発展を遂げ、重化学工業の発展を基礎として、日本産業全体の生産力、生産効率と労働条件が向上し、国民の生活水準も明らかに改善された。この過程で、全国至る所で、自然との相互協調を無視した過度の開発と工場の操業など、総力を結集した重化学工業の発展が進められ、これにより、人類生存の基礎となるべき自然環境は深刻な汚染に見舞われ、極度に悪化し、日本は

公害大国となったのである。1960年代、日本では世間を驚愕させるような一連の公害事件が次々と明らかになった。三重県四日市市の喘息、熊本県水俣市の水俣病、富山県のイタイイタイ病などである。戦後、日本経済は急速に成長し、重化学工業の発展に伴って発生した産業公害型の環境汚染（水質汚染と大気汚染）が急激に深刻化し、国民の健康と生存環境は大きな脅威を蒙ることとなった。この過程を経て日本は、1970年代初頭から、徐々に環境保全への取り組みをはじめた。

　我々は富山神岡鉱業、倉敷水島工業地域、大阪西淀川などの地域を見学した際に、地方自治体の環境担当職員、企業や民間団体の人々と接触した。全体的な印象として、日本の環境は「先に汚染あり、その後に整備」といった過程を経ているように思われた。この過程の中で、環境行政部局、企業と住民たちは、それぞれが最大限の力を尽くして、上からの環境管理を強化し、総合的な環境整備を行ってきた。20年以上にわたる努力を経て、日本の環境保全の取り組みは効果を見せはじめ、ついには、かつて汚染がひどかった都市の空は青く、水は清らかに、空気は清々しいものへと変わったのである。特に富山県神通川の流域は、山紫水明の地に草木が生い茂り、背景となる知識を持たずに見学に来れば、ここは日本の有名な景勝地だと思いこんでしまうほどの美しさである。30年近くにわたる整備を経て、この地域は環境整備において一定の成果を上げ、その効果は著しいものである。

　日本経済の継続的な発展に伴い、国民の生活水準も向上を続け、生活様式は多様化し、都市生活型の公害も絶えず増加の傾向をたどった。自動車から引き起こされる大気汚染と騒音問題、生活排水から起きる水質汚染問題、大量生産、大量消費、大量廃棄に起因する廃棄物処理過程で発生する汚染問題。現在、日本の環境問題にはまさに変化がおこっている。当初、高度経済成長期に発生した工業による汚染と公害問題は、日常生活におけるごみ廃棄物、水質、大気汚染、及び地球温暖化の問題へと徐々に転換しつつある。

　経済発展の過程で、各国はいずれも環境問題と持続可能な発展という課題に直面する。しかし、それぞれの発展段階には、それぞれ異なった

解決すべき課題がある。中国は、1980年代から現在に至るまで急速な経済成長を続け、ＧＤＰの年平均成長率は7％〜8％の間にあり、これは日本の1950年代、60年代の経済成長期とよく似ている。国をあげて経済建設を中心におき、経済が急速に拡大している。発展途上国として、中国の環境の現状は楽観を許さない状態である。特に水質汚染事件と工業による大気汚染事件は、たびたび発生している。

中国の環境生態システムの最も重要なところは西部地域にある。長江、黄河の源流もまた西部地区である。中国政府は、1997年、地域間の格差を縮小し、全国的にバランスの取れた経済発展を実現するために、「西部大開発」の戦略的措置を開始した。西部地域の経済が継続的な発展をみせるのに伴い、環境汚染が次第に顕著となった。

環境は不可逆的であり、また環境損失は予測困難である。経済発展の中にある西部地域は、先進国を参考にしなければならず、特に隣国である日本の環境保全の経験を参考にして、経済の発展と環境の保全との間の調和のとれた関係を築かなければならない。経済発展は環境悪化の代価であってはならず、西部大開発は「先に汚染あり、その後に整備」、あるいは「汚染しながら、整備をする」といった道を歩むことがあってはならない。生態環境の保全を、西部開発政策の目標と計画の中に必ず組み入れて、環境破壊の予防を中心に据えながら、予防と整備を結びつけていくことが必要である。

2　日本の特徴としての「法律による汚染対策」

（1）日本の特徴としての法的規制

日本の環境保全の歴史を見渡してみると、日本は公害の最盛期といえる段階を経て、その痛ましい教訓を吸収して、政府、産業界、民衆の環境保全意識が徐々に目覚め、1970年以降になってから、環境保全が重視され始めた。今日、日本の環境保全の広がりと深さは、世界でも一流のレベルに到達している。日本の環境保全の最も基本的な手段は、立法によるものである。日本の環境関連法規は完備されており、実用性が高

く、法の執行に関しても一定の水準に達している。日本では1967年7月に「公害対策基本法」が制定され、その年の8月に実施が公布されている。法律によって、環境保護の基本政策と基本的な環境計画が明確に規定され、中央政府と地方政府、企業と個人の責任も明確にされている。

　1973年6月には、内閣が公害健康被害補償法を制定し、翌年9月に施行された。この補助制度も、当時としては世界で唯一のものであり、「汚染した者が、自分で整備し、自分で金を払う」といった経済法則が体現されている。公害健康被害賠償制度は、今なお、一部の発展途上国にとっては学ぶべき価値がある制度である。汚染を排出した者には、経済的にも法的にも懲罰が与えられることになる（図13-1）。

　1990年代に入って、環境管理という観念に変革が起こった。経済優先から経済と環境の両方に配慮するという考え方へと変化したのである。1991年12月、日本の環境庁長官は、中央公害対策審議会からの提案を受け入れた。1992年7月から環境基本法の制定についての研究を積極的に開始し、その後1993年11月に環境基本法が完成した。環

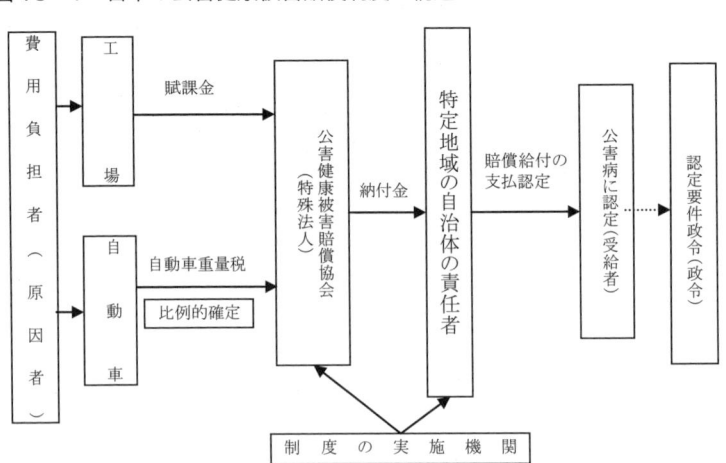

図13-1　日本の公害健康被害賠償制度の構造

境基本法とそれまでの公害対策基本法とを比べると、その最大の違いは、後者における環境保護問題は、生産の過程において発生する課題が中心であったが、前者では、資源の分配、物流、生産・使用といったすべての過程における課題を包括している点である。

環境保護に対する日本企業の認識に関しても、環境保護対策を経営コストの負担とみる考え方から、公害発生後の賠償支払金額のほうが、事前の予防コストよりも大幅に高くつくという認識に転換している。しかも省エネ、省資源や資源回収などによってもコスト削減の効果が得られる。特に世界的な環境保護意識の高まりの下で、環境保護を行っている企業の商品は民衆にも比較的受け入れられやすくなっている。このことからも、持続可能な発展という社会理念が、時代の潮流となったのである。1990年代の日本の環境保全政策は、体系的な政策を通じて、自然環境の保護と快適な居住環境の確保という目的を達成したといえる。

21世紀に入ってからは、日本経済の継続的な発展に伴い、日本の環境保全の考え方に更なる飛躍が見られた。リサイクル型社会システムの確立、企業主導型の汚染対策という理念の強化が、全領域における環境保全という目標に向けた日本の急速な発展を可能にさせたのである。

(2) 中国への日本の教訓

20年近くにわたる経済の急成長に伴って、中国もまた汚染事件が多発する国となった。特に西部地域においては、経済発展と環境保護との間に矛盾がみられる。経済が発展しなければ、人々の生活水準は向上しない。いつまでも沿海地区に後れをとり、庶民は生活に追われ、無意識のうちに環境を破壊する。しかし、経済発展とは「持続可能な発展」であるべきで、自然資源の開発と利用は、適度かつ持続可能でなければならず、環境汚染は予防しなければならない。

環境汚染対策をしていては、市場競争に勝てないという考え方、地方政府、特に最小単位の自治体では地元の経済的利益を優先してより高いＧＤＰを目指すといった傾向、また経済が立ち後れている地域での経済成長優先や地元保護主義といった思想が主流では、環境の汚染が大手を

振って行われることになる。中国西部地域における環境汚染と公害事件の発生を予防するためには、法律制度に頼る以外に方法はない。

1980年代後半から90年代にかけて、中国は経済発展に伴って悪化の一途をたどる環境問題とその危険に注意を向け始めた。法的な規範を追加して、政府の「見える手」で、汚染原因者負担原則（PPP）による「支払者」探しをするようになった。

環境管理を強化するため、中国は、環境保護に関する法令の制定・整備を行ってきた。1989年12月26日には「中華人民共和国環境保護法」が施行された。その目的は、生活環境と生態環境を保護・改善すること、汚染その他の公害を予防・改善すること、人体の健康を保障すること、社会主義近代化建設の発展を促進することである。この法律にいう環境とは、人類社会の生存と発展に影響をもたらす各種の天然及び人工的に改造された自然要素の総体であり、大気、水、海洋、土地、鉱物、森林、草原、野生動物、自然古跡、人文遺跡、自然保護区、名勝、都市と農村などがこれに含まれる。

中国が環境保全について抱えている問題は、関連する法令が足りないことだけに起因するのではない。それよりも、管理が悪いこと、管理が甘いこと、法があっても法に従わないこと、法の執行が厳格でないことなどに起因している。中国の西部地区では、汚染被害者の大部分が農民である。農民の法意識や、自己防衛意識が低いことに加えて、汚染責任の認定が難しく、汚染企業に法的制裁と経済的制裁を受けさせることができないでいる。これには制度設計における欠陥があって、積極的に汚染対策を行う企業が、汚染企業と認定されるという問題点がある。中国で環境汚染対策をするために何よりも大切なのは、法律執行部門、管理部門が強い権限を持つことと、文明社会の住人によってこれらの法律や法規、基準を監督・実行していくことである。

3　環境保全活動への企業の積極的参加

環境保全の考え方の変化と立法主旨の変化につれて、日本の企業はそ

の変化に従ってきた。1960年代は、日本の公害がもっともひどかったころである。公害対策法の施行後、日本政府による企業の公害防止設備投資を奨励する一連の政策もあって、企業は公害防止の主体として、1970年代ころにはすでに先進的な公害防止設備（例えば脱硫装置、徐塵装置、汚水処理装置）を設置し、各種汚染物の直接排出を大幅に減少させた。企業はまた、環境保護行政部門の指導の下で、ISO14001環境管理体系認証に向けて、先進的な生産技術を積極的に採用し、クリーンな製品を生産し、環境保護産業とリサイクル経済の発展に努めている。

例えば、我々が見学したＪＥＦ株式会社（西日本製鉄所）は、1998年７月にISO14001認証資格を取得し、2005年２月８日には、認証の再取得も果たしている。毎年、社会に向けて「環境報告書」を発行し、企業の環境管理の情況を詳しく紹介している。ＪＥＦ株式会社の下には、汚染物処理センターが設置されており、倉敷市の家庭ゴミの処理を専門に請け負っている。環境保全の理念は、日本企業の生産過程の中にしっかりと根を下ろしているのである。

汚染を発生しやすい一部の企業については、一般に環境管理スタッフが配備されている。彼らは、通産省（現経済産業省）が行う技術と関連法律についての非常にレベルの高い試験に合格した人たちであり、その企業の環境管理を任されている。

汚染対策には投資が必要であるが、この投資は企業にとっては生産の直接経費ではない。特に中国の西部地区の企業は、汚染防止設備への投資に積極的ではない。筆者は2002年、寧夏における企業の環境対策の施設整備について調査・研究を行ったが、一部の製紙会社には汚水処理施設がなかった。もし施設があったとしても形だけ設置して、上層部や環境保護行政部門の検査に備えるだけで、本当に運転されているわけではない。調査対象のうち、その大部分の企業には、専門の環境保護機関が設置されておらず、環境保護の職能は「生産課」あるいは「企業管理課」の一部分とされ、配置人員も少ない。企業には通常２～３名、兼業の環境保護スタッフがいるのみで、所属する企業の環境保護の実情や、環境保護データについてはほとんど知らないのである。中国の西部地区

は経済発展の過程の中で、日本の賠償制度を参考にして、自然資源を開発する場合には「開発した者が保護を行う」という政策を実行すべきである。汚染対策については、「汚染原因者が対策する」という施策を実行して、環境保護、汚染対策の責任を各企業と事業所に確実に負わせなければならない。

4　住民の積極的な環境保護意識が環境保全の重要な推進力

　日本ではごみの分別回収が非常に重視されている。ごみの分別については、「分別すれば資源、分別しなければごみ」という環境保護理念が打ち出されている。住民は、環境保護部局が各家庭向けに毎年発行しているごみ処理とリサイクル利用のパンフレットに細かく従いながら、資源の回収やごみの減量化に積極的に参加している。日本に住み始める場合、先ず勉強しなければならないのはごみ捨てである。我々が暮らした地域では、月曜日と木曜日が「燃やせるごみ」の日で、火曜日は「燃やせないごみ」の日である。火曜日には古新聞、ペットボトルや空き缶などの「再生資源ごみ」を出す。飲み終わった牛乳パックも切り開いてきれいに洗ってから乾燥させ、専門の回収ボックスに入れる。近所のスーパーはどこも回収用の箱を設置している。建物一階のロビーには、ごみの分別回収の日程表が張り出してあり、それぞれのごみの回収時間が細かく明記されている。地域住民の強い環境保全意識と参加意識とが、環境対策の主要な力量になっているのである。

　同時に、日本の民衆は、政府と企業が環境保護を推し進める努力とその成果に対して、積極的に参加・監督をしている。日本で有名なイタイイタイ病の発生源となった三井金属鉱業所は、1972年8月9日に審判が終結し、住民側勝訴の判決が出たあと、1972年11月に行われた第一回の立入り調査から今日まで、弁護士、学者、被害者団体連絡協議会による大規模な実地調査を34年間連続で実施してきた。参加人数は70人くらいいて、たくさんの人が自費で参加し、中には毎回参加する人もいる。彼らの中には70歳を超える高齢の人もいる。70歳といえば、

普通は家でのんびりと過ごす年齢であろうが、どうして奔走し続ける必要があるのか。彼らは、神岡鉱業の環境保全に対する調査を継続し、環境保全のための措置がきちんと機能しているか、環境保全の効果はどうかと、政府と企業を監視しようという精神から奔走するのである。こうして彼らは、神岡鉱業と神通川流域の環境保全、ひいては日本全土の環境保全のために重要な貢献を果たしているのである。

調査をしてわかったことは、日本の環境庁が発足し、公害対策基本法が施行される以前に、日本の公害問題はすでにかなり深刻な状態にあったということである。1965年5月には新潟地域の水俣病が正式に確認されている。新潟水俣病では、その後1967年6月に訴訟がなされている。続いて、1967年9月に四日市ぜんそく事件で、1968年3月に富山県のイタイイタイ病事件で、いずれも提訴されている。ここからわかるのは、当時の環境保全に関する法律は、現地住民の運動があって初めて、加速的に実施に移され、また地元住民の運動が下から上へ向かう力で、日本の環境保全政策の不断の整備を推し進めたということである。

日本はいまや先進国の仲間入りをし、工業大国の中でも最高の平均寿命と緑化率を誇っている。またもっとも発達した環境保全産業を擁している。リサイクル経済の理念は日本の法律条文に書き込まれているばかりでなく、国民の心にも深く根付いている。我々は、倉敷水島工業地域の「みずしま財団（財団法人水島地域環境再生財団）」と、大阪西淀川地域の「あおぞら財団（財団法人公害地域再生センター）」を視察したとき、環境についての宣伝教育のための専門の場が住民によってつくられているのを目にした。そこには非常に視覚的で、大衆向けのわかりやすい宣伝用パンフレットが大量に準備されており、見学者は無料でもらうことができるようになっていた。通常こういった場所には、ほかにも知識性、興味性、教育性が融合されたビデオやアニメ、さらには精巧に造られた模型などもあり、見学者の学習に役立てることができるようになっている。

第14章

地域間格差是正政策に関する日本の教訓

保母　武彦

封山禁牧前には見られた羊の放牧（海原県 1990 年）

はじめに

　経済発展が著しい中国において、東部と西部、都市と農村の地域間格差の問題が、西部地域にとって重要課題の一つとなっている。地域間格差の是正が今や、中国全体の政策課題として取り組まれるようになっていることが注目される。

　日本においても、急速な経済成長を遂げた 1960 年代に、地域間格差の是正が既に大きな政策課題となっており、当時の重要な国家計画の政策目標に組み込まれていた。しかし、それからおよそ半世紀を経た今日も、地域間格差問題は解決するどころか、一層重要な社会的、政治的問題となっている。日本の経験では、地域間格差問題の解決は容易ではなく、困難を伴う問題である。

　日本は、市場経済主義を原理原則とする資本主義社会である。資本主義社会では、企業（資本）行動が支配的影響力を持っている。企業（資本）の行動原理は超過利潤の追求であり、企業（資本）は、より高い超過利潤率を求めて集積利益が大きい大都市圏域に集中・集積する傾向が強い。1960 年代の高度経済成長期以降の日本では、この傾向が顕著であった。その結果、国土規模でみれば東京大都市圏と「その他地域」との間の地域間格差が広がり、地方圏域においても県庁所在都市と「その他地域」との間の地域間格差が広がってきた。この地域間格差の抑制と是正は政治セクターの役割であり、格差を緩和・克服するための政策のあり方が重要である。

　日本において、どのような地域間格差是正政策がおこなわれたかについて振り返り、その政策の成功と失敗の教訓について整理することが、本章の課題である。

　中国の「他山の石」という諺が日本でも使われる。「他の山から出た粗悪な石でも、自分の玉をみがくのに役立てることができる」（「他山之石可以攻玉」詩経）の喩えである。中国と日本とは社会体制を異にするが、日本の教訓が、中国西部地域が抱える地域間格差問題の解決策を考

えるための「他山の石」となることを期待する。

1　域間格差問題を規定する産業間格差

　日本の具体的な地域間格差の記述に入る前に、述べなければならないことがある。それは、地域間格差の基礎にあるのは産業間格差である、ということについてである。地域間格差の一般的な事例は、都市と農村との格差である。この格差の基礎には、都市の主産業と農村の主産業との本質的な違いが存在している。

　農村は、農林業を中心的な産業としてきた社会である。農林業は、植物や動物を相手にするため、その成長に要する時間、季節や天候といった自然から受ける制約が大きい。この自然からの制約は、粗放的農業の段階にある社会では、きわめて重要な外的条件となるが、農業技術が発達した社会においても、労働の対象が基本的に植物や動物であるため、完全には自然的制約を回避することができない。農村における人間と自然との関りの深さは、年間を通じた労働時間の配分形態の特異性等を通して農村特有のライフ・スタイルを形づくり、また、食料、水、燃料をはじめとする衣食住の原料・素材の自然界への依存を通して特有の農村的生活様式を形成する。

　一方、工業や商業などの都市型の産業は、分業と協業を発展させた人工的なシステムであり、自然からの制約が少ない。また、農業が通常年1回の収穫、林業が数十年に1回の伐採であるのに対して、都市型産業は、生産技術や経営システムの革新によって、資本の投入から回収までの期間を短縮し、年に複数回の労働生産物の換金を可能とする。そのことは、都市型産業が農林業とは比較にならないほど大きな生産余剰を産み出し、農村に比べて社会発展の速度が速いことを意味する。

　また、都市的生活様式は、個人の生活資材の獲得は商品購買を通した「商品消費」としてなされ、公園や飲用水、し尿・生活廃棄物の処理等は「共同消費」を通してなされる。この面でも、都市は自然の制約から解放されており、前述した大きな生産余剰が、都市の生活環境の整備水準と生

活水準の引き上げを可能にしてきた。

2 日本の経済成長と地域間格差

(1) 経済発展と平和

　日本は、アジアで最初に工業化、都市化し、いわゆる「経済大国」となった。それを可能としたのは、第二次世界大戦直後からの「平和」である。第二次大戦後、日本は、日本が犯したアジア侵略を反省し、新憲法で戦争を放棄した。そのことによって、戦前・戦中には最大の支出費目であった軍事費の財政負担が少なくなり、国家財政を戦後の社会復興と産業振興に集中させることができた。

　例えば、盧溝橋事件（1937 年）を契機として日中戦争がはじまる前年の1936 年度、日本の国家財政に占める軍事費の割合は47.2％であった。欧米列強と比べて遅く資本主義化した日本は、欧米列強に追いつくことを目標にして、海外の資源獲得と領土拡張のための軍事化をすすめ、そのために巨額の軍事費を使ってきたのである。これに比して、第二次世界大戦後の軍事費の割合は、敗戦から10 年後の1955 年度には13.3％、新日米安全保障条約の国会批准で揺れた1960 年度には9.4％に低下していた[1]。

　今の日本政府は、このことを忘れて再び「軍事大国」の道を歩みつつあるが、平和なしには今日の経済発展がなかったことを、忘れてはならないであろう。

(2) 高度経済成長

　日本では、1950 年、「国土総合開発法」が制定された。これは、電源開発を中心とした限定的目的の開発政策であったが、日本で最初の「地域開発政策」といえる計画であった。この国土総合開発は、アメリカのテネシー川流域開発公社（ＴＶＡ、Tennessee Valley Authority ）の流域総合開発をモデルとした開発であり、これによって開発された水力発電が、その後の工業化と都市化にエネルギーを供給してきた。

政府は、1960年12月、「国民所得倍増計画」を決定した。計画の目的は、輸出増進による外貨獲得を主要な手段として国民所得を倍増させ、これによって雇用・失業問題の解決、及び生活水準の引上げを行うこととされ、地域間における所得格差の是正も目的とされていた。そのための具体手段は、農業の近代化、中小企業の近代化、工業の地方分散による経済的後進地域の地域開発とされた。

この計画では、年平均7・2％の経済成長を10年間続け、1970年度には国民総生産（GNP）を26兆円、一人当たりの国民所得を1960年度の2倍にすることが目標とされた。

その後日本経済は驚異的に成長し、GNPの2倍化目標は、計画2年目（1961年度）で達成された。また、実質国民総生産の目標は約6年で達成され、国民一人当たりの実質国民所得は7年間で2倍化が達成された。その後、高度成長による歪みの是正や社会資本整備を目的とする「中期経済計画」（1965年）および「経済社会発展計画」（1967年）が策定されてきた。

（3）都市と農村の地域間格差

外貨獲得のための輸出増進とは、輸出資源のない日本にとっては、国際競争に勝てる商品の開発・製造である。鉄鋼・石油化学・造船が主力産業となり、重化学工業化が推進された。この重化学工業化と都市化は、全国で均一に行われたのではなく、日本を代表する大都市地域、東京・名古屋・大阪・福岡を結ぶ「太平洋ベルト地帯」に集中した。

この地域に集中した主な理由は、①日米同盟の下での貿易であるため太平洋沿岸の利便性が大きかったこと、②資源・エネルギー（石油）及び製品の搬出入に適した港湾があったこと、③都市には道路・鉄道等の既存の社会資本があり、開発コストが相対的に安かったこと、④企業が既存都市の「集積の利益」を求めて集まったことによる。

製造業の労働力として、農村の若年層が大量に「太平洋ベルト地帯」に移動した。都市は賃金が高く、農村より高い生活水準が期待されたからである。こうして移動した人口数は、日本の総人口の約40％、約

4000万人にのぼった。その人数は、フランスの総人口数とほぼ同じであった。

　農村の人口が一番多かったのは、第二次世界大戦の直後である。1950年あるいは1955年くらいが農村人口が最大の時期であり、その後、高度成長とともに農村人口は激減していった。農村の過剰人口を都市に移動させることは、政府政策でもあった。その結果、農村は過疎化し、人口の減少・高齢化に見舞われるようになり、農村地域の人口が減りすぎて、地域の共同生活が維持できず、農村の生活に支障がでるようになった。

3　政府による「地域間格差是正」政策の展開

(1) 格差是正を理念とする全国総合開発計画と「拠点開発方式」

　太平洋ベルト地帯と農村地方の間の格差拡大に直面していた政府は、1962年、「全国総合開発計画」を策定した。その特徴は地方振興のための「拠点開発方式」であった。

　具体的には、拠点開発構想を具現化するものとして、新産業都市建設促進法及び工業整備特別地域整備促進法により指定される「新産業都市」及び「工業整備特別地域」として21地域が指定された。それは、工業発展の潜在能力を有すると認められる地域を「開発拠点」として位置づけ、交通基盤や工業用地・用水の確保、労働力確保のための整備等を行なって、その地方の開発発展の中心都市を建設整備する計画であった。

　この開発の最終目標は、国民の福祉の向上とされていた。その論理は、新産業拠点都市を形成すると、この開発拠点都市からの波及効果によって周辺農村部の振興や住民の福祉が実現する、というものである。この方式は「拠点開発方式」と呼ばれた。

　1964年度から1998年度までの間に、基盤施設整備のために投入された全地区の累計総投資額は97兆円（新産業都市が72兆円、工業整備特別地域が25兆円）であった。

　しかし、拠点開発方式は、最終目標とされた国民（住民）の福祉を実

現しなかった。企業進出があった新産業拠点では、企業利益は大都市の企業本社に吸い上げられ、当該地域の発展には再投資されなかった。一方、企業が進出しなかった地域では、基盤施設整備のための先行投資の償還費が地方財政の負担となり、かえって、福祉や教育に対する財政支出を圧迫した。また、新産業拠点に進出した産業の多くが公害型企業であったため、環境破壊・公害を全国に広める結果となった。

(2) 新全国総合開発計画と「巨大プロジェクト主義」

政府は、1969年、より効率的な産業開発と地域格差の是正をめざして、全国に3箇所(北海道苫小牧東部、青森県むつ小川原、鹿児島県志布志湾)の巨大重化学工業地帯を建設し、新幹線と高速道路網によって全国を結ぶ「新全国総合開発計画」を策定した。この計画は、最高度の経済効率を追求する「巨大プロジェクト主義」であった。一つの重化学工業地帯の工業生産目標額が、当時、イギリスの全工業生産額に匹敵するほどの巨大な開発計画であった。

新全国総合開発計画の途中、1973年、日本の高度経済成長が終わった。その理由は、高度成長は国民を豊かにしなかったために、国内消費が伸びなかったことと、アメリカとの貿易摩擦などであった。高度経済成長の終焉とともに、巨大開発を志向した新全国総合開発計画も挫折した。

なお、巨大重化学工業地帯の建設計画が挫折した跡地を見ると、北海道の苫小牧東部重化学コンビナート建設予定地は、火力発電所と少しの企業が立地するだけで、工業用地整備をした土地の多くが放置され、今は山林に還っている。むつ小川原重化学コンビナート建設予定地では、開発のために設置されていた第三セクターが1,852億円の債務を抱えて倒産、原始力発電所の核燃料廃棄物貯蔵施設、核燃料リサイクル施設が建設されている。また、志布志湾重化学コンビナート予定地では、地元の反対が強く大幅に規模を縮小した形で、志布志港周辺に漁業・物流用地、沖合に国家石油備蓄基地が建設されている。

日本は、20年間にわたり年平均11％の高い経済成長率を続け、いわ

ゆる「経済大国」となったが、国内における都市と農村との「地域間格差」が広がった。その後、グローバル化した現在では、「世界都市」を目指す東京大都市圏と「その他地域」との格差がさらに広がっている。華々しい経済成長の内部で、農村は若い労働力を失い、少なくない農村集落が消滅の危機にある。

4　拡大する日本の地域間格差

（1）突出する東京大都市圏

　日本の総人口の78.3％が都市部に、21.7％が都市以外に住んでいる。今や総人口の半数が3大都市圏（東京・大阪・名古屋大都市圏）に住むようになった都市化社会の中で、地方の29道県において人口が減少した（1999～2004年）。その背景に、都市と農村との地域間格差の問題がある。

　地域間格差の一つの指標として都道府県税収額の伸び率（1951～2000年度）を見ると、東京大都市圏に位置する千葉・埼玉・茨城・神奈川の四県の伸び率が群を抜いて高い。この4県の税収合計額は、同期間に91億円から2兆6713億円へと293.5倍化した。これにより、4県の税収合計額は、1951年度には大阪府税収入額の64％相当にすぎなかったが、2000年度には大阪府税収入額の2倍以上（230％）に膨れ上がった。これは、同じ大都市圏でも、大阪大都市圏よりも東京大都市圏の4県の経済成長のほうが著しかったことを示している。また、東京都は、人口一人当たり税収額がもともと大きかったが、2000年度を見ると全国平均の1.72倍と飛び抜けて高い。逆に、人口一人当たり税収額が東京都の半分にも満たない県が18団体にのぼる。これらは、経済力の東京大都市圏への一点集中の結果である。つまり、日本の経済的な国土構造は、すそ野の豊かな「富士山型」から東京大都市圏のみが突出する「高煙突型」に変わり、その下で、地方経済の低迷が進んでいるのである。

（2）農業・農村及び過疎地域の現状

農村は、地域間格差の底辺を構成し、地方都市以上に困難な状況にある。農村が基幹産業としてきた農林業関係の産業指標は、いずれも厳しい数値を示している。農林業就業者は減り続け、265万人（全就業者数に占める構成比4.2％）となった（2000年国勢調査）。国内総生産（ＧＤＰ）に占める農業総生産の割合は、1970年の4.2％から2000年には1.0％まで低下した。

1998年から2002年までの5年間の農業分野の基本的指標を見ると、次のようになっている。販売農家戸数は12.6％減の221万戸、うち主業農家数は22.0％減の45万戸、基幹的農業者数は6.3％減の226万人、うち65歳以上の割合は9.7ポイント増の53.9％、耕地面積は3.4％減の474万ヘクタール、耕作放棄地は40.6％増の34万ヘクタール、農業総生産額は10.3％減の8兆9,011億円、全ての指標が悪くなっている。

人口減少と地域の社会的機能の衰退傾向を指して「過疎化」という言葉がある。その傾向にある地域が「過疎地域」である。「過疎」の定義には諸説があるが、政府は「過疎」の指標（人口減少率等）を設け、「過疎地域」を指定して対策を打ってきた。「過疎」の用語が日本政府の公文書で取り上げられた最初は『経済社会発展計画』（1967年）である。太平洋ベルト地帯を中心とした高度経済成長と時を同じくして、農村から過疎化が進行し、防災、教育、保健などの地域社会の基礎的条件の維持が困難になり、若年層の流出によって地域の生産機能が極度に低下した。こういう地域では、その後の回復が困難になっている。農村を広く覆う過疎地域を見ると、高齢者比率は全国よりも20年ほど先行し、1987年から出生数が死亡数を下回る人口動態の「自然減」が始まった。今後の予測として、過疎地域の人口は、2015年には1995年より約200万人減って602万人（総人口の4.8％）になるとの見通しがある。

（3）条件不利地域で進む健康格差

海に浮かぶ島々を科学する「日本島嶼学会」の全国大会（2006年9月、

佐渡市）で招待講演を行う機会があり出席し、日本の島嶼に存在する地域間格差問題に関する情報をえた。

この学会で記念講演をした新潟大学大学院医歯学総合研究科の山本正治教授は、本土で克服された問題が離島では未だに解決されていない格差があることをあきらかにした。その上で、日本の保健医療福祉水準は世界一だったが、今や「内憂外患」があると指摘した。内憂とは、異常な財政赤字と人口減少・高齢化、外患とは、アメリカが日本に提出する年次改革要望書のことである。アメリカの新要求は健康保険分野であり、「（それによって）医療に市場原理主義が導入されると、貧富による国民の健康格差が生まれる」と指摘した。

いま離島・佐渡島で語られはじめたことは、財政対策のための経営赤字の病院、診療所の廃止である。人口が少ない地域の医療機関にも市場原理主義を適用すれば、儲からない病院、診療所は廃止される。それは、本土と離島との間、及び離島内部の「健康格差」をより拡大することになる。山本教授が指摘する「貧富による国民の健康格差」は、自治体の財政危機によって増幅されて、地域的な「健康格差」をつくりだそうとしている。

このような地域間格差は、小泉内閣がおこなった構造改革の下で急速に進行した。小泉構造改革とは、アメリカのグローバル化戦略に沿った「国際化」を中心に据え、戦後日本の国土理念であった「国土の均衡ある発展」をやめる改変であった。それによって「効率の悪い」地方への財政資金の流れが絶たれ、格差の底辺にある島嶼地域の生活条件が危機的状態をさらに深めようとしているのである。

5 地域間格差是正政策は、なぜ失敗したか

失敗した主な理由は三つある。

第一に、地方都市を工業化すれば、その波及効果によって周辺農村が豊かになるとして、政府は、工業開発には熱心であったが、食糧・農業・農村政策に責任を持たなかったことである。問題が山積した過疎地域を

対象とする「過疎法」が国会で制定され、1970年以来、過疎地域対策が行われてきたが、「過疎法」は内閣提出の法案ではなく、議員からの提案で作られた法律・制度である。政府の考え方には、過疎化した農村を再建する発想は弱く、地方都市を核にした「広域市町村圏計画」でもって対処しようとしていた。その後に農村が疲弊・衰退していった経過を見ても明らかであるが、農業・農村それ自体の発展計画に政府が責任を持つことが不可欠であることを、教訓として汲み取る必要がある。

第二に、格差を所得格差ないし経済格差とみなし、地域経済開発と産業基盤充実政策を格差是正の主要政策手段としたことの誤りである。経済が発展すれば国民が幸せになれるという論理は、虚構にすぎなかった。

格差が「住民の幸せ」の格差であるとすれば、格差是正政策は、産業基盤充実政策に傾斜し過ぎないように、教育政策、社会保障政策、医療保健政策など、住民の幸せに直結する分野を独自に、総合的に強化すべきであった。

第三に、農村住民の意識の低さが、一部の例外を除いて十分に改善されなかったことである。農村は衰退させられてきたのに、依然として政治的には自民党支持率が圧倒的に高いのは、農村改革の自己努力よりも、政治経済の有力者に依拠して国庫補助金を当該地域に導入したほうが得であるという意識が強いからである。

行政が全ての地域の細部まで責任を持つことができない以上、地域を良くするのも悪くするのも、結局は住民の政治的・文化的水準である。近年、農村の困難が増す中で、「地域づくりのためには、人づくりが重要である」という認識が広まってきたが、地域資源の活用や農村の発展を担う地元人材の育成が、最も重要である。

6 あらためて「農村社会の発展」を問う

(1) 日本の農村は発展したのか

農村と都市との本質的な相違点については前述した。その相違点の基

底にあるものは、自然と人間との関係であり、農業と商工業という基幹産業の違いである。この違いを認識し、今後の農村の社会発展の方向性に生かしていくことが重要である。

このように言うのは、過去半世紀の日本の農村の変化を振り返ると、果たして「農村社会の発展」と言えるのかという疑問が深まるからである。

第1の疑問は、農村社会の持続可能性が危ぶまれる事態になったことである。

日本の農村・農家は、都市との所得格差があるが、アジアの農村・農家と比較すれば経済的には「裕福」である。その理由の一つは、日本の農家は兼業による収入を持っていることである。兼業と言っても季節的労働や臨時的雇用だけでなく、近隣都市の事業所が常用雇用する正規職員である。地域によって違いがあるが、日本の農村で進行した重要な変化の一つが、専業農家から兼業農家への移行であった。農家が、燃料エネルギーを薪炭から石油に変え、自家用車、洗濯機、テレビを所有するようになったのは、1965～1970年頃からである。所得倍増の雰囲気の中での「生活の近代化」である。また、農村の若年層が都市の重化学工業等に流出した後の農業労働力の不足を補ったのは、「農業の近代化」と言われる農業の機械化と化学肥料の使用である。「機械化貧乏」と言われたほど、小規模家族経営農家には不釣合いなほど農業機械が導入された。生活と農業の「近代化」は、それら機器等の購入代金の支払いのための現金を必要とした。その結果、労働と所得源は第一次産業から第二次産業、第三次産業に移行していった。都市に出た次世代は帰らず、農村では少子化が進行し、高齢化が加速した。高齢者が農業を続けられない年齢に達すると、耕作放棄された耕地が増え、農村集落の崩壊が始まった。こうして、農村社会の持続可能性が危ぶまれる事態になったのである。

この現状から見ると、生活と農業が近代化して一定の所得があるようになっても、それは「農村」としての衰退である。

第2の疑問は、日本という国家社会から見て農村は発展したのか、

換言すれば、社会に対する「農村固有の役割」をよりよく果たすようになったのか、という疑問である。

その明確な指標の一つは食料の国内自給率である。日本の食料自給率は40％以下へと低下した。また、FAO発表の穀物自給率（2002年）を見ると、フランス187％、カナダ120％、アメリカ合衆国119％、ドイツ111％、イギリス109％、中国101％など、主要諸国が100％以上の自給率を維持しているのに対して、日本の穀物自給率はわずか24％である。世界の穀物生産量は、1961年から2003年にかけて、世界人口が約2倍化したのに対して、2.4倍加した。これを可能にしたのは農業の技術革新であった。

世界の穀物生産を見ると、面積当たりの収穫量増加率は1980年代前半までは人口の増加率を上回ったが、その後、面積当たりの収穫量増加率が徐々に低下している。農業の技術革新が頭打ちになったためである。今後、世界人口が2050年には91億人に達すると予測されるほか、国際的な農業研究機関は、水資源の枯渇、塩害、荒漠化、異常気象等によって、世界の穀物需給は中長期的に見て逼迫する可能性があると指摘している[2]。そのような厳しい見通しの中でも、日本の農村は食料生産機能を弱めてきたのである。それは、日本という1国家に対してだけでなく国際社会に対しても、農村本来の役割・機能を弱めたことを意味している。

(2)「農村社会発展」の理念・目的

この半世紀の間、日本の農村は、欧米型の近代化をめざし、効率主義を貫こうとしてきた。生活様式を「都市化」し、農業生産の効率化、生産性の向上による所得増加を追求してきた。しかし、その結果は、前述したように、農村社会の持続可能性を困難にする事態を招き、国の食料自給率低下に見られる食料安全保障機能を危機的状況にさらすようになった。それが、望ましい姿でないことは明らかである。過去50年ほどの日本の農村政策の苦い経験は、欧米型の近代化、効率化ではない「農村社会発展の新しいあり方」が必要なことを示唆している。

では、農村の将来発展にどのような方向性を見出すべきなのか。日本の農村の発展方向に的を絞って述べよう。

第一に、世界の食料需給の将来予測の中で、国内の食料生産機能を健全に担う農村の建設が必要である。そのためには、主食の穀物までも国際貿易商品と見なして、自動車、電気電子製品等を輸出して穀物等食料を輸入貿易に依存させてきた国家産業政策の見直しが必要である。この見直しは、農業・農村政策の大枠の設定のために欠かせない。

なお、世界の栄養不足人口が、ＡＳＥＡＮの約6,600万人を含めて約8億人いる。国際的な人道と協調のためには、これらの人々の食料問題の解決に貢献する視点を、国内農業・農村政策に組み込むことも重要である。

第二に、農家所得の拡大のために行ってきた規模拡大、省力化、収穫量の極大化等の方向性は正しかったのかについて、食料の安全性、省エネルギーと環境保全の観点から見直しが必要である。省力化と収穫量拡大のための化学肥料の多投入は耕地の地力を衰えさせた。殺虫剤・化学薬品の大量使用や遺伝子の組換えが、農産物の安全性に対する信頼を失わせている。高収入獲得のための加温ハウスでの「工場型」生産は、農業をエネルギー多消費型産業にした。このようにしないと農家経営が維持できなかった事情は理解できるが、長期的視点から見ると、自然と人間との共生関係が壊れ、農業の持続可能性を困難にしているのではないかと懸念される。

もともと農産物の低価格化は、工業化を推進するための低賃金政策に由来する。賃金を抑えて資本の利潤を大きくし、これを再投資して拡大再生産するためである。原理的に言えば、賃金水準は生活費と次世代の養育費を基本として決まるため、食料費を抑えれば生活費と養育費を安くし賃金部分を縮小することができ、その結果資本家側が得る利潤を拡大できるからである。

現在は、アメリカが主導権を持つ国際化の中で、農産物の生産価格に国際競争力を持つことがアメリカによって要請され、日本の政府は農産物価格を一段と引き下げる政策を取っている。この国際的な仕組みを変

えないと、日本の小規模農業は生きていけないであろう。事態打開のためには、日本政府の政治決断しかない。

ところで、前述した長期的視点から見て望ましい本来の農業への回帰では、現状として農家の生活が維持できないのであれば、農産物の販売価格水準を引き上げて消費者に相応の負担を求めるか、財政による農産物価格保障を実施すべきである。大企業と中小企業の利益格差が開いてきた現状からすれば、法人課税による農産物価格保障が公平性の原則にも叶うであろう。

このようにして、農業者が民間企業労働者や公務員と同水準の所得を得ることが可能となれば、農業後継者も安泰となり、農業の維持可能性に道が開かれることになる。農産物価格水準の引き上げ（消費者負担の増加）や財政による農産物価格保障のためには、都市民が国内の食料生産と農村の重要性を認識し、農業・農村の維持・発展のために負担しようという意識の改革が欠かせない。

今日流行の「都市・農村の連携・交流」論には皮相な論調が少なくない。都市・農村の連携・交流が必要な理由は、本来的には、都市が困難な農村を慈悲的に救うためではない。都市は、食料・水・緑の空間を生産または管理する農村なしには生きられないからである。農村は自立できても、都市は自立できないのである。都市が存続するために不可欠な農村の維持という、本質的な関係認識が重要である。

第三に、農村集落社会における相互扶助の「社会システム」を再建することである。

家族共同体が社会生活の基礎単位であることは、都市も農村も変わらないが、農村では家族共同体を通して社会とのつながりが形成されている。農村社会の空間的な基礎単位は、農村集落である。アメリカの多くの農村地域には機能的連携組織はあっても地域共同体がないが、アジアとヨーロッパには地域的連携組織としての集落社会、地域共同体があり、それが空間的な相互扶助の基礎単位となっている。

東京大学の神野直彦教授は、社会の構成要素を「政治システム」「経済システム」と「社会システム」の三つに分け、「社会システム」の重

要性を説いている。「政治システム」とは、いわゆる公共部門である。「経済システム」とは競争原理に基づく市場経済である。また「社会システム」とは相互扶助の社会組織であり、たとえば労働者の共済組合や、一定の地域を単位とする地域共同体組織やＮＰＯ、ボランティア組織などである。

　市場競争によって経済的利益を目的とする「経済システム」だけでは社会に歪みがでるし、日本の「政治システム」は既に財政破たん状態にある。残るは「社会システム」であり、地域の相互扶助として期待されるのが、農村集落を単位とする「農村共同体」の絆である。日本において「農村共同体」は、戦後の近代化と功利主義・利己主義の風潮のなかで弱体化してきたとはいえ、地域における相互扶助システムとして依然として重要であり、その再興が必要である。

むすびにかえて

　20世紀、科学技術の発展に支えられて産業構造を工業化、サービス・情報化し、都市化が進展した。それに伴って、経済的な豊かさと生活の便利さが享受できるようになった。日本では、そのような変化が展開し、少なくとも外見上は「社会が発展した」かに見える。しかし、第二次世界大戦後の半世紀余り、アメリカ型の大量生産・大量消費方式を導入してＧＤＰ（国内総生産）を拡大し「経済大国」になったが、それは同時に、資源・エネルギー多消費型文明への移行であり、国内のみならず地球環境問題にも深刻な負の影響を及ぼす存在になった。また、東京大都市圏の発展は、「その他の地域」の発展を保障するものではなかった。地域間格差が広がり、地域社会が消滅する事態に差しかかった農村部もある。

　この半世紀余の日本社会の現実を見ると、経済成長と社会発展とを同義語と見なすことはできそうにない。経済的未来を蝕む地域間格差問題は、環境問題と並んで、改めて「社会発展とは何か」を問いかけている。

（本稿は、中国歴史学会・寧夏大学共催「中国歴史上的西部開発国際学術検討会」（2005年9月26日～29日）における筆者の招待講演「地域格差是正政策に関する日本の教訓」に加筆修正を加えたものである。）

注
1）日本銀行統計局『明治以降本邦主要経済統計』1966年。
2）日本農林水産省『食糧・農業・農村白書』2004年度。

第15章

戦後日本の高度経済成長と農山村の変容
――中国西部農山村地域の発展に示唆するもの

井口　隆史

国道で脱穀する農民（海原県 1990 年）

はじめに

　日本の高度経済成長は、第二次世界大戦後の日本経済が戦後復興期を終えた1950年代半ばに始まり、1973年の第一次オイルショックまでの約20年間続いた。それは、海外から日本の「奇跡」とまで呼ばれた長期にわたる経済成長であった。この間、実質経済成長率は毎年10％前後を維持し、日本の社会・経済構造を大きく、また急速に変化させた。しかし一方、この経済成長の過程は、農山村とりわけ山村にとっては衰退過程でもあった。

　ここで報告するのは、日本の農村一般ではなく、とりわけ高度経済成長の負の影響を大きく受けた中国山地農山村を中心に、その経済を支える基本であった地域資源の利用と管理の動向を概観し、高度経済成長前から現在までの日本の農山村の変容を素描する。その上で、条件不利地域の経済社会発展が試みられつつある現在の中国西部、とりわけ寧夏回族自治区南部農山村地域の発展を考える上で、検討すべきいくつかの課題を取り上げ、その方向を提言する。

1　高度経済成長期以前の日本の農山村

　中国山地農山村の地域資源管理について、永田は、図15-1を「原像」として示し、「水田＋里山（畑）＋山という個性的な地形をいかした地目・作目の有機的・連鎖的な結合システムが、島根県の山村で成立していたことを確認できる」[1]としている。

　このような「原像」は、第二次世界大戦後においても、部分的な変化はありながらも基本的には維持されていた。それが大きく変化するのは、高度経済成長の過程においてである。戦後の農地改革の過程で創出された自作農は、農業生産力の上昇、相対的な農産物価格の有利性、農閑期余剰労働力の活用による自営製炭の伸張、さらには木材や多様な特用林産物需要の増大に伴う収入機会の創出により農山村経済は豊かな可能性

第15章　戦後日本の高度経済成長と農山村の変容

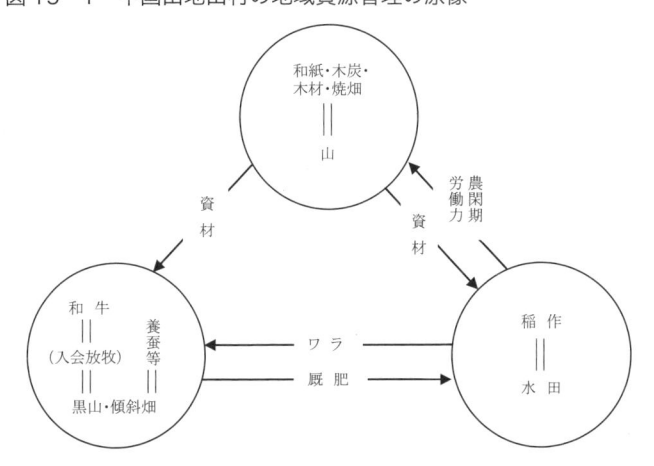

図15-1　中国山地山村の地域資源管理の原像

```
         和紙・木炭・
         木材・焼畑
            ‖
            山
       ／         ↖
   資            資  労  農
   材            材  働  閑
   ↓            ↑  力  期
  和 牛              稲 作
   ‖     ←ワラ←      ‖
 （入会放牧）  →厩肥→     水 田
   ‖
 養蚕等
   ‖
 黒山・傾斜畑
```

出典：永田恵十郎『地域資源の国民的利用』農山漁村文化協会、1988年、237頁より

を拡げつつあった。

　農地や林野等の地域資源を複合的に利用しつつ、着実に生産力を高めていった。その生産力の根源は、与えられた地域の資源を多様かつ総合的に活用することによって生れたものであった。自給経済が色濃く残り、滞留する過剰労働力を総動員しつつ、農山村における地域資源とりわけ耕地と林野は実に多様で複合的な利用が行われ、適切に管理されていた。

　農業生産は、1950年代後半には既に戦前の水準まで回復し、さらに地域自給（農家内でも自給が基本となっていた）と多様な作目の複合、さらには農家自身の創意工夫により新たな商品作目をも導入しつつ進められた。

　農地においては、水稲生産力の向上が見られた。林野においては、一部の人工林林業の先進地を除き、薪炭生産が基本であったが、農家にとって薪炭生産は、水稲や和牛（畜産）と並ぶ重要な成長作目であった。そして、薪炭は、戦後一貫して増大した需要を背景に1957年のピーク時まで生産が伸びていった。しかし、その後はいわゆるエネルギー革命に

よって需要は急減し、それと同時に生産も急減する。一方、薪炭生産に代わるパルプ材生産は急増し、その跡地を対象にした拡大造林が盛んに行われることになる。

　当時の農山村経済を支え、基本的な収入源となっていた作目は、水稲と和牛と薪炭の三本柱であり、互に関連しつつ資源を無駄なく活用する、有畜複合的な経済構造を構成していた。その構造の基本は、永田が示す「原像」を受け継ぎ、更に発展させようとしたものであった。

2　高度経済成長期の農山村

　戦後の一時期相対的に安定し発展の方向さえ見えたように思われた農山村経済であったが、それは長続きしなかった。農山村経済の複合性・総合性は、1950年代後半以降、日本経済が高度経済成長過程に入り、都市工業の発展に伴う労働市場の拡大の中で急速に崩れはじめる。

（1）薪炭生産の減少・崩壊

　まず、農山村の農閑期の就労の場であり、大きな収入源であった薪炭生産が、1957年をピークに急減する。家庭用燃料源としての薪炭が、灯油や電気・ガス（主としてプロパンガス）に取って代わられ、需要が急減したことによるものである。それは、農家経済を支える収入を不安定化させ、余剰労働力の就業機会を減少させるものでもあった。さらに薪炭以外にもかつて山村経済を潤した多様な林産物(木材と特用林産物)の生産は、安価な石油製品や代替品に押され衰退していった。この過程は、他面から見れば、単に収入源が失われただけでなく、それまで自給していたエネルギー源が購入エネルギーに急速に変化していったことをも意味する。山村経済の現金化は、山村の持つ多様な自給可能性という強みの喪失でもあった。

（2）和牛飼養の衰退

　ほぼ同時に進行した農業近代化の推進は、化学肥料の普及と農業機械

の導入による役牛、糞畜としての和牛飼養の衰退を招き、それまでの多様な複合経営充実の方向から、単一作目への特化、経営規模の拡大、労働生産性の向上によって所得を高めようとする方向（モノカルチャー化であり同時に自給経済の縮小と現金経済化の進展）へと流れを変化させた。

（3）米の生産調整

　稲作技術が向上し、単位面積当り収量が増大する中で、1962年には118キログラムであった日本人の年間一人当り米消費量は、69年には100キログラムを下回るなど減少傾向が続いた。1969年に始まる生産調整（減反政策）は、かつて農山村経済を支えた三本柱（米・和牛・木炭）の最後の一本を取り去るものであり、物心両面で農山村地域農（住）民に大きな打撃を与えることになる。

（4）農山村からの労働力大量流出

　以上のような、人口扶養力の低下と就労機会の減少による農山村内部のプッシュ要因と都市からのプル要因とが効果的に働き、農山村からの労働力流出は、大量かつ継続的に続いた。そして、当初は、農山村にとっては過剰労働力の流出であったものが、地域の資源とそれを利用して生産と生活を継続するのに必要な人口規模と年齢構成を維持することができなくなり、やがて、農山村社会の維持自体を困難化させることになる。そして、農林業の中心的担い手である世帯主までが農閑期には出稼ぎに出るようになり、それが長期化し、さらには家族ぐるみで村を離れる挙家離村に迄至ることになる。いわゆる過疎化の進行である。1960から65年の間の人口減少率は、最も激しかった島根県Y村の場合、34.8％（5,288人→3,446人）にものぼり、わずか5年間で人口の3分の1を失っている。〔こうした現象は、山村において最も劇的に進行したので、山村を中心とする問題に対応するため、1965年に『山村振興法』が施行されることになる。〕

（5）人口減少から過疎問題へ

　過疎は、戦後日本経済の高度成長過程で起こった現象であり、直接的には農山村から都市への急激な人口移動の結果起こった事態である。しかし、その問題としての認識は、当初ほとんど無かったと言ってよい。それは、戦後の農山村には戦前から引き続き過剰人口問題（農家の次三男問題及び全般的な過小就労問題）が存在し、都市においては、産業活動の回復に伴い、さらなる工業生産力の向上と経済規模の拡大等による経済成長が求められていた。したがって、高度経済成長過程での都市産業の発展に伴い労働力需要が急増し、農山村に滞留する過剰人口がその供給源になったことについては、都市だけでなく農山村にとっても望ましい現象であるととらえられていた。急激な人口流出に伴い諸問題が起こりつつあっても、一過性の摩擦としてしか受け止められず、問題としての認識は薄かった。

　問題が深刻化しつつあった農山村を抱える各県においても、当初は、その認識が必ずしも的確には行われていなかった。例えば、全国一の過疎化が進む当時の島根県において、1963年という最も急激な人口減少が起こりつつある時期においても、県の担当部局の認識は、それをやむを得ざる経済現象であり、「極力円滑に推進しなければならない」、「さほど深刻視されるべきではなく、むしろこれを契機として、経営構造改善への関心と努力が一層重要となる」[2] 等としていた。

　しかし、とどまることのない急激な人口減少・戸数減少の継続は、1965年の山村振興法に加えて、1970年の「過疎地域対策緊急措置法」（島根県出身国会議員を中心とする議員立法という形で国会に上程された最初の過疎法）制定につながるのである。

（6）基本法農政の展開と役割

　高度経済成長が本格化する1960年頃になると、農業従事者と他産業従事者の所得格差（いわゆる農工間の経済格差）が拡大する。それに伴って、「農業部門から他産業部門への労働力の移動や、農産物の消費の拡大と需要構造に変化が生じるなど、農業をめぐる環境条件は大きく変化」[3]

した。また、日本経済の開放経済体制への移行に伴い、農産物輸入に対する農業部門の対応も大きな課題となってきた。

このような経緯の中で、1961年、農業の生産性の向上、農業従事者と他産業従事者との生活水準の均衡を目標とする農業基本法が制定される。「(この) 基本法においては、生産政策 (農業生産の選択的拡大、農業の生産性向上等)、価格・流通政策 (農産物価格の安定及び農業所得の確保、農産物の流通合理化等)、構造政策 (農業経営の規模拡大、農業経営の近代化、協業の助長等) を3本柱とする農業政策の方向付け」[3]が行われた。そして、この法律の下で「農業生産の選択的拡大」、「自立経営の育成」等多くの施策が展開されることになる。

基本法農政の重要な柱は、経営規模の拡大であり、そのためには農家数の減少が必要とされる。農民層の分解が上向農家を作り出し、作目の選択的拡大と共に農業経営で食える農家を創出しようとしたものである。しかし、その方向は、元々生産条件の不利な過疎地域においては全層落層、第二種兼業化、さらには非農家化を促進することになった。

基本法農政の下で起こったこのような事態の進行は、その意図とは異なるものであった。その点を大川は次のように表現している。すなわち、「事態は基本法が意図したように、農家数が減少し、農地も流動して規模拡大が実現し、結果的に農業所得が増加して他産業との所得格差を縮小するというシナリオであったはずが、実際には、厖大な数の農村人口の大都市労働市場への吸引だけはほぼ完璧なまでに実現したことになる。つまり、旧基本法は、高度成長し続ける当時の日本経済が欲した有能で安価な労働力を手に入れるという資本側の『労働力政策』としては、予想以上の成果を上げた」[4]のである。

3　高度経済成長後の農山村

農山村のその後の状況は、以下の通りである。

なお、ここでは具体的な数値をつかみやすい過疎地域を以て、農山村を代表させて述べるが、農山村地域をとっても同様である。過疎地域を

全国に占める割合で見れば、2000年現在人口こそ6.1％にすぎないが、市町村数で37.6％、面積では49.7％、国土の約半分を占める広大な地域である。

(1) 依然続く人口減少

　過疎地域の人口動態を見れば、1960年代には12％を越える高い減少率であったものが、1970年代に入ると急速に改善され、1980年代前半についても減少率の低下傾向が続いていた。このような経過は、各種の過疎対策、山村振興策などが功を奏し、過疎化の進行に歯止めがかかったかのように思わせた。確かに1980年代前半にはU・J・Iターン現象が目立ち、人口増に転じた山村も各地に見られた。

　しかし、その後の推移は、予想に反する厳しいものであった。1990年の国勢調査結果が公表され、1980年代後半には再び人口減少が加速していることが明らかとなった。そして、1990年代に入って以降も相変わらず高い減少率を示している。

(2) 人口の社会減と自然減の同時進行

　過疎地域全体としての人口の推移を見れば、社会減（主として若年層の就学・就業のための流出）については引き続き継続しているが、近年その程度が急速に改善されてきている。しかし一方、自然動態についてみれば、87年を境として過疎地は年間の死亡数が出生数を上回る自然減（地域内要因による）に転じている。今や、過疎地域は、従来の流出者数が流入者数を上回る社会減に加え、自然減が同時進行し、その多くが末端集落から確実に消滅に向かいつつあるという深刻な状況に追い込まれている。

(3) 人口の高齢化の進行と高齢者世帯の増加

　過疎地域の人口減少は、単なる量的減少ではなく、若い層を中心とする減少という内容をも含んでいる。地域住民が流出する一方で後継者のUターンやJターン、都市からのIターン等が本格化していないため、

住民の高齢化が急速に進んでいる。

それはまた、高齢者夫婦世帯あるいは高齢者単独世帯を増加させる結果にもなる。1990年段階での一人暮らしの高齢者世帯比率は、過疎地域が7.8％、全国が4.0％で過疎地域が約二倍の高率となっている。高齢者夫婦世帯率もほぼ同様であり、6.7％と3.3％となっている。こうした高齢者世帯中心に構成されている山間小集落が、いつまで存続しうるのか、極めて不安定な状態にあると言わざるを得ない。

(4) 不十分な農地・森林の管理

与えられた地域資源を総合的に活用することによって支えられてきた農山村の暮らしは、高度経済成長の過程で、農地は多様で複合的な利用から、粗放な利用に変わり、土地利用率は、100％を割ることになる。耕作放棄と農地の荒廃に至る場合もある。また、林野の場合も、その手入れ不足が問題になる。農山村の生活の基本であった自給経済は縮小し、現金経済化が進展したことにより、地域資源は放置しても賃稼ぎはやめることができなくなっている。

農地や森林の持つ多様な機能は、適切な利用・管理が行われることによって発揮される。そして、適切な管理を持続的に行うためには、農山村社会とりわけ集落や農林家が健全に維持され、経済的にも安定していなければならない。

林業についてみれば、林業従事者は、農山村から主として供給されているが、農山村の過疎化・高齢化の進行とともに、減少、高齢化の一途をたどっている。近年、第三セクター（自治体と民間との共同出資により事業を行う組織）の設立等によって若い労働力の確保が試みられているが、一部の動きにとどまっており、極めて深刻な若年労働力不足状態にある。その結果、必要な施業が行われず、放置された森林は不健全な状態になっており、期待される多様な機能が果たせない森林が増加しつつある。農地についても、山間棚田を中心とした耕作放棄地が増加し、耕作地についても粗放な経営となり、環境機能が低下している。

(5) 農山村における基幹産業の衰退

国内総生産及び就業者数に占める第一次産業の割合は、1955年の19.3%、41.0%から1970年の5.9%、19.4%へと急速に低下している。さらにその後の推移を見れば、1980年には、3.6%、10.9%、1990年には、2.4%、7.1%と、農業を中心とする第一次産業の位置が急速に低下し、経済的な役割が取るに足らない存在になりつつあることが分かる。

(6) 農村間での所得格差の拡大

2000年の農家1戸当りの平均農業所得は、都市的地域は150.3万円、平地農業地域は118.4万円、中間農業地域は105.2万円、山間農業地域は64.8万円であり、最も条件の悪い山村の農業所得は、条件の良い平地農村の農業所得の約半分となっている。こうした数値から明らかなのは、農工間格差のみならず、農業地域間での所得格差も大きくなっていることである。

4 日本の農山村地域の変容と村おこし

(1) 農山村地域の変容

以上、日本の農山村地域が、高度経済成長の過程でいかなる影響を受け変容してきたかについて見てきた。その中で明らかになったことを、まとめれば、以下の三点である。

① 高度経済成長の過程において強力に進められた基本法農政の下でのモノカルチャー化の推進は、農山村の強みであった多様な農林畜複合と自給的色彩の濃い経済を解体し、生産・生活のあらゆる面で現金を必要とするようになった。(その過程は、農山村の暮らしの都市化であり、伝統的な生産技術の伝承や生活技術の継承は不要となっていった。それは、若者の都市への指向を強めると共に、高齢者の役割を無くし、生き甲斐の喪失にもつながった。)

② 都市工業の発展は、都市での労働力需要を増大させ、就労機会に乏

しい農山村から若年者を中心に労働力の流出が続いた。その結果、農山村では過疎・高齢化が進み、地域の存続も危ぶまれるような状況になっていった。
③　農林業の衰退は、農業においては、耕作放棄と農地の荒廃、林業においては、造林地の手入れ不足、旧薪炭林の放置・荒廃が進む。(それにも拘わらず、農山村の生活は都市並みあるいはそれ以上に現金が必要になり、現金獲得のための賃労働が不可欠になっている。)

(2) 村おこし
　このような変化に対し、農山村地域の人々は、全く手をこまねいていたわけではない。各地域において、多くの努力が行われた。それらを「村おこし」と呼んでいる。すなわち、村おこしは、上記のような自分たちの住む地域について、日本の農山村の人々が、自覚的に自分たちの地域と地域資源を見直し、生かし、活力あるものにしようとする内発的な取り組みである。その基本的な内容は、地域外からの企業誘致などに頼らず、今地域にある産業 (多くは農・林業)・企業を育て、大きくすること、及び、地元にない産業分野であっても、必要であれば地元の力でつくり出すこと、この二つである[5]。こうした村おこしに取り組み成功した事例は、全国に数多く存在する。その具体的取り組みの姿勢には、共通するところが多い。

5　寧夏南部山区の発展方向——日本農山村の変容が示唆するもの

　寧夏南部山区は、日本と同様に一人 (一農家) 当たり農地が狭小で、労働力が過剰である。風土的にも労働生産性の追求より土地生産性の向上が目指される条件にある。同じ条件不利地域としての南部山区の発展方向を考える上でのポイントは、次の諸点である。

(1) 森林造成から林業形成へ
　寧夏の気候風土は過酷である。何よりも必要なことは、地域の自然条

件を緩和するために豊かな森林を成立させ多面的に活用することである。

近年の退耕還林事業は成功したとされている。しかし、多くの研究者が指摘しているように生態林の成林までには、数十年が必要である。その間に必要な森林の維持・管理のための作業をいかにして継続するかが大きな課題である。

森林は、いったん成林してしまえば多様な役割の発揮が期待できる。たとえば、木材の伐採は大きな収入源になることが予想される上、成長量だけ利用することを心がければ、永久に利用可能である。また、木材としての利用以外にも、農山村の再生可能なエネルギー源としても最適であるし、地域の環境を緩和する役割を果たすことも期待できる。

問題は、苗木の造林から始めなければならない中国の場合、多様な役割の発揮が期待できる成熟した森林段階に至るまでの耐忍期間が大変長いことである。しかし、長期的に見て、「森林造成から林業・環境形成へ」という課題は、中国農山村社会の経済建設と生態環境の改善、循環型エネルギー資源の獲得等にとっての基礎を築くために、欠くことのできない重要性を持っている。

森林は、自らを育て豊かにすることができる特徴（自己施肥機能と呼ばれる）を持つ生態系である。また、森林の存在は、水源涵養等の多面的機能を発揮するばかりでなく、気候を和らげ、上昇気流を生み出し雨も降りやすくするともいわれている。長期の目標ではあるが、目指すべき方向として考えておくべきである。

（2）農畜産業の発展のあり方

自給的な色彩が濃い寧夏南部山区の農・畜産業の発展・充実は、農地の小規模性と舎飼いの制約、余剰労働力の存在などから、総合的、漸進的なものにならざるを得ない。その過程では、生産の基本としての多様な自給生産（経営内自給を含む）の確保を図りつつ、一方で余剰部分の商品化と地域にあった新しい商品生産を目指すことになる。作付け体系の工夫と経営種目の多様化（複合化）は農家経済の安定にとって不可欠

である。

アグロフォレストリーのように、作目の時間的・空間的配置と資源の複合的循環的利用、土壌の保護や灌漑による塩害予防と貴重な水の使用方法としての不耕起栽培や点滴灌漑の工夫も試みる価値がある。

また、南部山区で一時期盛んであった果樹等の「庭園経済」、小面積ハウスによる多様な野菜栽培等については新しい工夫を加え再検討する価値があるのではないだろうか。なお、その際に必要なのは、農民への技術指導と低利資金融資制度である。

(3) 加工や流通・販売の工夫

生産物を販売する場合、そのまま販売するだけではなく、加工や流通・販売によって付加価値をつける工夫が必要である。個人では困難であるとしても、集団で取り組むことは検討されてよい。その際、加工や流通・販売を担当する協同組合や郷鎮企業を育てることができればもっとよい。それは、過剰人口に対する就業の場作りにもなる。郷鎮企業の役割としては、地域の生産物に付加価値をつけることとともに、市場情報を生産者に伝え、さらには技術指導も行うことが期待される。

(4) 労働力流動のあり方

自営農林畜産業の規模が小さく、余剰労働力が一定量存在する場合、その部分についての通年あるいは季節的な就労の場を作らなければならない。その際、地域の農林畜産業を維持しうるだけの適正な量の労働力を確保しておく必要がある。生産物の加工・流通についても、それを合理的に行えるだけの必要な労働力の確保は必要である。

その上で、地元で働く場を得られない人々のために、責任ある機関が、安心して働け、少しでも有利な就労の場を斡旋することが望ましい。しかし、その場合でも、資格や一定の技術を持っていなければ、有利な条件は期待できない。そこで重要になるのが各種の技術教育・職業訓練である。有利な条件で安定した職につけるよう、一定の本人負担を徴収しても県あるいは自治区として取り組むべき課題である。

（5）地球環境問題への対応
　中国西部の経済格差の是正過程においては、経済開発と環境改善の同時実現が求められている。これは、中国の経済発展が地球環境に大きな影響を与えるということばかりでなく、水、大気、食糧のように生存の基本に関わるものの確保とその安全性の確保は、中国農村の人々にとって深刻な問題となりつつあるからである。また、農林業生産過程での投下エネルギーと生産物から得られるエネルギーとの収支は、最低限プラスとなるようにしなければならない。そのような生産方法でなければ、持続可能性は確保できず自らの存立基盤を掘り崩すことになりかねないのである。
　21世紀は環境共生の時代だといわれ、地球上の全ての人々が、有限の地球を前提として暮らしていかなければならないのである。したがって、特定の国や地方の人々だけが豊かに暮らすということはできないのである。これは、中国ばかりでなく、先進国も発展途上国も全てに共通して言えることである。建前だけでなく、本気で石油、農薬、化学肥料等外部からの再生不可能な物資やエネルギーの投入を減らす工夫をしなければならない。

（6）経済格差の是正と住民の「幸福」について
　絶対的貧困のレベルにある人々の場合、所得水準の向上を最大の問題とすべきなのは当然である。しかし、一定の所得水準を実現した段階では、その向上のみが住民の「幸福」の指標となるとは限らない。それと並んで、個人による改善が困難であるような生活条件の向上が重要になる。その内容は、たとえば、基準を満たす質の飲用水の量的確保などの社会的整備であり、医療、福祉、教育などの充実である。さらには、自己実現や社会参加なども重視すべき要素なのかもしれない。
　所得水準の向上は、地域住民を「幸福」にする手段であっても、目的ではない。いくら所得が上昇しても、生活条件の向上が伴わなければ住民が安心して暮らすことはできないのであり、「幸福」感を高めること

はできない。

　この点については、それは十分豊かになってから追求すべき課題だという考えもあるが、決してそうではない。レベルはいろいろ考えられるとしても、同時に実現すべき課題である。

注
1）永田恵十郎著『地域資源の国民的利用』農山漁村文化協会、1988 年、237 頁。
2）島根県『島根県総合振興計画第二次短期実施計画』1963 年、53 頁。
3）『図説　食料・農業・農村白書』(平成 12 年度版) 農林統計協会、2000 年、特集 2 頁。
4）大川健嗣著「テーマ解題」(日本村落研究学会編『日本農業・農村の史的展開と転機に立つ農政——第二次大戦後を中心に——』農山漁村文化協会、2001 年所収、15 〜 16 頁)。
5）保母武彦著『内発的発展論と日本の農山村』岩波書店、1996 年、153 頁。

参考及び引用文献
1）安達生恒編著『農林業生産力論』御茶の水書房、1979 年。
2）永田恵十郎著『地域資源の国民的利用』農山漁村文化協会、1988 年。
3）岩谷三四郎・永田恵十郎編著『過疎山村の再生』御茶の水書房、1989 年。
4）内藤正中編著『過疎問題と地方自治体』多賀出版、1991 年。
5）北川泉編著『中山間地域経営論』御茶の水書房、1995 年。
6）日本村落研究学会編『山村再生　21 世紀への課題と展望』農山漁村文化協会、1998 年。
7）日本村落研究学会編『日本農業・農村の史的展開と農政——第二次大戦後を中心に——』農山漁村文化協会、2001 年。
8）保母武彦『内発的発展論と日本の農山村』岩波書店、1996 年。

第16章

農山村集落の活性化とその展開の背景
―― 「元気むら」からの政策的示唆

伊藤　勝久

回族の農民（2003年）

はじめに

　日本の人口は2006年をピークに減少に転じ、本格的な少子・高齢化社会が到来するといわれている。中山間地域[1]においては、少子・高齢化が進み、既に自然減社会に突入している。中山間地域では、全国に対して、人口15%、土地面積68%であり、僅かな人口で国土の大半を管理する必要があるが、高齢者比率は29%と全国平均17%（2000年）に比べて高く、高齢化は全国よりも20年程度進んでいるといわれている。

　中山間地域の特徴として、以下の各点が挙げられる。住民の地域における土着性・固定性がみられ、地縁・コミュニティー・共同性が現在もある程度存在して地域的結束の背景となっており、また、地域の伝統が存在し、それが現在に受け継がれ住民の考えや行動を規定し、多くは農地を所有し、生業ないし慣習的に農業に従事している[2]。他方で、中山間地域では過疎化、少子・高齢化が進み、その結果、農林業をはじめ産業の全般的な衰退がみられ、公共サービスに対するアクセシビリティーなど生活環境条件の悪化、また農地の耕作放棄や森林放置など資源管理の希薄化が問題となっている。加えて、中山間地域の自治体では財政改革により財政規模が縮小し、また合併により効率的な行政体制を作ろうとしているが、急激に衰退する地域に対してその運営方法がまだ確立されていないなどの問題が山積している。

　このような状況の中で、住民福祉の向上のための新たな政策手法の確立が求められる。本章では、このような状況下の中山間地域において活発に活動を行っている集落の構造的・背景的分析から、今後の中山間地域運営に関する政策的示唆を検討する。その際の視点としては、以下の2点がある。

　第一点は、持続可能なむらとは何かを考えていく際に、人口減少局面に突入し、少子化・高齢化がより進んでいるといわれる農山村においては、定住人口の減少を前提にした対策を考えねばならない。

第二点は、山村社会・地域コミュニティーにおける望ましい農林業生産・資源管理・生活システムについて、活力あるコミュニティー（以下「元気むら」と称する）の存在に着目して検討する。それは、「元気むら」の方法論を援用し、地域全体の底上げは難しいとしても、可能性のあるところを集落という比較的小規模な範囲で活性化させることは可能だと思われるからである。

1　人口変動からみた農山村の今後のあり方

人口変動の要因について、山村における人口変動には3段階のパターンがあると考えられる。第1段階は、過剰人口のプッシュである。これは、人口扶養力の低い状態で、昔から行われてきた方法で、田畑山林などの家督を相続する長子以外の子供を地域外に押し出して、低位安定的なかたちに山村を維持しようとする方法であった。

第2段階は、1960年ごろからの高度経済成長のもとで、都市・農村格差、農工間格差が拡大することで、都市側からの所得誘引により、都市側から農村人口、特に若年労働力を引っ張るような力が働いていた。これは当初若年層がその中心であったが、中壮年の世帯主層にまで及び、出稼ぎから挙家離村に至るようになる。また農山村においては、若者は都会に出て行くのが当然であるという意識をも生み出した。さらに、高度経済成長期においては、このような都市から引っ張る力が強く働いたのは確かであるが、農山村内部も経済的な理由と心理的な理由から押し出す力が働いたとの説明がある。経済的な理由としては、農山村の冬場の中心的な仕事であった木炭生産の急激な衰退により、従来型所得機会が消滅したことがあげられる。また、心理的な理由[3]としては、最奥集落の住民から次々に離村するという、心理的不安定感や住民意識の後退感によるものであるとされている。

そして第3段階は、近年見られるようになってきた生活困難人口、特に高齢者を押し出そうとする力である。すなわち、過疎化が進み、自然減の状態で、生活に必要な様々なサービスが撤退し、また所得機会がな

くなり、それらよって住み続けられない状況が一部地域で、特定の属性世帯で生まれてきている。これらにより、農山村の人口再生産が困難になっている。

具体的な人口変動からみると図16-1のようになっている。これは典型的な過疎の町である鳥取県日南町の事例であるが、全国の農山村の一般的傾向であるといえる。1950年代に20代であった若者層が現在の中心（最多人口）世代で、現在地域運営の中軸を担っている（主力世代）。彼らの次の世代の多くは離村・他出し、人口構成上の「谷」が見られる。

このような人口構成の要因は、高度経済成長時代の地元新卒者の都市部への大量流出である。この世代の多くは戦後のベビーブーマー（1940年代後半生まれ）で、彼らの学卒年と都市における大量の労働力需要が一致した結果である。これが引き金となり、その後の中堅・壮年層、世帯主層の出稼ぎから世帯の流出（挙家離村）につながる。その際、現在の主力世代が、流出する世代を単に送り出しただけか、地域資源を利用した所得手段を見出す努力をして人口を引き止めたかが、現在の地域における人口の年齢構成の差異となっていると考えられる。

図16-1　年次別年齢構成別人口の推移（鳥取県日南町）

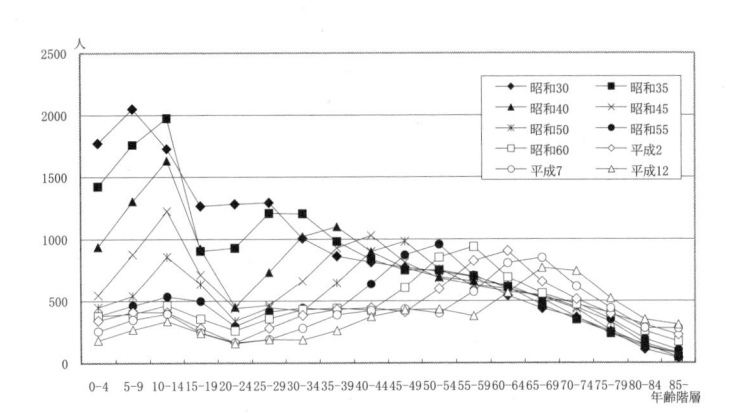

この後、1960年代後半から70年代においては、開発ブームが広がり、多くの山間地域では道路等公共工事が増加し、そのために地元での兼業機会が比較的増加し、人口の流出は続くものの鈍化傾向が見られる。その結果、地域における人口構成上の二つ目の「山」(1950年代中頃生まれ、後継世代)がみられるようになる。さらに、後継世代がある程度集積することで、その子世代が比較的多く存在する。

　逆に見れば、高度成長期における戦後ベビーブーマー世代に偏った流出の結果、その子世代（1970年代後半生まれ）も少なくなっている。

　以上のように、中山間地域の集落の人口構成は3つの層からなるが、これについて世代別にその特徴をみると次のようになる。

　①　昭和一桁世代（60代後半〜70代前半の階層）

　農山村が大きく変貌する高度経済成長期以前に、農家の後継ぎとして結婚し、子どもをもうけ、家督などを譲られた、現在最も多い層である。彼等は、農家の中心的存在として、自家農業、農閑期は地元の林業、高度経済成長期以後は土木工事などに従事している。彼等は農外就業が主であるが、自家農業に従事しながら、地域の様々な活動に取り組み、地域運営に中心的に携わってきた。

　②　昭和25〜30年生の世代（40代後半〜50代前半の階層）

　彼等は概ね①の層の子ども世代であり、ベビーブーマーの直後の世代である。高度経済成長中期に就業したが、この頃、地元や近隣で農外就業場所が徐々に生まれ、地元に住みながら従事することが可能であった。比較的多く集落に残っており、部分的に農業に従事、集落での認知も確立している．子育てもほぼ終了し、集落内の中核となりつつある。(この世代の直前のベビーブーマーの世代は地元で中学を卒業して後(昭和35年頃)、多くの場合、他出して都市部で就職していることが多い。)

　③　昭和60年前後生の世代（15〜20歳の階層）

　彼等は②の層の子ども世代であり、中学・高校までは地元に残っているが、その後他出することが多く、実際に地域に住んでいる人数は少なくなる。また、農山村にありながら農業を体験した者は少なく、農業や地域に対する愛着や一体感は余りないというメンタリティーをもってい

る。

　さらに人口構成全体からみると、世代の層は上記の3つの層が中心で（人口構成上「山」を形成）、彼ら以外の世代階層は相対的に少ない（人口構成上の「谷」）。しかし、三つの山も徐々に少なくなっており、その要因としては、①の層はかつては社会減、現在は自然減によるものと考えられ、②、③の層については社会減によると考えられる。しかし地域の持続可能性を考えると、最低限の世代構成としてこの3つの層の存在は不可欠である。

　図では示されていないが、男性と女性では世代別構成に差がある。つまり学卒後の他出、さらに他出地で就業し、結婚すると、女性の場合は一旦他出すると再び戻ることが少ない。しかし男性の場合、特に長男の階層は後継ぎなどの理由で他出することが比較的少なく、また他出してもUターンしていることも多い。またUターンは連鎖反応があり、同世代が結果として集中することが多い。

　これをさらに小さな地域（昭和の大合併以前の旧村）でみると次のようになっている。

　図16-2及び図16-3は、鳥取県日南町における、活力の差が見られる二つの地区（旧村）の人口構成の比較である。図16-2で示される福栄地区は戦前、戦後を通じて住民の自主更正運動が盛んで世帯主層や中堅層だけでなく、青年層、女性層などの様々な属性のグループが生産の増強や福利厚生・教育活動など地域活動を実施してきた。そのため、現在においても地域内の住民のあらゆる階層が地域運営に積極的に関わるような地域の気風を生み出している。したがって、若い階層（後継世代）が比較的多く地域に居住し、その子ども層も多く、年齢構成面では三つの山が見られる。

　これに対して、図16-3で示される阿毘縁地区は、高度経済成長期の流出が著しい地域であり、現在は衰退している。この地域の歴史的背景として、大土地所有者と小作という農村構造だったため、地域内部での内発的活動の蓄積とその根拠になる農地・山林など自己所有資本が少なく、高度成長時代の大きな変化にただ流されるだけであった。したがっ

第16章　農山村集落の活性化とその展開の背景

図16-2　年次別年齢階層別人口の推移（鳥取県日南町福栄地区、男女計）

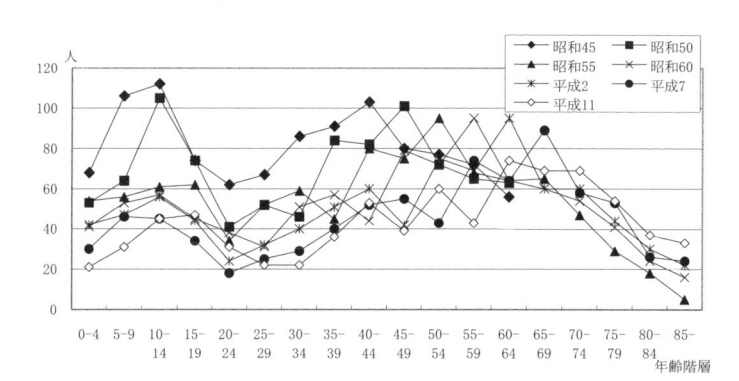

図16-3　年次別年齢階層別人口の推移（鳥取県日南町阿毘縁地区、男女計）

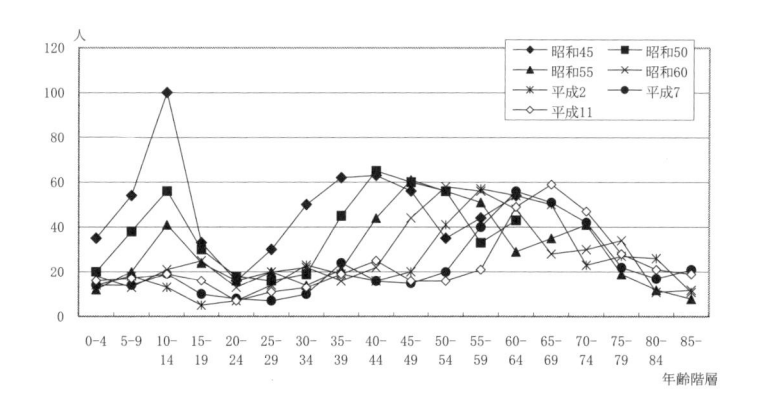

て、人口構成上は現在地域運営の中心にある主力世代がほとんどを占め、その後継世代、さらにその子世代が非常に薄い。地域の持続可能性の点からも存続が憂慮される地域である。人口変動パターンと現在の年齢別人口構成に関しては地域差がはっきり見られ、その地域の諸条件が要因として強く影響している。

　農山村における最近の人口変動パターンを模式図として表したもの

が、この図16-4である。自然増減率を（出生数―死亡数）／総人口、社会増減率を（転入数―転出数）／総人口と定義し、縦軸には自然増減率、横軸に社会増減率を設定したものである。この空間上に、様々な地域の人口データを時系列的にプロットすると、多くの地域では縦軸に漸近する右下がりの軌跡を描く。これは社会減は終息してきたが、自然増減では徐々に自然減に転じていることを意味する。このような中で、少数の地域が右下がりでない軌跡を示す。その意味は、人口が減少したが自然減に転じていないと言うことであり、規模は縮小したがまだ地域社会を維持できる構造にあるということである。今後の人口減少を前提とした地域社会の維持方法のひとつとして、このようなパターンの地域構造、地域づくりを模索する必要があると考えられる。人口面からみると、現在の人口変動は社会減の終息から自然減の拡大にあり、人口減少をそのまま容認すれば、地域の消滅に至る。したがって、地域づくりの前提として目指す方向は、人口規模が縮小しても地域コミュニティーを再生産できる仕組みを作ることであると考えられる。

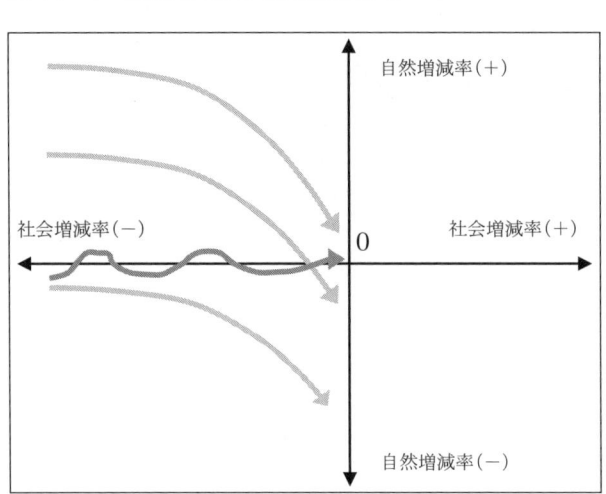

図16-4　農山村における人口変動パターン

2 農山村における生活と地域資源利用の変遷

(1) 資源管理を支える地域内システム

　前述のように、人口減少や年齢構成の偏りにはパターンがあり、大きい地域差がある。それは地域の諸条件に規定されているが、地域差の本質的要因とは何であろうか。資源条件、地形条件、土地柄（地域の気質・雰囲気）、生活環境条件、交通条件などが考えられるが、どの要因が影響しているのであろうか。ここでは、地域構造、地域を支える諸制度、および政策支援について考えることとする。

　地域にシステム[4]が存在するとき、それを政策的に支援することで全ての地域に展開可能性はあるだろうか。展開可能性があるとすれば、地域社会の制度や組織などの諸システムが存在することが前提であり、そして従来のシステムが機能不全に陥ったときには、新しいシステムが新しい必然性を帯びて創出されることが不可欠である。政策的に支援したとしても、地域内部で、そのシステムや制度が地域住民個人にとっても、地域全体にとっても、「それがなければ存立が不可能になる」という極めて緊密で切実な関係にあることが必要である。システム・制度と住民がこの切実な関係におかれるという条件があることで、そのシステムや制度・組織を維持しようとする必然的誘因が住民に生じるのである。

　この必然性に関しては次のような歴史的背景があった。幕藩期から戦前、さらに戦後も高度成長以前は、農山村においては概して低生産性のもとで農林業に依存する同質的社会であったと考えられるから、地域コミュニティーを維持することは個人・世帯の生活維持であり、生産の維持でもあるという点で、内部的な必然性をもっていた。同時に地域コミュニティーの外部からみても、地域を支援することで生産を増進しようとする政策的意図は、住民の考える方向性とほぼ一致していたといえる。

　ところが現代では、農山村において兼業が進展し、農林業の位置づけが低下し、また混住化してきた。もはや地域住民にとっては地域コミュ

ニティーという枠組みを介して生産を維持し生計をたてる必然性はなくなっている。地域に求められるものは、個人としての安定的な生活の場であり、それを実現するような地域政策である。地域一丸となった農林業振興を通じた生産の維持やそのための政策ではなくなっている。しかし、行政側は、農林業の振興を目的として施策を継続しているため、住民の思いと行政側の考えとがすれ違っているのである。現在の農山村対策、地域振興施策が十分に機能していないのはこのような理由があるからだと考えられる。

　以上の点から、現在の農山村対策について、農山村を維持する意味としては、地域の外部、国家・国民のためという行政の視点からは、国土資源の効率的利用のため、および環境保全機能の発揮のためということになり、一方住民の視点からは、居住の自由、安定的居住、生活の基盤環境の整備のためということになるであろう。

(2) 地域資源の管理方法

　農山村維持の方法を考えると、主として三種類の管理方法がある。つまり、①山村資源の直接的管理で、これは農地・山林の生産的機能を物的に、単に生産基盤として管理しようとする方法である。次に②公的管理があり、これは地方公共団体などの公共機関による代行管理、あるいは市民参加や農山村の農地・森林所有者と下流の市民との協働による管理という方法である。さらに③地域社会が維持された（されている）結果として住民自身による農地・森林等の資源管理であり、これは地域住民が地域社会で行っている生産・生活の一環として管理するという方法である。

　これらの中で住民の生活維持を前提に農山村が営まれるであれば、第三の地域社会の維持の結果として住民自身による資源管理が最も望ましいといえる。地域住民にとって従来から生業的に管理してきた方法であり、地域に蓄積された管理のための知識・制度・ネットワークを利用する最も自然で無理のない管理方法であると思われるからである。

　地域資源の管理について具体的に検討してみよう。図16-5及び図

第 16 章　農山村集落の活性化とその展開の背景

図 16-5　集落規模と耕作放棄地率の関係（鳥取県、2000 年）

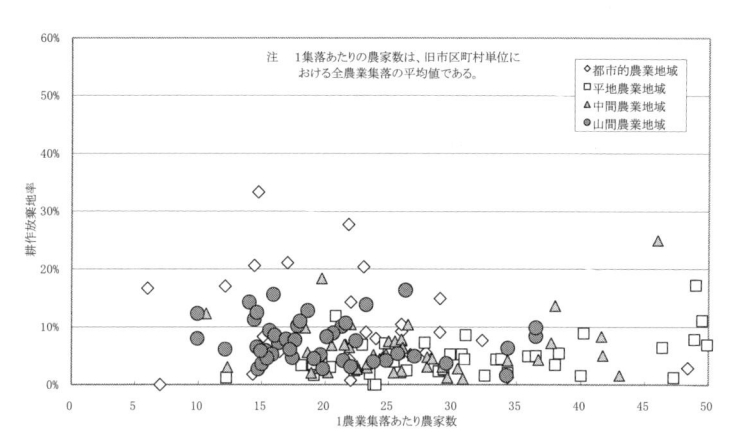

図 16-6　集落規模と耕作放棄地率の関係（島根県、2000 年）

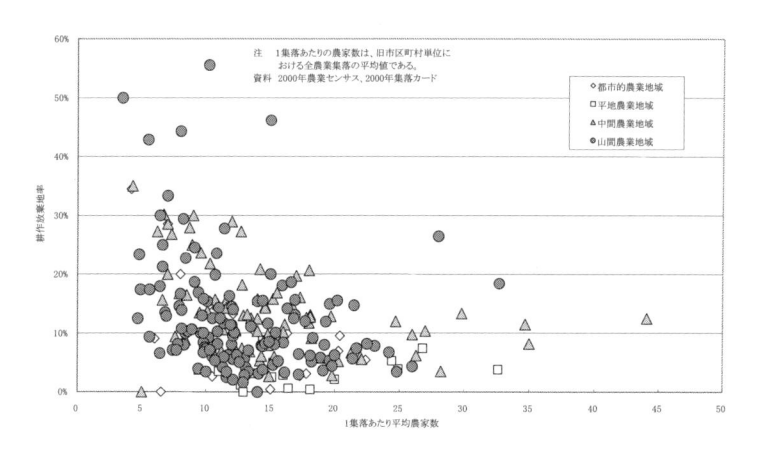

16-6 は 2000 年農業センサスからみた、鳥取県、島根県の農業地帯区分別の農業集落単位での集落平均戸数と耕作放棄地率の関連である。これらからいくつかの興味深い点が読み取れる。まず、集落の最小規模は 5 から 10 世帯であり、それを下回っては集落として存在しないということである。次に、県別に差異[5]はあるが、山間農業地域の集落は、

279

その他地帯の農業集落よりも概して小規模集落が多い。さらに集落規模の大きい場合、耕作放棄率は低く、規模が小さい場合は耕作放棄地率が高いという傾向があり、とくに中山間地域の集落でこの傾向が強い。

地域資源管理について、農地の耕作放棄という典型的指標では、農業集落単位で見ると一定の規模が確保されることで地域資源管理が可能になるといえる。この点からさらに展開すれば、地域社会（農業集落）規模と地域資源管理には一定の関係があり、農地などの面的まとまりを持つ資源の管理には、一定の人口規模が必要であると考えられる。これを逆に見れば、一定の人口規模をもつ集落であれば、地域資源管理は可能であると考えられる。

（3）活力ある地域の条件

そこで地域資源を持続的に管理していく必要条件として、どうすれば地域を構成する各組織単位（町村、旧村（大字）あるいは集落（字））において、人口規模さらには適正な年齢構成を維持できるかという次の課題が出てくる。

表16-1は鳥取県日南町全体の人口・世帯数を示すが、地域（旧村）ごとに差がある。表中の平均世帯員数が地域活力を概略的に判断する指標だと考えられる[6]。地域の人口構成については、前掲の図16-2及び図16-3に示した通りである。事例として掲げた、福栄地区、阿毘縁地区では、地域を構成する世代層の分布が大きく違っている。多世代同居世帯が多く活力のある地区と高齢者世帯が多く衰退している地区の差は、人口構成上からは三つの世代層が存在するか否かによるものである。

福栄地区では、三つの世代層が存在することで、最低限の年齢別人口構成が確保され、将来に対してもある程度の人口再生産の可能性をもっている。結果として三世代以上の同居世帯の割合が大きく、地域としても活性化しているのである。

これは特定の地域だけの傾向ではなく、日本全体で見ても、活性化している集落では概して三世代以上の多世代同居世帯の割合が大きいとい

第16章 農山村集落の活性化とその展開の背景

表16-1 日南町の人口・世帯数

	世帯数	人口 総数	男	女	平均世帯員数
日南町	2255	6696	3096	3600	2.97
山上	277	789	381	408	2.85
阿毘縁	138	381	182	199	2.76
大宮	183	494	228	266	2.70
日野上	626	1807	810	997	2.89
多里	334	880	411	469	2.63
石見	483	1618	758	860	3.35
福栄	214	727	326	401	3.40

注:平成12年国勢調査による

表16-2 集落内の家族構成と活性度

県	町村	集落	1世代世帯 64歳以下	1世代世帯 高齢者夫婦	1世代世帯 高齢者独居	1世代世帯 高齢者世帯計	計	2世代世帯	3世代世帯	4世代世帯	集落世帯数合計	活力度
岩手県	山形村	岡掘	−	−	−	−	−	3 12%	3〜4世代世帯計 21 88%		24	○
	山形村	霜畑	−	1	5 6%	6	6 7%	9 11%	60 71%	3 4%	84	○
高知県	十和村	戸川	3	2	4 8%	6	9 18%	19 37%	23 45%	−	51	○
宮崎県	西郷村	上区(島戸)	−	10	6 11%	16	16 29%	30 55%	3〜4世代世帯計 9 16%		55	○
	諸塚村	南川	−	4	2 5%	6	6 15%	3 7%	3〜4世代世帯計 32 78%		41	○
	諸塚村	家代	−	9	9 12%	18	18 24%	28 38%	27 36%	1 1%	74	○
	椎葉村	川の口	−	−	2	2	2 10%	4 19%	15 71%	−	21	○
島根県	日原町	商人	−	3	1 5%	4	4 20%	6 30%	10 50%	−	20	○
	大東町	長谷	−	−	1 6%	1	2 12%	5 29%	8 47%	2 12%	17	○

注)1997-98のヒアリング調査による

える。表16-2は、岩手県、高知県、宮崎県、そして島根県の活気のある集落の調査結果である。これらの地域では多世代世帯の集積により集落規模が維持され、活力を持っており、地域の社会的機能が維持されているのである。

そのような集落、地域コミュニティーを「元気むら」と呼ぶことにする。そして「元気むら」には共通した特徴がみられる。特徴となる項目とその意味を列挙すると以下のとおりである。

①景観が美しい…農地、森林など地域資源が遊休化せず、それを生産的

に利用され尽している。
② 子供が多い…年齢構成が偏らず、集落として持続性がある。
③ 嫁問題がない…地域で活躍する男性が活力的で魅力的である。
④ 中核的・中心的専業農家が存在…中核農家がリーダーとなり地域を牽引している。
⑤ 老人の仕事がある…老人も地域の中で生産的役割を果たし、それを自覚し皆から認知されている。
⑥ 様々なレベルでの集会活動が盛ん…構成員が各種組織に加わり役割を担っていることで、集落への帰属意識が高まり、集落の結束を維持することになる。
⑦ 進取の気風がある…集落において生産面でも、社会・生活の面でも、外部の情報をいち早く把握し、地域に活かそうとする新たな動きがあり、周囲の皆が応援する。
⑧ 農業が儲かっている・商品作物がある…誰も特に子供達が「農業はつまらない」と思わず、農業や地域に対して誇りを持つことになる。

　これらの中で特に「集会活動が盛ん」ということが重要なポイントである。集落活動とは、現代における結束原理であろう。前述のように過去においては、貧困と低生産力水準により、共同活動と相互扶助を行うことで、地域の構成員全員の生存を支えていたが、貧困は解消され、農業も機械化されたことにより、徐々に共同活動を行わなければならない必然的理由はなくなってきた。通常このような理由で多くの地域では、高度経済成長期を通じて集落としての結束力を喪失した。

　このような状況に対して「元気むら」では、かつて存在した様々な共同生産・共同的社会活動が現代的に再編され、集会活動、各世代層仲間による地域振興組織（同時に娯楽的組織も兼ねることが多い）、伝統行事や地域芸能など地域構成員全員が参加する組織になっている。いわば擬制的共同生産・社会活動組織であるといえる。その活動に構成員が重層的に関っていることで、ネットワークや与えられた個人の役割を果たすことを通じた相互認知が形成され、それが地域に対する帰属意識の形成につながっている。

（4）地域資源利用の変遷

　地域資源の複合的利用について考えると、山村では水田面積が限られていることから、伝統的に地域資源複合[7]がなされてきた。これがとくに山村地域の特徴であり、生産と生活を保障するシステムであったといえる。この複合的利用形態、特に土地利用が現代にどのように継承され活かされているについてみておきたい。

　図16-7は、ある「元気むら」の土地利用の変遷である。これを見ると、水田、畑、里山、山林などで、さまざまな利用が行われ、現在まで継続していることがわかる。また賃稼ぎも近年になってある程度所得を補完するために行われている。しかし地域の土地資源について言えば、遊休化することなく、常に何らかの利用が行われているといえる。一方、図16-8の事例は、図16-7で示した事例の隣の集落である。立地条件はほとんど同じであるが、土地利用の変遷には大きな差がみられる。ここでは、土地利用がだんだんと行われなくなり、水田・畑ともに耕作放棄されるところが増加している。山の利用も徐々になくなり、現金を稼ぐためにかなり早い時期から、出稼ぎ、離村が見られ、地域に残っている人たちも賃稼ぎに従事することが多くなっている。

　以上の点から、活性化集落つまり「元気むら」では、地域資源を地域全体で複合的に利用し、かつ経営内においても複合的利用が継続し、新たな展開が見られるといえる。それを可能にしているのは、集落・世帯における構成員の規模であり、また、多年齢階層、役割分担であり、さらに資源賦存状況や土地柄も強く影響していると考えられる。

まとめ

　以上の「元気むら」の事例からまとめると、次のようになる。
　まず、現在の農山村での安定的定住を実現する基本単位は、当然世帯レベルでの生活の安定である。そのためには、①多世代同居、②兼業、年金収入も含めた混合所得構成、そしてそれを担保する条件として③農

図16-7　土地利用の変遷（島根県日原町（現、津和野町）商人集落）

	戦前	1950's	1960's	1970's	1980's	1990's	現在
水田		水稲作		(減反政策開始) (土地利用の変更)	タラノメ		ココミ
畑		自家仕向け用穀物・野菜		茶・製茶	クリ生産		
里山		コウゾ・ミツマタ 農業的利用(採草・放牧)		植林(スギ・ヒノキ)		シキミ	
山林		木炭生産 椎茸生産 用材生産(天然マツ・スギ・パルプ用材) チップ用広葉樹伐採			(仕事の変更)		
賃稼ぎ					恒常的勤務・臨時雇い・パート(*1)		

注＊1：地元土建業、誘致企業、役場、農協などへの従事

図16-8　土地利用の変遷（島根県日原町（現、津和野町）程彼集落）

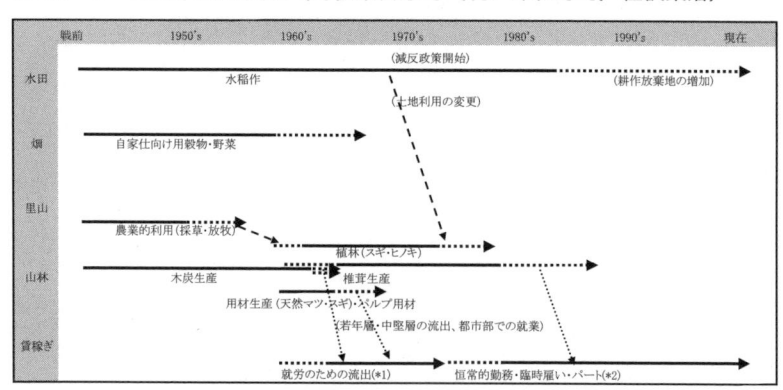

	戦前	1950's	1960's	1970's	1980's	1990's	現在
水田		水稲作		(減反政策開始) (土地利用の変更)			(耕作放棄地の増加)
畑		自家仕向け用穀物・野菜					
里山		農業的利用(採草・放牧)		植林(スギ・ヒノキ)			
山林		木炭生産 椎茸生産 用材生産(天然マツ・スギ・パルプ用材)					
賃稼ぎ			(若年層・中堅層の流出、都市部での就業) 就労のための流出(*1)		恒常的勤務・臨時雇い・パート(*2)		

注＊1：特に若年層の広島市などへの流出
注＊2：地元土建業、誘致企業、役場、農協などへの従事

林畜複合などの複合的家族経営があげられると考えられる。「元気むら」では、世帯として、また地域コミュニティー全体として、このような地域資源の複合的利用（さらに地域外の農外就業も、高齢者に関しては年金などの公的扶助も含め）がされていて、世帯所得の安定が実現されている。また、世帯の経済状況が安定しているから、家族が他出すること

なく、また地域内部での資源の複合利用が進展しているから、農林業やその関連産業に就業することができ、若い世代の地域内部での居住の条件につながっている。

　そして、そのような安定した世帯の一定数以上の集積により、地域コミュニティー内部に多様な世代が厚く存在し、それぞれが地域に対して一定の役割と責任を担い、また強い帰属意識と結束力が形成されている。このような世帯の一定数以上の集積により集落活性化、さらには地域活性化が実現できるものと考えられる。

　最後に「元気むら」の事例から今後の農山村対策の示唆を検討すると次のようになるであろう。基本は、世帯レベルでの安定であり、そのために世帯としての定住条件を整備する必要がある。その次に、それらの世帯の集積としての集落レベルでの維持発展対策が必要になる。地域コミュニティー内部に伝統的に存在し、社会的枠組みや生活を律してきた制度やシステム、さらには集落が受け皿となるような政策的補助（中山間地域等直接支払い制度等）を強化していくことが必要である。そして、そのような集落がある地域の中にいくつか点々と生れてくることが、地域全体の活性化の鍵になるであろう。

　重要なことは、「集積の力」であると思われる。個人や個別レベルでは出来ないことが、集団になることによって出来るように、より大きな単位で集積することで、単なる和以上のことが実現できる。これが地域活性化の大きな原動力になると考えられる。従って、農山村の活性化対策を考える際は、一気に地域全体の活性化を考えるよりも、その最も基本である単位の世帯レベルでの安定化を図る対策が先行すべきであろう。

注・引用文献
1）中山間地域とは、農業統計における地帯区分（平成２年から）で下記の「中間農業地域」と「山間農業地域」をあわせた地域。いずれも基準指標は新市町村単位。一般に自然環境は豊かで人々は健康であるが、生活条件、農業条件が悪く、過疎化・高齢化が進行している。その中で、新しい人間社会を展望しうる組織・体制や活

動が、地域の創意工夫と伝統をもとに各地に生まれつつある。本稿では、中山間地域と「農山村地域」(これに関する統計的に厳密な定義はない) はほぼ同一の地域であると考えている。

都市的農業地域：可住地面積宅地率60％以上、人口密度500人/平方キロメートル以上

平地農業地域：耕地率20％以上　かつ　森林率50％未満

中間農業地域：「都市的地域」、「平地地域」、「山間地域」以外の地域

山間農業地域：耕地率10％未満　かつ　森林率80％以上

2) 農業従事は、国民経済における農業の比重の低下により徐々に減少している。2005年農業センサス結果では、販売農家69％、自給的農家31％となっているが、農業を主業とする農家は22％（内、65歳未満の従事者がいる農家は19％）、準主業農家23％（同7％）、副業的農家は55％である。従って多くの副業的農家の場合、その従事者は高齢者が多い。

3) 安達生恒（1981）『過疎地再生の道』p.93-98、日本経済評論社。安達は、最奥集落から挙家離村が次々に起こることを「過疎のドミノ現象」と表現している。その理由として、「もっと奥に部落がひとつあって、自分たちより不便の暮らしに耐えている。そのことが隣部落の住民に一種の安心感を与えていた」が、最奥集落がなくなると急に不安感に苛まれ、様々なことが離村の契機となる。高度経済成長期では、38豪雪（1963年）や翌年の集中豪雨が大きな要因となった。

4) ここでの地域システムとは、地域における農林業など生業に関する生産構造と地域内部に蓄積され淘汰されながら地域の枠組みを支える制度をさす。

5) 中国5県の場合、各県の農業集落の規模、個数には県政策が影響しており、鳥取県などでは（統計上の）農業集落は統合化が進行し、その個数は少ないが、岡山県、広島県では農業集落単位は従前のままのところが多く、個数は比較的多い。また、瀬戸内地域の島嶼部をもつ岡山県、広島県では、統計上の農業集落の規模としては大きいが、実態としては漁業や他産業に従事する住民が多いため、農業の衰退放置がみられる。そのため、集落としての規模は大きいが耕作放棄地率が高くなる現象がみられる。

6) 平均世帯員数が当該地域に居住する家族の員数および世代の多様性を示す指標であり、その値が大きくなると（3の後半から4以上）、多世代同居世帯が多く存

第 16 章 農山村集落の活性化とその展開の背景

在すると想定される。多様な世代の存在は、地域内部での農業などの生産面だけではなく、他産業に従事しながら生活が可能になる安定性を示唆する。さらに地域に対する郷土意識の強さゆえに、地域での諸活動への参加状況が高く、その結果が地域活力として現れる。したがって日本の農村においては、平均世帯員数は、概略的に地域活力を判断する指標だと考えられる。

7) 山村における地域資源複合の伝統は、生産的に比較的余裕があり地域内部で生産と生活が自己完結できた農村との最大の差である。山村においては、耕地面積が少ないゆえに、耕種（水田、常畑、焼畑、切替畑などの畑）、山林（採草、放牧、畜産）及び林産物生産（薪炭、木材加工、山菜・茸生産）を組み合わせ、多様で複雑な土地利用体系を形成していた。これが山村の生産・生活の安定を保障するシステムであったが、現代にどのように活かされているかが、現在の地域ごとの活力の源泉の差になっていると考えられる。

第17章

寧夏における開発と環境のために
―― アジア型発展モデル形成に向けての一考察

保母　武彦

私たちの農家訪問を見学に集まってきた近所の人々（固原県 2001 年）

1 大都市化するアジア

　大都市化現象が広がっている。先進国におけるニューヨーク、ロンドンなどは、多国籍企業の拠点としてグローバル化する経済活動の中枢機能を担う巨大都市圏である。日本もまた、国際金融の拠点の一角を担うことをめざして「世界都市・東京」の形成をすすめてきた。東京は人口814万人である。経済成長が著しかった韓国では、ソウル（990万人）が東京より大きな大都市となり、ソウル大都市圏に全国人口の約半数が集中する。都市人口の割合は、韓国では80％に達している。

　中国では都市人口の割合は39％、中国の都市化水準はまだ相対的に低いとはいえ、都市化のテンポは急速であり、都市人口が既に5億人を超えている。中国では、日本の東京都より大きい都市が、上海（1,435万人）、北京（1,151万人）、重慶（969万人）、広州（853万人）、武漢（831万人）の6都市ある。また、人口250万人の大阪市より大きな大都市が、中国には23都市もある。

　発展途上国では、インドのボンベイ、インドネシアのジャカルタのように、その国の政治経済の中枢機能が集中する大都市圏が形成され、国内第2位以下の都市や農村との人口差は先進国以上に広がっている（図17-1）。

2 欧米型植民地開発論の失敗（日本）

（1）中国の「二つの局面」構想と日本の「太平洋ベルト地帯構想」
　中国における東部と西部の格差には、国民経済の発展戦略として政策的に推進されてきたという経緯がある。1980年代、改革開放と現代化建設の段階以降、鄧小平は、「二つの局面」構想を提唱し、第一の大局では、東部沿海地域をできるだけ早く発展させ、発展が一定の段階に到達したときには第二の大局に移り、より大きな力を内陸中西部地域の発展に注ぐという発展戦略を提唱した。鄧小平の「先富起来！」（先富論）である。

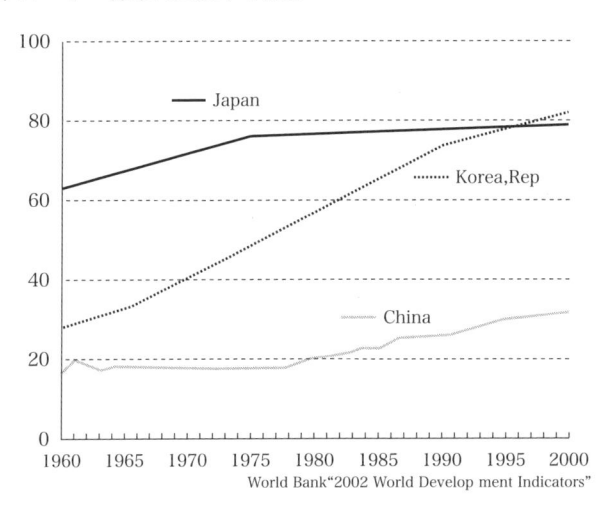

図17-1　都市人口比率の推移

```
Japan
Korea,Rep
China
```
World Bank"2002 World Development Indicators"

　高い成長率を続ける中国において、都市化・工業化してきた東部沿岸地域と農村地帯である西部地域との間で、所得、教育および医療等の地域格差が拡大している。「二つの局面」論からいえば、第二の局面に入ったということであろうか、中国政府は2000年度から、取り残された西部地区を経済成長軌道に乗せるために、西部大開発政策に着手している。地域間格差の解消を目的に掲げて、鉄道・道路建設などのインフラを整備し、投資環境を整え、科学教育の発展などを推進する優遇政策である。
　「二つの局面」構想は、その形から見ると、日本における「太平洋ベルト地帯構想」を想起させるところがある。
　戦後日本の高度経済成長をリードした社会発展論は、ハーシュマン（A.O.Hirshman）やロストウ（W.W,Rostow）の開発理論の引き写しであった。それらの理論と政策は、植民地ないし低開発国に対する統治国側の開発論として体系化されたものであった。ハーシュマン著『経済発展の戦略』は1958年に出版され、即刻日本に紹介され、日本政府の地域開発政策や社会資本充実政策の理論的な根拠となった。ハーシュマ

ンは、社会資本の整備水準と直接的生産活動の生産コストとの相関関係を分析して、公共投資を「隘路打開型」と「先行投資型」に区分し、工業用地・用水、道路、港湾などを先行的に整備する「先行投資型」公共投資の重要性を指摘している。また、ロストウ著『経済成長の諸段階』は、経済発展が後れた国が近代社会へと「離陸」するための先行条件を創出する役割を、社会資本の整備に求め、社会資本整備に先進工業国の資本を導入する戦略を説いていた[1]。

日本の場合には、初期の全国的な開発構想では、工業が既集積していた東京、大阪、名古屋の大工業地帯を核に、太平洋ベルト地帯の重化学工業化と都市化が先行された。それは、市場経済のもとで「集積の利益」を求めて集積・集中する企業行動を、さらに税・財政及び社会資本整備によって加速させる政策であった。その結果、他方で、取り残された地方、とりわけ農村部の過疎化が促進され、その後の農村部などの地域経済の回復をきわめて困難にしたことは否定できない。国土規模における都市と農村の格差と対立である。

中国が「第二の大局」に差しかかって、西部の引き上げを行うことは重要である。しかし、中国が市場経済化を推進しつつある全体状況からすると、いわば市場経済の流れに逆らう側面を持つ西部開発を推進するためには、東部開発以上に巨大なエネルギーの注入が必要と考えられる。

日本の場合には、格差是正が必要となった段階で、政策の基調に「新自由主義」がすえられて、規制緩和、市場原理主義が強まっているため、都市と農村間の格差がさらに拡大する傾向にある。その結果、日本では、都市と農村の格差是正策は成功してこなかったし、もはや、格差是正の展望を失ってきたと見るのが妥当ではないかとさえ考えられる。

(2) 格差是正政策が地域の歴史と文化に基礎を置く必要性

中国人民大学（北京市）の経済研究者は、中国の東西格差の是正には長期間かかると見ていた。1日1ドル以下の生活水準にある人口が、中国国内で6億人から2億人に減少したといわれるが、西部を中心に存

在する。この貧困克服は、所得水準の引き上げだけを基準にして西部を工業化、都市化する方法では、あるいは単純な「西部の東部化」では、食料問題と衝突し、また、西部の歴史と文化を壊すことになりかねないことにも注意を必要とする。

　中国歴史学会と寧夏大学が共催した、「中国歴史上の西部開発」をテーマとする国際学術討論会（2005年9月）のまとめを行った寧夏大学の陳育寧学長（当時）は、西部の歴史と文化を内在的に認識してこそ本当の発展ができるとして、「歴史研究と現実の結合」、「研究の学際的結合」、「研究と政策決定の結合」が必要であり、幹部の意識改革が大切だと述べた。これは重要な指摘である。

　実際に、この国際学術討論会には、歴史学者だけでなく、哲学者、経済学者や自然科学者も参加して、多方面から65本ほどの研究報告がなされた。おそらく、「開発と環境に関する21世紀最大のプロジェクト」[2]である西部大開発を質量ともに成功させるには、このような学際的な研究が欠かせないであろう。

3　欧米型ではないアジア型社会発展

（1）重要な人間発達と学校教育

　東アジアが、世界中で最も急速に経済発展をしている。世界の総人口の約60％を占めるアジアは、経済成長率においても、アメリカ合衆国のおよそ2倍、ヨーロッパ連合（EU）のおよそ3倍のスピードで経済成長を進めているが、この先頭を東アジアが牽引している。東アジアの経済成長では、最初に日本が抜け出し、次いで韓国、シンガポールが続き、今や中国が先頭を走る巨大なうねりとなってきた。

　このような東アジアの発展は、欧米型ではない社会発展の新しいモデルを提供している。

　欧米型モデルでは、先ず経済成長、所得水準の増加に優先順位が与えられ、人間の潜在能力の発達は、国が豊かになって以降の課題だと考えられてきた。この欧米型の通念からは、道路、鉄道、工業用水などの産

業発展の基盤造りが政府の優先課題となる。前述したハーシュマンやロストウの開発理論は、この欧米型モデルに基づいているといってよい。

しかし、アジアが発展してきた歴史を辿ると、欧米型モデルとは異なる姿が見えてくる。アジア最初のノーベル経済学賞の受賞者、アマルティア・セン（Amartya Sen）は、このことに関して、次のような重要な指摘を行っている。

「日本の成功の経験と、それに続く東アジア、東南アジアの成功によって、いくつかの政策サークル、特に欧米の政策サークルなどでずっと支配的でありつづけた見解で、しばしば議論の余地がないとされてきた通念が覆されました。その通念とは、人間的発達というものは、その国が豊かになってはじめて手にすることができる贅沢品であるとする考え方です」[3]。

「発展のために何よりも最初になされるべきは、金持ちや地位の高い人々のためにではなく、むしろ貧しい人々のためになるような、人間発達と学校教育の普及の実現です」[4]。

日本の中での相対的貧困地帯である東北地域の岩手県藤沢町を調査して発見したことであるが、江戸時代の末期、この小さな農村に、41ヵ所もの寺子屋があった。寺子屋とは、公的な学校制度がつくられる以前に、子どもたちが勉強する私的学習塾のようなものである。このような人間発達を重視する風土の基礎上に、明治維新以降の学校教育が普及していった。島根県の西部にある小規模自治体、柿木村（現吉賀町）の明治時代の財政を見ると、教育費と役場職員の給与が歳出の過半を占めている。教育費中心の財政歳出構造は、戦前財政の特徴のひとつであった。

アマルティア・センは、明治維新のころ、日本人の識字能力の水準が近代化のすすんだヨーロッパを超えていたこと、今から100年ほど前の1906から1911年の全国の市町村予算の43％が教育費であったこと、また、1913年、日本における書籍の出版点数がイギリスよりも多く、アメリカの2倍以上あったことに注目している。日本がまだ経済的に

は貧しかった頃から、教育による人間能力の開発を重視してきたことが、科学技術の吸収力を高め、創意工夫と発明の力や科学技術の適用能力を培い、第二次大戦後の高度成長へと続く日本経済発展の基礎になってきた。

　時期的にはやや遅れるが、韓国の経済発展においても、日本と同じように教育と人間能力の開発が基礎になっていたのである。さらに言えば、中国東部沿岸地域の目覚しい経済発展も、教育と人間能力の開発を基礎としており、西部との開きが生じた原因のひとつがここにあると言ってよいであろう。

(2) 急がれる「東アジアの発展原動力」の解明

　ハーシュマンやロストウの開発理論が、折から高度成長期にさしかかった日本に導入されて政府公認の地域開発政策論となり、日本の性格は「公共投資国家」となり、その後の「公害列島」化から今日の財政破綻に至る過程を準備した。

　日本の経済成長の教訓を、欧米型の先行投資論を導入・実施したことの成果と見るべきか、あるいは、アマルティア・センが言うような、明治以降の近代史全般を貫く人間発達と学校教育の普及の成果と見るべきかについて、少なくとも日本では、まだ学問的な解明が終わっていない。しかし、政策論としては、日本の成功が、あたかも欧米型の先行投資論の正しさを証明したかのように美化され、途上国・地域の開発政策にも影響を与えている。中国においても、開発当局をヒアリングしたとき、「日本の政策を研究してきた」との反応があった。実際に、計画内容にも、先行投資論の影響が見られる。

　まず産業・経済開発を行い、経済的な余裕ができてから人間的発達、教育や医療政策に進むべきであるという、欧米型の先行投資論は、「段階論的な政策論」である。

　アフリカや中南米など、栄養不足人口が8億人もいる発展途上国の問題解決は、このような産業・経済開発を優先させる「段階論的な政策論」でよいのか、また、それが本当に正しいのか。この評価は、中国が

直面している西部大開発や、インドその他諸国・地域の今後の開発と環境に影響を及ぼす重要な問題である。また、日本や韓国の後れた農村地域の発展政策の今後のあり方にもかかわってくる。

世界中で最も急速に経済発展をしている東アジアの、日本、中国、韓国の実証的研究の第一の意義は、この点にある。「東アジア発展の原動力」の解明は、緊急を要する実践的な研究テーマである。

4　地域共同体にみるアジア型

家族共同体が社会生活の基礎単位であることは、都市も農村も変わらないが、農村における人々の社会生活は、家族共同体を通して営まれるところに特徴がある。都市では個々人のレベルで社会とのつながりを結んでいるが、農村では家族共同体を通して社会とのつながりが形成されている。また、農村社会の空間的な基礎単位は、農村部落ともいわれる「自然村」である。アメリカの多くの農村地域には機能的連携組織はあっても聚落社会は存在しないが、アジアとヨーロッパには地域的連携組織としての聚落社会、自然村があり、それが空間的な基礎単位となっている。

社会を構成する全ての人々が幸福に暮らしていく上で、地域社会の果たす役割は大きい。それは、広義の社会福祉にとって共同体的人間関係が不可欠なことと関係している。共同体的人間関係の最小単位は家族であり、家族より広い単位として、血縁関係あるいは地縁関係などが存在する。アジアでは、地域共同体は、市場経済社会が成立する以前から、地域における相互扶助の社会システムとして、人間の暮らしを多面的に支える重要な役割を果たしてきた。この点が、アメリカ型社会との大きな違いである。行政施策でない相互扶助の地域社会システムは、歴史的には近代国家の成立以前から存在し、今日もなお行政施策と補完しあいながら重要な役割を果たしている。

宇野重明は、『中国における共同体の再編と内発的自治の試み』において、「いわゆる『近代化』の前進が、共同体的存在を、血縁主義、ネ

ポティズム、前近代の名のもとに突き崩し」、「これに代わる新しい組織原理として利益を基礎とする会社主義、契約を建前とする合理主義を押し出してきた」と指摘する。また、宇野は、同書所収の江口伸吾論文「江蘇省農村地域における社区の再編と非制度的な社会構造」をコメントして、「中国農村地域における民主主義の前進が、決して制度や法律だけによるものではなく、むしろ伝統的な習俗や礼俗などの非制度的な要素によって具現化されていることを指摘する野心的な論文」と評価し、「中国における新コミュニティが、西欧的なコミュニティと異なり、中国独特の伝統と論理、そして新しい刺激によって形成されていく可能性を示唆する」と、重要な示唆を与えている[5]。

宇野の指摘する西欧的なコミュニティとの違いは、中国、ひいてはアジアにおけるこれからの地域社会形成を考える上で重要な意味を持つことになるであろう。

政治の役割は、人々の幸せに責任を持つことである。しかし、中央政府がいかに優秀であっても、一人ひとりの幸せに万全の責任を持つことはできない。だから、地方政府ないし地方自治体が必要であるが、地方政府も全能にはなれない。これを補うシステムが、地域共同体の相互扶助機能である。

地域社会を構成するシステムは、政治システム、市場経済システムと社会システムから構成されている。市場経済システムが強くなりすぎると、経済効率が優先されて貧富の差が大きくなり、社会に歪みを生むことになる。したがって、人間社会の本来的姿である地域相互扶助の社会システムの維持と再活性化が必要である。近代化の過程で軽視され、排除されがちな社会システムを、社会構造の中に正当に位置づけていくことが必要である。そのことは、アジアの伝統的社会構造を維持することによって可能となる。

注

1) A.O.Hirshman,The Strategy of Economic Development,1958. 麻田四郎訳『経済発展の戦略』巌松堂、1962年。及び、W.W,Rostow,The Stages of Economic

Growth,1960. 木村健康他訳『経済成長の諸段階』ダイヤモンド社、1961年。
2）谷口誠著『東アジア共同体』岩波書店、2004年、137ページ。
3）アマルティア・セン著、大石りら訳『貧困の克服―アジア発展の鍵は何か』集英社、
　　2002年、23ページ。
4）同書、26ページ。
5）宇野重明・鹿錫俊編著『中国における共同体の再編と内発的自治の試み』国際書院、
　　2005年、13ページ。

編集後記

　本書の題名を『中国農村の貧困克服と環境再生――寧夏回族自治区からの報告』とした。このようなタイトルを付けた理由は二つある。一つは、これまでの経緯であり、もう一つは、現在及び未来に対する私たちからの発信である。

　まず経緯であるが、島根大学と寧夏回族自治区の研究者との学術交流の出発は、およそ20年前に遡る。その頃は、日本と中国の大学間学術交流は皆無に等しかった。現在では、少なくない日本の大学が中国との交流を行っているが、その交流先は、経済発展が著しい北京、上海など東部沿岸部の大学である。これに対して、島根大学と交流している寧夏大学は、経済的、社会的に発展の後れた中国西北部に位置している。そこは、貧困克服と環境再生に勇躍取り組んでいる最前線でもある。交流の歴史の長さと交流拠点の位置などからしても、我々の学術交流は稀有な存在であると言ってよい。

　島根大学と寧夏大学の学術交流は、回族出身の一人の女子留学生が島根大学の大学院にやってきて、寧夏南部の農山村研究を修士論文のテーマにしたことから始まった。この研究指導のために島根大学の2人の教員が現地・寧夏に入った。1987年のことである。当時は、北京から寧夏まで、汽車で2日がかりで行く行程であった。

　2人の教員は、貧困と環境問題が相互に因果関係になって悪い相乗作用を生み出している現地を見て、そこに、「アジアの貧困と環境問題を解決する重要なヒントがある」と直感した。一方、寧夏大学の研究者は、島根大学の精緻な実証研究の方法に着目した。これが、我々の共同研究の出発点であった。

　いわば"偶然"とも言えるこの出会いから始まった国際共同研究は、

今日まで営々と継続し発展してきた。その根底には、島根は日本の中の"辺境"であり、寧夏もまた中国の中の"辺境"であるという共通項があった。この共通の環境条件が幸いした。"辺境"の貧困と地域間格差を共同研究のテーマとして共有するのに時間はかからなかった。そして両大学の切磋琢磨が続いた。

研究とは、社会発展と人類の幸福増進のためにこそある。島根大学と寧夏大学の学術交流が長く続いた基底には、この研究の核心的な理念についての共鳴と共有があった。本書は、その研究成果の一部である。

もう一つの、現在及び未来への発信は、緊迫してきた地球環境問題と人類社会の持続可能な発展に関わっている。

中国西部の農村地帯の貧困の克服は必要であり、重要であり、急がなければならない。しかし、日本、韓国、そして中国東部が辿ってきた工業化と都市化のパターンを、そのまま広大な中国西部に適用すれば、地球環境問題は引き返しの利かない事態に至る可能性が高い。日本や韓国では、確かに経済的な豊かさを実現したが、公害や環境破壊などの社会的損失が大きかった。寧夏をはじめとする西部の貧困地帯は、既に人間の生存をも危うくする程の砂漠化と表土流失に悩まされている。ここに、工業化と都市化に伴う新たな公害や環境破壊要因を持ち込むことはできない。したがって、寧夏をはじめとする西部における貧困克服と社会発展は、日本などの先行開発事例とは全く異なる、新たな社会発展の理念と進路が用意されなければならない。

いま西部では、「生態建設」と命名された生態環境の再生と保全の事業が取り組まれ、併せて農村の貧困克服事業が推進されている。その柱の一つが退耕還林・還草政策である。本書は、この政策に注目し、多くの執筆者による分析と評価、提言の論文を収録した。

環境保全型経済発展、あるいは持続可能な発展の理念を、実際の政策として実行することは容易なことではないが、寧夏の農山村地域において、その取り組みの成果が生まれつつあることは重要である。寧夏の実地調査を踏まえてその成果を評価、確認した上で、制度や政策執行等に

現れた問題点についても忌憚なく論評し、改善策も提言した。

　西部大開発や退耕還林事業について、日本に届けられる情報は、中国政府とその関係機関の発表内容や聞き取り調査が多く、実地調査に基づくものは少ない。実地調査を行ったとする研究も、せいぜい数回の調査で書き上げられたものが少なくないのが実情である。

　本書は、現地に設置した島根大学・寧夏大学国際共同研究所を活動拠点にした長年の共同調査研究の成果の一つであり、個々の農家を数年間にわたって定点観測した調査等を基礎においている点でも、類書とは違う特長を持っている。また、開発現地に、しっかりと研究の根を下ろしている寧夏大学の共同研究者たちが執筆していることも、本書の特長の一つである。

　経済成長が目覚しい中国について、日本でいま、賛否両論の立場から多くの書籍が出版されている。それは、ヨーロッパ、アメリカが「世界の中心」であった時代が終わり、東アジアが地球の経済や環境の将来を左右する程の重要な位置を占めるに至った「現代」の反映でもある。「中国農村の貧困克服と環境再生」についてまとめた本書が、激動する中国の最深部で展開されている苦悩と格闘を理解する一助になれば幸いである。

　最後に、これまでの共同研究に快く対応していただいた寧夏回族自治区人民政府・地方政府の関係者、アンケートや聞き取り調査にご協力いただいた寧夏南部山区の農家の皆さんに心から感謝するとともに、出版のためにご尽力いただいた花伝社の平田勝社長及び社員の皆さんに感謝を申し上げる。

　　　　　　　　　　　　　　　　　　　　　　　　　　　編　者

執筆者紹介

陳　育寧	寧夏大学前党書記，寧夏大学前学長、寧夏大学教授、博士課程指導教官、寧夏大学・島根大学国際共同研究所顧問（序、第1章、第11章、第12章、編集後記）
高　桂英	寧夏大学教授、寧夏大学・島根大学国際共同研究所所長、西部発展研究センター主任（第2章）
宋　乃平	寧夏大学教授、寧夏大学西部生態・生物資源開発連合研究センター主任，西北退化生態システムの回復と再建省部共同建設教育部重点実験室(寧夏大学)副主任（第3章）
北川　泉	島根大学元学長，島根大学名誉教授（第4章）
張　前進	寧夏大学副教授、寧夏大学・島根大学国際共同研究所副所長、西部発展研究センター副主任（第5章）
劉　暁鵬	寧夏大学資源環境学院副教授（第5章）
桒畑恭介	島根大学大学院生物資源科学研究科修士課程（第6章）
伊藤勝久	島根大学生物資源科学部教授（第6章、第16章）
中林吉幸	島根大学法文学部教授（第7章）
藤原　勉	島根大学名誉教授（第8章）
伴　智美	三重大学生物資源学部助教（第8章）
謝　応忠	寧夏大学副学長、教授（第8章）
林田まき	東京農業大学短期大学部講師（第8章）
小林伸雄	島根大学生物資源科学部准教授（第9章）
伴　琢也	島根大学生物資源科学部講師（第9章）
関　耕平	島根大学法文学部准教授（第10章）
張　小盟	寧夏大学経済管理学院教授、同副院長（第13章）
保母武彦	島根大学名誉教授、島根大学・寧夏大学国際共同研究所顧問（序、第14章、第17章、編集後記）
井口隆史	島根大学名誉教授、島根大学・寧夏大学国際共同研究所所長（第15章）

保母　武彦
1942年1月生れ。名古屋大学経済学部卒業。大阪市立大学大学院経営学研究科博士課程単位修得退学。島根大学法文学部助教授、同教授、島根大学副学長、国立大学法人島根大学理事・副学長を歴任。
現在、国立大学法人島根大学名誉教授、島根大学・寧夏大学国際共同研究所顧問、寧夏大学客座教授、日本財政学会顧問。専攻は、財政学、地方財政論、地域経済学。
主な著書に、『内発的発展論と日本の農山村』岩波書店、1996年、『内発的発展による地域産業の振興』公人の友社、1999年、『地方分権の本流へ』（共編著）日本評論社、1999年、『日本の公共事業をどう変えるか』岩波書店、2001年、『市町村合併と地域のゆくえ』岩波書店、2002年、『分権の光　集権の影』（共編著）日本評論社、2003年、『夕張　破綻と再生』自治体研究社、2007年、『「平成の大合併」後の地域をどう立て直すか』岩波書店、2007年など多数。

陳　育寧
1945年1月生れ。漢族。1967年、北京大学歴史学部卒業。
これまで、内モンゴル社会科学院副院長、寧夏社会科学院院長、寧夏回族自治区人民政府副秘書長、寧夏回族自治区人民政府弁公庁主任、銀川市党委員会書記、政治協商会議寧夏回族自治区委員会副主席、寧夏大学学長、寧夏大学党委員会書記を歴任。
現在、寧夏大学教授、博士課程導師、寧夏大学・島根大学国際共同研究所顧問、国務院特別手当受給者、中国史学会理事、中国民族史学会副理事長、山東大学及び上海交通大学兼職教授を兼任。
主に民族史、民族史学理論、民族地区経済の教学と研究に従事。
主な著書に、『民族史学概論』寧夏人民出版社、2001年、主編『緑色之路－寧夏南部山区生態重建研究』中国社会科学院出版社、2004年、主編『西部大開発新的戦略選択－発展特色優勢産業』寧夏人民出版社、2007年など多数。

中国農村の貧困克服と環境再生——寧夏回族自治区からの報告

2008年4月21日　初版第1刷発行

編者	保母武彦・陳　育寧
発行者	平田　勝
発行	花伝社
発売	共栄書房

〒101-0065　東京都千代田区西神田2-7-6 川合ビル
電話　　03-3263-3813
FAX　　03-3239-8272
E-mail　　kadensha@muf.biglobe.ne.jp
URL　　http://kadensha.net
振替　　00140-6-59661
装幀　　渡辺美知子
印刷・製本　　中央精版印刷株式会社

Ⓒ2008　保母武彦　陳　育寧
ISBN978-4-7634-0517-3 C0036